交流传动系统的
智能自适应反步控制

于金鹏　刘加朋　石　碰　王保防　著

科学出版社

北　京

内 容 简 介

本书系统介绍了交流传动系统的智能自适应反步控制的基本理论和方法，是作者多年从事运动控制系统教学和科研工作的结晶，力求涵盖国内外最新研究成果。主要内容包括：交流电动机的智能自适应控制设计方法及理论、交流电动机的智能指令滤波反步控制设计方法及理论、考虑交流电动机状态约束的智能反步控制设计方法及理论，以及交流电动机的有限时间智能反步控制设计方法及理论等。书中所介绍的控制方法均基于交流电动机的实际需求，给出了控制设计、稳定性分析和相应的实例、仿真验证。各部分内容既相互联系又相互独立，读者可根据实际需要选择学习。

本书系统性强，覆盖面广，可作为高等学校控制理论与控制工程等相关专业研究生的教学参考书，也可供从事交流传动系统智能自适应控制相关领域工作的研究人员阅读参考。

图书在版编目（CIP）数据

交流传动系统的智能自适应反步控制 / 于金鹏等著. —— 北京 : 科学出版社, 2025. 3. —— ISBN 978-7-03-080940-7

Ⅰ. TM921.2；TP271

中国国家版本馆 CIP 数据核字第 2024D3K895 号

责任编辑：朱英彪　王　苏 / 责任校对：任苗苗
责任印制：肖　兴 / 封面设计：陈　敬

科学出版社 出版
北京东黄城根北街 16 号
邮政编码：100717
http://www.sciencep.com

保定市中画美凯印刷有限公司印刷
科学出版社发行　各地新华书店经销
*
2025 年 3 月第 一 版　开本：720×1000　1/16
2025 年 3 月第一次印刷　印张：17
字数：343 000
定价：150.00 元
（如有印装质量问题，我社负责调换）

前　言

　　交流传动系统是工业自动化、电动汽车、可再生能源系统等领域的核心组成部分，其控制性能直接影响到整个系统的效率和稳定性。交流传动系统具有高度的非线性、不确定性、多变量和强耦合等综合特征，很难建立精确的数学模型，这给传统的控制设计方法和理论带来了极大的困难和挑战。由于模糊逻辑系统和神经网络对非线性函数具有良好的逼近、在线辨识和学习能力，基于模糊逻辑系统和神经网络理论发展起来的智能自适应控制为解决交流传动系统的高性能控制问题提供了有效途径。作者多年来一直从事控制理论及应用方面的教学和研究工作，为了促进交流传动系统控制和自动化技术的进步、反映交流传动系统控制设计与应用中的最新研究成果，并使广大研究人员能够了解、掌握和应用这一领域的最新技术，作者撰写了本书，以抛砖引玉，供广大读者学习参考。

　　本书是作者在总结多年研究成果的基础上撰写而成，力求理论化、系统化、规范化和实用化，本书具有如下特点：① 控制算法取材新颖，内容先进，重点置于学科交叉部分的前沿研究和介绍有潜力的新思想、新方法和新技术，取材着重于基本概念、基本理论和基本方法；② 针对每种控制算法，给出了详细的设计步骤、实验验证、仿真分析，具有较强的可读性；③ 着重从理论出发，突出理论联系实际，具有一定的工程性和实用性；④ 介绍的方法不局限于交流传动系统的控制，同时适用于解决自动控制领域其他背景的控制问题。

　　本书系统总结和介绍了 10 余年来，在自适应反步控制的理论体系下，不确定非线性交流传动系统智能自适应反步控制的最新研究进展，尤其是作者及其团队在该方向上的代表性理论研究成果。全书共 5 章，第 1 章主要介绍非线性系统智能自适应反步控制研究所需要的预备知识；第 2 章分别介绍永磁同步电动机、异步电动机和永磁同步电动机混沌系统的智能自适应控制；第 3 章主要介绍永磁同步电动机和异步电动机的智能指令滤波反步控制；第 4 章主要介绍考虑交流电动机状态约束的智能反步控制；第 5 章分别介绍永磁同步电动机、异步电动机和电压源换流器的有限时间智能反步控制。书中详细介绍了交流传动系统智能自适应反步控制策略的设计过程，使一些深奥的控制理论易于掌握，为读者的深入研究打下基础。期望本书的出版能为控制理论与控制工程及相关专业的研究生和智能交流传动控制领域的科技工作者的学习、研究提供有价值的参考，对非线性智能自适应控制理论的发展起到一定的促进作用。

　　本书的出版得到了国家自然科学基金面上项目 (62473220)、国家自然科学基金青年科学基金项目 (62303255，62103212) 的资助，在此表示衷心感谢。

　　由于作者水平有限，书中难免存在疏漏之处，殷切希望广大读者批评指正。

作　者

2024 年 9 月

目　　录

第 1 章 预 备 知 识

本章主要介绍模糊逻辑系统、径向基函数神经网络、非线性系统的稳定性及判别定理、直接自适应模糊跟踪控制、间接自适应模糊跟踪控制等基础知识,便于读者阅读和理解。

1.1 模糊逻辑系统

模糊逻辑系统 (fuzzy logic system,FLS) 包含四部分,分别为模糊规则库、模糊化、模糊推理机和解模糊化模块。

模糊推理机使用模糊 IF-THEN 规则实现从输入语言向量 $x = [x_1, x_2, \cdots, x_n]^{\mathrm{T}}$ 到输出语言变量 $y \in V$ 的映射,第 l 条模糊 IF-THEN 规则可以写成 R^l:如果 x_1 是 F_1^l,x_2 是 F_2^l,$\cdots$,x_n 是 F_n^l,则 y 是 G^l,$l = 1, 2, \cdots, N$,其中 F_i^l 和 G^l 是对应于模糊隶属度函数 $\mu_{F_i^l}(x_i)$ 和 $\mu_{G^l}(y)$ 的模糊集合;N 是模糊规则数。

若采用单点模糊化、乘积推理和中心加权解模糊化方法,则模糊逻辑系统可表示为

$$y(x) = \frac{\sum\limits_{l=1}^{N} \bar{y}_l \prod\limits_{i=1}^{n} \mu_{F_i^l}(x_i)}{\sum\limits_{l=1}^{N} \prod\limits_{i=1}^{n} \mu_{F_i^l}(x_i)} \tag{1.1.1}$$

式中,$\bar{y}_l = \max\limits_{y \in V} \mu_{G^l}(y)$。

定义模糊基函数如下:

$$\varphi_l = \frac{\prod\limits_{i=1}^{n} \mu_{F_i^l}(x_i)}{\sum\limits_{l=1}^{N} \prod\limits_{i=1}^{n} \mu_{F_i^l}(x_i)} \tag{1.1.2}$$

令 $\theta = [\bar{y}_1, \bar{y}_2, \cdots, \bar{y}_N]^{\mathrm{T}} = [\theta_1, \theta_2, \cdots, \theta_N]^{\mathrm{T}}$,$\varphi^{\mathrm{T}}(x) = [\varphi_1(x), \varphi_2(x), \cdots, \varphi_N(x)]^{\mathrm{T}}$,则式(1.1.1)中的模糊逻辑系统可表示为

$$y(x) = \theta^{\mathrm{T}} \varphi(x) \tag{1.1.3}$$

引理 1.1.1[1]　$f(x)$ 是定义在闭集 Ω 上的连续函数, 对任意给定的常数 $\varepsilon > 0$, 存在式 (1.1.3) 所示的模糊逻辑系统, 使得如下不等式成立:

$$\sup_{x \in \Omega} |f(x) - \theta^{\mathrm{T}} \varphi(x)| \leqslant \varepsilon \tag{1.1.4}$$

定义最优参数向量 θ^* 为

$$\theta^* = \arg \min_{\theta \in \mathbf{R}^N} \{ \sup_{x \in \Omega} |f(x) - \theta^{\mathrm{T}} \varphi(x)| \} \tag{1.1.5}$$

关于最小模糊逼近误差 ε 的表达式为

$$f(x) = \theta^{*\mathrm{T}} \varphi(x) + \varepsilon \tag{1.1.6}$$

1.2　径向基函数神经网络

径向基函数神经网络 (radial basis function neural network, RBFNN) 由输入层、隐藏层和输出层三层网络组成。隐藏层将输入空间映射到另一个新的空间, 输出层则在新的空间实现线性组合。

径向基函数神经网络可逼近任意复杂非线性函数, 对于任意连续函数 $f(Z(k))$, 在紧集 $\Omega \subset \mathbf{R}^q$ 和任意小的正常数 ε 的条件下, 由 RBFNN $W^{\mathrm{T}} S(Z(k))$, 可得

$$f(Z(k)) = W^{\mathrm{T}} S(Z(k)) + \tau, \quad |\tau| < \varepsilon \tag{1.2.1}$$

式中, $Z(k) \in \Omega$ 为输入层输入向量; $S(Z(k))$ 为径向基函数, 包含在隐藏层中; $W = [W_1, W_2, \cdots, W_l]^{\mathrm{T}}$ 为神经网络的理想权重, $l > 1$ 为隐藏层节点数; τ 为逼近误差。理想权重向量可表示为[2]

$$W := \arg \min_{W^* \in \mathbf{R}^l} \left\{ \sup_{Z(k) \in \Omega} |f(Z(k)) - W^{*\mathrm{T}} S(Z(k))| \right\} \tag{1.2.2}$$

式中, $W^{*\mathrm{T}}$ 为最优权重向量; 径向基函数 $S(Z(k)) = [S_1(Z(k)), S_2(Z(k)), \cdots, S_l(Z(k))]^{\mathrm{T}}$ 选择高斯 (Gaussian) 函数。径向基函数的分量形式如下:

$$S_i(Z(k)) = \exp \left[\frac{-(Z(k) - \mu_i)^{\mathrm{T}} (Z(k) - \mu_i)}{\sigma^2} \right], \quad i = 1, 2, \cdots, l \tag{1.2.3}$$

式中, $\mu_i = [\mu_{i1}, \mu_{i2}, \cdots, \mu_{iq}]^{\mathrm{T}}$ 为 Gaussian 函数的中心; σ 为宽度参数。

1.3 非线性系统的稳定性及判别定理

1.3.1 半全局一致最终有界

定义 1.3.1[3]　考虑非线性系统如下：

$$\dot{x} = f(x), \quad x \in \mathbf{R}^n, \ t \geqslant t_0 \tag{1.3.1}$$

对于任意紧集 $\Omega \subset \mathbf{R}^n$ 和任意 $x(t_0) = x_0 \in \Omega$，如果存在常数 $\delta > 0$ 和时间常数 $T(\delta, x_0)$，对于任意 $t \geqslant t_0 + T(\delta, x_0)$，使得 $\|x(t)\| < \delta$，则式 (1.3.1) 所示的非线性系统的解是半全局一致最终有界的。

引理 1.3.1　对于任意有界初始条件，如果存在一个连续可微且正定的函数 $V(x,t)$，满足 $\gamma_1(|x|) \leqslant V(x,t) \leqslant \gamma_2(|x|)$ 且该函数沿着式 (1.3.1) 所示系统的轨迹为

$$\dot{V} \leqslant -cV + d \tag{1.3.2}$$

$$0 \leqslant V(t) \leqslant V(0)\mathrm{e}^{-ct} + \frac{d}{c} \tag{1.3.3}$$

则系统的解 $x(t)$ 是半全局一致最终有界的。其中，c 和 d 为常数。

引理 1.3.2　对于任意有界初始条件，存在一个连续正定的函数 $V(x(k))$，满足：

$$\gamma_1(\|x(k)\|) \leqslant V(x(k)) \leqslant \gamma_2(\|x(k)\|) \tag{1.3.4}$$

$$\Delta V(x(k)) = V(x(k+1)) - V(x(k))$$
$$\leqslant -\gamma_3(\|x(k)\|) + \gamma_3(\eta) \tag{1.3.5}$$

式中，η 是正常数；$\gamma_1(\cdot)$ 和 $\gamma_2(\cdot)$ 是严格递增的函数；$\gamma_3(\cdot)$ 是连续的非减函数。如果 $\|x(k)\| > \eta$，$\Delta V(x(k)) < 0$，那么 $x(k)$ 是半全局一致最终有界的。

1.3.2 非线性随机系统的稳定性

考虑一类随机系统如下：

$$\mathrm{d}x = f(x)\mathrm{d}t + h(x)\mathrm{d}w, \quad \forall x \in \mathbf{R}^n \tag{1.3.6}$$

式中，$x \in \mathbf{R}^n$ 是状态向量；w 是定义在完整概率空间 (Ω, F, P) 上的一个 r 维的独立标准维纳 (Wiener) 过程，Ω 是样本空间，F 是 σ 代数簇，P 是概率测度；$f(\cdot)$ 和 $h(\cdot)$ 为局部利普希茨 (Lipschitz) 函数，且分别有 $f(0) = 0$ 和 $h(0) = 0$。

定义 1.3.2[4]   对任意给定的李雅普诺夫 (Lyapunov) 函数 $V(x) \in \mathbf{C}^2$，结合式(1.3.1)所示的系统，定义无穷微分算子 Γ 为

$$\Gamma V(x) = \frac{\partial V(x)}{\partial x} f + \frac{1}{2} \mathrm{tr}\left(h^{\mathrm{T}} \frac{\partial^2 V(x)}{\partial x^2} h \right) \tag{1.3.7}$$

定义 1.3.3   如果有

$$\lim_{c \to \infty} \sup_{0 \leqslant t < \infty} P\{\|x(t)\| > c\} = 0$$

那么式(1.3.1)所示非线性系统的解 $\{x(t), t \geqslant 0\}$ 依概率稳定。

引理 1.3.3[4]   考虑如式(1.3.1)所示的非线性系统，如果存在连续且正定的函数 $V : \mathbf{R}^n \to \mathbf{R}$，两个常数 $c > 0$ 和 $d \geqslant 0$，且满足：

$$\Gamma V(x) \leqslant -cV(x) + d \tag{1.3.8}$$

则式(1.3.6)所示的系统是依概率有界的。

1.3.3   非线性状态约束系统的稳定性

定义 1.3.4   对于定义在包含原点的开集合 U 上的系统 $\dot{x} = f(x)$，如果存在一个正定连续的标量函数 $V(x)$，U 中的每一个点都有连续的一阶偏微分，当 x 趋近于 U 的边界时，对于某个常数 $b \geqslant 0$，沿着系统 $\dot{x} = f(x)$ 的解及初始条件 $x_0 \in U$，有 $V(x) \to \infty$，以及对于任意 $t \geqslant 0$，满足 $V(x(t)) \leqslant b$，则 $V(x)$ 称为障碍 Lyapunov 函数。

引理 1.3.4[5]   对于任意正常数 $k_{ci}(i = 1, 2, \cdots, n)$，令 $\chi := \{x \in \mathbf{R} : |x_i(t)| < k_{ci}, t \geqslant 0\}$，以及 $N := \mathbf{R}^l \times \chi \subset \mathbf{R}^{l+1}$ 为开区间。考虑的系统为

$$\dot{\eta} = h(t, \eta) \tag{1.3.9}$$

式中，$\eta := (\omega, x)^{\mathrm{T}} \in N$；$h : \mathbf{R}_+ \times N \to \mathbf{R}^{l+1}$ 对于时间变量 t 是间断连续的且 h 满足局部 Lipschitz 条件，并在定义域 $\mathbf{R}_+ \times N$ 上关于时间变量 t 一致。

令 $\chi_i := \{x_i \in \mathbf{R} : |x_i(t)| < k_{ci}, t \geqslant 0\}$。假设存在连续可微的正定函数 $U : \mathbf{R}^l \to \mathbf{R}_+$ 以及 $V_i : \chi_i \to \mathbf{R}_+$，满足的条件如下：

$$V_i(x_i) \to \infty, \quad |x_i| < k_{ci} \tag{1.3.10}$$

$$\gamma_1(\|\omega\|) \leqslant U(\omega) \leqslant \gamma_2(\|\omega\|) \tag{1.3.11}$$

式中，γ_1 和 γ_2 是 K_∞ 类函数。

令 $V(\eta) := \sum_{i=1}^{n} V_i(x_i) + U(\omega)$，以及 $x_i(0)$ 选取于集合 χ，若有

$$\dot{V}(x) = \frac{\partial V(x)}{\partial \eta} h \leqslant 0 \tag{1.3.12}$$

则 $\dot{\eta} = h(t, \eta)$ 是稳定的，且 $x(t) \in \chi$，$\forall t \in [0, \infty)$。

通常使用的障碍 Lyapunov 函数主要包括如下三种类型。

(1) log 型障碍 Lyapunov 函数为

$$V(x) = \frac{1}{2} \log \frac{k_c^2}{k_c^2 - x^2} \tag{1.3.13}$$

(2) tan 型障碍 Lyapunov 函数为

$$V(x) = \frac{k_c}{\pi} \tan^2 \left(\frac{\pi x}{2k_c} \right) \tag{1.3.14}$$

(3) 积分型障碍 Lyapunov 函数为

$$V(x) = \int_0^x \frac{\sigma k_c^2}{k_c^2 - (\sigma + x)^2} \mathrm{d}\sigma \tag{1.3.15}$$

1.4 直接自适应模糊跟踪控制

1.4.1 控制器设计

考虑一类单输入单输出 (single input single output, SISO) 非线性动态系统如下：

$$\begin{cases} \dot{x}_i = f_i(\bar{x}_i) + g_i(\bar{x}_i) x_{i+1}, & 1 \leqslant i \leqslant n-1 \\ \dot{x}_n = f_n(x) + g_n(x) u \\ y = x_1 \end{cases} \tag{1.4.1}$$

式中，$x = [x_1, x_2, \cdots, x_n]^{\mathrm{T}} \in \mathbf{R}^n$ 为系统的状态向量；$u \in \mathbf{R}$ 和 $y \in \mathbf{R}$ 分别是系统的输入和输出；$\bar{x}_i = [x_1, x_2, \cdots, x_i]^{\mathrm{T}} (i = 1, 2, \cdots, n-1)$；$f_i(\cdot)$ 和 $g_i(\cdot) (i = 1, 2, \cdots, n)$ 是不可线性参数化的未知非线性函数，且 $f_i(0) = 0$。

控制器的反步法设计需要 n 步。每一步通过选取恰当的 Lyapunov 函数来构造系统的虚拟控制器 $\hat{\alpha}_i$。下面将给出式(1.4.1)所示系统的反步法设计过程。

第 1 步 对于系统给定的参考信号 y_d，定义跟踪误差向量 $e_1 = x_1 - y_d$，由式 (1.4.1)可得

$$\dot{e}_1 = f_1(x_1) + g_1(x_1)x_2 - \dot{y}_d \tag{1.4.2}$$

选取 Lyapunov 函数为 $V_1 = \dfrac{1}{2}e_1^2$ 并对其求导，可得

$$\dot{V}_1 = e_1(f_1(x_1) + g_1(x_1)x_2 - \dot{y}_d) \tag{1.4.3}$$

选取第一个虚拟控制器 $\alpha_1(Z_1)$ 为

$$\alpha_1(Z_1) = \varphi_1(x_1)(-m_1 e_1 - f_1(x_1) + \dot{y}_d) \tag{1.4.4}$$

式中，$m_1 > 0$；$\varphi_1(x_1) = g_1^{-1}(x_1)$；$Z_1 = [x_1, y_d, \dot{y}_d]^{\mathrm{T}} \in \Omega_{Z_1} \subset \mathbf{R}^3$，$\Omega_{Z_1}$ 是一个紧集。

将式 (1.4.4) 代入式 (1.4.3)，可得

$$\dot{V}_1 = -m_1 e_1^2 + (x_2 - \alpha_1(Z_1))e_1 \tag{1.4.5}$$

由于 $f_1(x_1)$ 和 $g_1(x_1)$ 是未知非线性函数，$\alpha_1(Z_1)$ 在实际控制中不能直接实施控制。因此，在紧集 $\Omega_{Z_1} \subset \mathbf{R}^3$ 内，根据模糊逻辑系统的万能逼近定理，对于给定的 $\varepsilon_1 > 0$，由模糊逻辑系统 $W_1^{*\mathrm{T}}S_1(Z_1)$ 可得

$$\alpha_1(Z_1) = W_1^{*\mathrm{T}}S_1(Z_1) + \delta_1(Z_1) \tag{1.4.6}$$

式中，$\delta_1(Z_1)$ 是逼近误差且满足 $|\delta_1(Z_1)| \leqslant \varepsilon_1$。

可以注意到的是

$$
\begin{aligned}
(x_2 - \alpha_1(Z_1))e_1 &= (x_2 - W_1^{*\mathrm{T}}S_1(Z_1) - \delta_1(Z_1))e_1 \\
&\leqslant x_2 e_1 + \frac{\theta_1}{2\rho_1^2}S_1^{\mathrm{T}}(Z_1)S_1(Z_1)e_1^2 + \frac{\rho_1^2}{2} + \frac{e_1^2}{2} + \frac{\varepsilon_1^2}{2}
\end{aligned} \tag{1.4.7}
$$

式中，$\theta_1 = \|W_1^*\|^2$ 是未知常数。

将式 (1.4.7) 代入式 (1.4.5)，可得

$$\dot{V}_1 \leqslant -m_1 e_1^2 + x_2 e_1 + \frac{\theta_1}{2\rho_1^2}S_1^{\mathrm{T}}(Z_1)S_1(Z_1)e_1^2 + \frac{\rho_1^2}{2} + \frac{e_1^2}{2} + \frac{\varepsilon_1^2}{2} \tag{1.4.8}$$

现构造虚拟控制器 $\hat{\alpha}_1$ 为

$$\hat{\alpha}_1 = -\frac{\hat{\theta}_1}{2\rho_1^2}S_1^{\mathrm{T}}(Z_1)S_1(Z_1)e_1 \tag{1.4.9}$$

定义 $\tilde{\theta}_1 = \theta_1 - \hat{\theta}_1$，根据式 (1.4.8) 和式 (1.4.9)，可得

$$\dot{V}_1 \leqslant - \left(m_1 - \frac{1}{2} \right) e_1^2 + (x_2 - \hat{\alpha}_1)e_1 + \frac{\tilde{\theta}_1}{2\rho_1^2} S_1^{\mathrm{T}}(Z_1)S_1(Z_1)e_1^2 + \frac{\rho_1^2}{2} + \frac{\varepsilon_1^2}{2} \qquad (1.4.10)$$

第 2 步 定义变量 $e_2 = x_2 - \hat{\alpha}_1$，可得

$$\dot{e}_2 = f_2(\bar{x}_2) + g_2(\bar{x}_2)x_3 - \dot{\hat{\alpha}}_1 \qquad (1.4.11)$$

式中，$\hat{\alpha}_1$ 的导数为

$$\begin{aligned} \dot{\hat{\alpha}}_1 &= \frac{\partial \hat{\alpha}_1}{\partial x_1} \dot{x}_1 + \frac{\partial \hat{\alpha}_1}{\partial \hat{\theta}_1} \dot{\hat{\theta}}_1 + \frac{\partial \hat{\alpha}_1}{\partial y_d} \dot{y}_d \\ &= \frac{\partial \hat{\alpha}_1}{\partial x_1} (f_1(x_1) + g_1(x_1)x_2) + \varpi_1 \\ &= w_1 \end{aligned} \qquad (1.4.12)$$

式中，$\varpi_1 = \frac{\partial \hat{\alpha}_1}{\partial \hat{\theta}_1} \dot{\hat{\theta}}_1 + \frac{\partial \hat{\alpha}_1}{\partial y_d} \dot{y}_d$，是可以计算的中间变量。

选取 Lyapunov 函数如下：

$$V_2 = V_1 + \frac{e_2^2}{2} \qquad (1.4.13)$$

对 V_2 求导，可得

$$\dot{V}_2 = \dot{V}_1 + e_2(\bar{x}_2)(f_2(\bar{x}_2) + g_2(\bar{x}_2)x_3 - \dot{\hat{\alpha}}_1) \qquad (1.4.14)$$

选取虚拟控制器 $\alpha_2(Z_2)$ 为

$$\alpha_2(Z_2) = \varphi_2(\bar{x}_2)(-e_1 - m_2 e_2 - f_2(\bar{x}_2) + \dot{\hat{\alpha}}_1) \qquad (1.4.15)$$

式中，$\varphi_2(\bar{x}_2) = g_2^{-1}(\bar{x}_2)$；$Z_2 = \left[\bar{x}_2^{\mathrm{T}}, \frac{\partial \hat{\alpha}_1}{\partial x_1}, \varpi_1 \right]^{\mathrm{T}} \in \Omega_{Z_2} \subset \mathbf{R}^4$。

根据式 (1.4.15) 和式 (1.4.14)，可得

$$\dot{V}_2 = \dot{V}_1 - e_1 e_2 - m_2 e_2^2 + (x_3 - \alpha_2(Z_2))e_2 \qquad (1.4.16)$$

因为 $\alpha_2(Z_2)$ 是未知的非线性函数，应用模糊逻辑系统 $W_2^{\mathrm{T}}S_2(Z_2)$ 来逼近 $\alpha_2(Z_2)$，使得对于任意给定常数 $Z_2 \in \Omega_{Z_2}$，可得

$$\alpha_2(Z_2) = W_2^{*\mathrm{T}}S_2(Z_2) + \delta_2(Z_2)$$

式中，$|\delta_2(Z_2)| \leqslant \varepsilon_2$。

应用类似式 (1.4.7) 的方法，对于 $(x_3 - \alpha_2(Z_2))e_2$，可得

$$(x_3 - \alpha_2(Z_2))e_2$$

$$\leqslant x_3 e_2 + \frac{\tilde{\theta}_2}{2\rho_2^2} S_2^{\mathrm{T}}(Z_2) S_2(Z_2) e_2^2 + \frac{\hat{\theta}_2}{2\rho_2^2} S_2^{\mathrm{T}}(Z_2) S_2(Z_2) e_2^2$$

$$+ \frac{e_2^2}{2} + \frac{\varepsilon_2^2}{2} + \frac{\rho_2^2}{2} \tag{1.4.17}$$

式中，$\tilde{\theta}_2 = \theta_2 - \hat{\theta}_2$，$\theta_2 = \|W_2^*\|^2$。

然后，将式 (1.4.17) 代入式 (1.4.16)，可得

$$\dot{V}_2 \leqslant \dot{V}_1 - e_1 e_2 - \left(m_2 - \frac{1}{2}\right) e_2^2 + e_2 x_3 + \frac{\hat{\theta}_2}{2\rho_2^2} S_2^{\mathrm{T}}(Z_2) S_2(Z_2) e_2^2$$

$$+ \frac{\tilde{\theta}_2}{2\rho_2^2} S_2^{\mathrm{T}}(Z_2) S_2(Z_2) e_2^2 + \frac{\varepsilon_2^2}{2} + \frac{\rho_2^2}{2} \tag{1.4.18}$$

类似于第 1 步，选取虚拟控制器 $\hat{\alpha}_2$ 为

$$\hat{\alpha}_2 = -\frac{\hat{\theta}_2}{2\rho_2^2} S_2^{\mathrm{T}}(Z_2) S_2(Z_2) e_2 \tag{1.4.19}$$

式中，ρ_2 是正的设计参数。

根据式 (1.4.18) 和式 (1.4.19)，可得

$$\dot{V}_2 \leqslant \dot{V}_1 - \left(m_2 - \frac{1}{2}\right) e_2^2 - e_1 e_2 + \frac{\tilde{\theta}_2}{2\rho_2^2} S_2^{\mathrm{T}}(Z_2) S_2(Z_2) e_2^2$$

$$+ e_2(x_3 - \hat{\alpha}_2) + \frac{\varepsilon_2^2}{2} + \frac{\rho_2^2}{2} \tag{1.4.20}$$

根据式 (1.4.10)、式 (1.4.20) 和定义 $e_3 = x_3 - \hat{\alpha}_2$，可得

$$\dot{V}_2 \leqslant -\sum_{i=1}^{2} \left(m_i - \frac{1}{2}\right) e_i^2 + \sum_{i=1}^{2} \frac{\tilde{\theta}_i}{2\rho_i^2} S_i^{\mathrm{T}}(Z_i) S_i(Z_i) e_i^2$$

$$+ \frac{1}{2} \sum_{i=1}^{2} (\rho_i^2 + \varepsilon_i^2) + e_2 e_3 \tag{1.4.21}$$

第 k ($3 \leqslant k \leqslant n-1$) 步　类似于第 2 步，对于第 k 步，考虑在式 (1.4.1) 中的第 k 个子系统，即 $\dot{x}_k = f_k(\bar{x}_k) + g_k(\bar{x}_k) x_{k+1}$，选取 Lyapunov 函数如下：

$$V_k = V_{k-1} + \frac{e_k^2}{2}$$

并定义虚拟控制器 $\hat{\alpha}_k$ 为

$$\hat{\alpha}_k = -\frac{\hat{\theta}_k}{2\rho_k^2} S_k^{\mathrm{T}}(Z_k) S_k(Z_k) e_k \tag{1.4.22}$$

则可得

$$\dot{V}_k \leqslant -\sum_{i=1}^{k}\left(m_i - \frac{1}{2}\right)e_i^2 + \sum_{i=1}^{k}\frac{\tilde{\theta}_i}{2\rho_i^2}S_i^{\mathrm{T}}(Z_i)S_i(Z_i)e_i^2$$
$$+ \frac{1}{2}\sum_{i=1}^{k}(\rho_i^2 + \varepsilon_i^2) + e_k e_{k+1} \tag{1.4.23}$$

式中，$e_{k+1} = x_{k+1} - \hat{\alpha}_k$；$Z_i = \left[\bar{x}_i^{\mathrm{T}}, \dfrac{\partial\hat{\alpha}_{i-1}}{\partial x_1}, \cdots, \dfrac{\partial\hat{\alpha}_{i-1}}{\partial x_{i-1}}, \varpi_{i-1}\right]^{\mathrm{T}}$。

第 n 步 定义 $e_n = x_n - \hat{\alpha}_{n-1}$，可得

$$\dot{e}_n = f_n(x) + g_n(x)u - \dot{\hat{\alpha}}_{n-1} \tag{1.4.24}$$

应用式 (1.4.12) 的类似方法，可得

$$\dot{\hat{\alpha}}_{n-1} = \sum_{i=1}^{n-1}\frac{\partial\hat{\alpha}_{n-1}}{\partial x_i}\dot{x}_i + \varpi_{n-1} = w_{n-1} + \sum_{i=1}^{n-1}\frac{\partial\hat{\alpha}_{n-1}}{\partial x_i}d_i(t,x) \tag{1.4.25}$$

式中，$w_{n-1} = \sum\limits_{i=1}^{n-1}\dfrac{\partial\hat{\alpha}_{n-1}}{\partial x_i}(f_i(\bar{x}_i) + g_i(\bar{x}_i)x_{i+1}) + \varpi_{n-1}$；$\varpi_{n-1} = \sum\limits_{i=1}^{n-1}\dfrac{\partial\hat{\alpha}_{n-1}}{\partial\hat{\theta}_i}\dot{\hat{\theta}}_i +$
$\dfrac{\partial\hat{\alpha}_{n-1}}{\partial y_{d,n-1}}\dot{y}_{d,n-1}$。

定义 $\varphi_n = g_n^{-1}(x)$，选取 Lyapunov 函数如下：

$$V_n = V_{n-1} + \frac{e_n^2}{2} \tag{1.4.26}$$

并利用式 (1.4.25)，可得 V_n 的导数为

$$\dot{V}_n = \dot{V}_{n-1} + e_n(\bar{x}_n)(f_n(\bar{x}_n) + g_n(\bar{x}_n)x_{n+1} - \dot{\hat{\alpha}}_{n-1})$$

令

$$\alpha_n(Z_n) = \varphi_n(\bar{x}_n)(-e_{n-1} - m_n e_n - f_n(\bar{x}_n) + \dot{\hat{\alpha}}_{n-1}) \tag{1.4.27}$$

则 V_n 的导数为

$$\dot{V}_n \leqslant \dot{V}_{n-1} - e_{n-1}e_n - m_n e_n^2 + (u - \alpha_n(Z_n))e_n \tag{1.4.28}$$

式中，$Z_n = \left[\bar{x}_n^{\mathrm{T}}, \dfrac{\partial \hat{\alpha}_{n-1}}{\partial x_1}, \cdots, \dfrac{\partial \hat{\alpha}_{n-1}}{\partial x_{n-1}}, \varpi_{n-1}\right]^{\mathrm{T}} \in \Omega_{Z_n} \subset \mathbf{R}^{2n+1}$。

类似地，应用模糊逻辑系统 $W_n^{\mathrm{T}} S_n(Z_n)$ 来逼近未知的非线性函数 $\alpha_n(Z_n)$，使得对于任意的常数 $\varepsilon_n > 0$，有

$$\alpha_n(Z_n) = W_n^{*\mathrm{T}} S_n(Z_n) + \delta_n(Z_n) \tag{1.4.29}$$

式中，$|\delta_n(Z_n)| \leqslant \varepsilon_n$。

应用式 (1.4.29) 和类似式 (1.4.17) 的方法，可得

$$(u - \alpha_n(Z_n))e_n$$

$$\leqslant e_n u + \frac{\tilde{\theta}_n}{2\rho_n^2} S_n^{\mathrm{T}}(Z_n) S_n(Z_n) e_n^2 + \frac{\hat{\theta}_n}{2\rho_n^2} S_n^{\mathrm{T}}(Z_n) S_n(Z_n) e_n^2$$

$$+ \frac{e_n^2}{2} + \frac{\varepsilon_n^2}{2} + \frac{\rho_n^2}{2} \tag{1.4.30}$$

式中，$\tilde{\theta}_n = \theta_n - \hat{\theta}_n$，$\theta_n = \|W_n^*\|^2$；$\rho_n$ 是一个设计参数。

将式 (1.4.30) 代入式 (1.4.28)，可得

$$\dot{V}_n \leqslant \dot{V}_{n-1} - e_{n-1}e_n - \left(m_n - \frac{1}{2}\right)e_n^2 + e_n\left(u + \frac{\hat{\theta}_n}{2\rho_n^2} S_n^{\mathrm{T}}(Z_n) S_n(Z_n) e_n\right)$$

$$+ \frac{\tilde{\theta}_n}{2\rho_n^2} S_n^{\mathrm{T}}(Z_n) S_n(Z_n) e_n^2 + \frac{1}{2}(\rho_n^2 + \varepsilon_n^2) \tag{1.4.31}$$

选取实际控制器为

$$u = -\frac{\hat{\theta}_n}{2\rho_n^2} S_n^{\mathrm{T}}(Z_n) S_n(Z_n) e_n \tag{1.4.32}$$

式中，ρ_n 是正的设计参数。

根据式 (1.4.32) 和式 (1.4.31)，可得

$$\dot{V}_n \leqslant \dot{V}_{n-1} + \frac{\tilde{\theta}_n}{2\rho_n^2} S_n^{\mathrm{T}}(Z_n) S_n(Z_n) e_n^2 - \left(m_n - \frac{1}{2}\right)e_n^2$$

$$- e_{n-1}e_n + \frac{1}{2}(\rho_n^2 + \varepsilon_n^2) \tag{1.4.33}$$

将 $k = n - 1$ 时的式 (1.4.23) 代入式 (1.4.33)，可得

$$\dot{V}_n \leqslant -\sum_{i=1}^{n}\left(m_i - \frac{1}{2}\right)e_i^2 + \sum_{i=1}^{n}\frac{\tilde{\theta}_i}{2\rho_i^2}S_i^{\mathrm{T}}(Z_i)S_i(Z_i)e_i^2 + \frac{1}{2}\sum_{i=1}^{n}(\rho_i^2 + \varepsilon_i^2) \quad (1.4.34)$$

定理 1.4.1　考虑式 (1.4.1) 中的严格反馈非线性系统。在给定的有界初始条件下，设计式 (1.4.32) 所示的直接模糊自适应控制器和如下自适应律：

$$\dot{\hat{\theta}}_i = \frac{\gamma_i}{2\rho_i^2}S_i^{\mathrm{T}}(Z_i)S_i(Z_i)e_i^2 - \sigma_i\hat{\theta}_i, \quad i = 1, 2, \cdots, n \quad (1.4.35)$$

使得闭环系统的所有信号都是有界的，且对于任意给定的 $\varepsilon > 0$，选择恰当的参数，系统跟踪误差能够收敛到 $\lim\limits_{t \to \infty}|e_1| \leqslant \varepsilon$。

1.4.2　稳定性分析

下面给出整个闭环系统的稳定性证明。选取整个系统的 Lyapunov 函数为

$$V = V_n + \sum_{i=1}^{n}\frac{\tilde{\theta}_i^2}{2\gamma_i} \quad (1.4.36)$$

考虑式 (1.4.34)、式 (1.4.35) 和式 (1.4.36)，可以得到

$$\dot{V} \leqslant -\sum_{i=1}^{n}\left(m_i - \frac{1}{2}\right)e_i^2 + \sum_{i=1}^{n}\frac{\sigma_i}{\gamma_i}\hat{\theta}_i\tilde{\theta}_i + \frac{1}{2}\sum_{i=1}^{n}(\rho_i^2 + \varepsilon_i^2) \quad (1.4.37)$$

注意到 $\hat{\theta}_i = \theta_i - \tilde{\theta}_i$，可得

$$\hat{\theta}_i\tilde{\theta}_i = (\theta_i - \tilde{\theta}_i)\tilde{\theta}_i \leqslant -\frac{\tilde{\theta}_i^2}{2} + \frac{\theta_i^2}{2}$$

应用上面的不等式，式 (1.4.37) 可转化为

$$\dot{V} \leqslant \sum_{i=1}^{n}\left[\left(-m_i + \frac{1}{2}\right)e_i^2 - \frac{\sigma_i}{2\gamma_i}\tilde{\theta}_i^2\right] + \frac{1}{2}\sum_{i=1}^{n}\left(\rho_i^2 + \varepsilon_i^2 + \frac{\sigma_i}{\gamma_i}\theta_i^2\right)$$

$$\leqslant a_0\sum_{i=1}^{n}\left(-\frac{e_i^2}{2} - \frac{\tilde{\theta}_i^2}{2\gamma_i}\right) + b_0 \quad (1.4.38)$$

式中，$a_0 = \min\left\{2\left(m_i - \frac{1}{2}\right), \sigma_i\right\}$；$b_0 = \frac{1}{2}\sum_{i=1}^{n}\left(\rho_i^2 + \varepsilon_i^2 + \frac{\sigma_i}{\gamma_i}\theta_i^2\right)$，$i = 1, 2, \cdots, n$；$m_i$、$\sigma_i$ 和 ρ_i 是给定的设计参数；ε_i 和 θ_i 为常数。

进一步可得

$$V \leqslant \left(V(t_0) - \frac{b_0}{a_0} \right) e^{-a_0(t-t_0)} + \frac{b_0}{a_0} \leqslant V(t_0) + \frac{b_0}{a_0}, \quad \forall t \geqslant t_0 \tag{1.4.39}$$

初始条件为 $x_0 = 0$，$\hat{\alpha}_0 = y_d$。这意味着闭环系统的所有信号是一致渐近有界的。

应用式 (1.4.39) 的第一个不等式，可得

$$\lim_{t \to \infty} e_i^2 \leqslant \frac{2b_0}{a_0}$$

因此，对于给定的 $\varepsilon > 0$，可以适当调整设计参数使得 $\frac{2b_0}{a_0} < \varepsilon^2$。

1.5   间接自适应模糊跟踪控制

1.5.1   控制器设计

间接自适应模糊控制器的反步法设计包含 n 步。在每一步中，选取一个适当的二次型 Lyapunov 函数来构造一个虚拟控制器 α_i。下面将给出式 (1.4.1) 所示系统的反步法设计过程。

1. 1 阶非线性系统的间接自适应模糊控制

首先考虑式 (1.4.1) 中系统阶数为 1 的情况如下：

$$\dot{x}_1 = f_1(x_1) + g_1(x_1)u \tag{1.5.1}$$

对于给定的参考信号 y_d，定义误差向量 $e_1 = x_1 - y_d$，由式 (1.4.1) 中的第一个子系统可得

$$\dot{e}_1 = f_1(x_1) + g_1(x_1)u - \dot{y}_d \tag{1.5.2}$$

选取 Lyapunov 函数为 $V_1 = \frac{1}{2}e_1^2$ 并对其求导，可得

$$\dot{V}_1 = e_1(f_1(x_1) + g_1(x_1)u - \dot{y}_d)$$

$$= e_1\hat{f}_1(Z_1) + g_1(x_1)e_1 u \tag{1.5.3}$$

式中，$\hat{f}_1(Z_1) = f_1(x_1) - \dot{y}_d$，$f_1(x_1)$ 是未知的非线性函数，因此 $\hat{f}_1(Z_1)$ 不能用来构造控制器。

根据模糊逻辑系统的万能逼近定理，对于任意给定的 $\varepsilon_1 > 0$，有

$$\hat{f}_1(Z_1) = W_1^{*\mathrm{T}} S_1(Z_1) + \delta_1(Z_1) \tag{1.5.4}$$

式中，$\delta_1(Z_1)$ 是逼近误差且满足 $|\delta_1(Z_1)| \leqslant \varepsilon_1$。

此外，有

$$e_1 W_1^{*\mathrm{T}} S_1(Z_1) \leqslant \frac{b\theta_1}{2\eta_1^2} S_1^{\mathrm{T}}(Z_1) S_1(Z_1) e_1^2 + \frac{\eta_1^2}{2} \tag{1.5.5}$$

$$e_1 \delta_1(Z_1) \leqslant \frac{be_1^2}{2l_1^2} + \frac{l_1^2 \varepsilon_1^2}{2b} \tag{1.5.6}$$

式中，θ_1 是一个未知常数且 $\theta_1 = b^{-1}\|W_1^*\|^2$；$\eta_1$ 和 l_1 是正的设计参数。

由式 (1.5.3) 和式 (1.5.6)，可得

$$\dot{V}_1 \leqslant \frac{b\theta_1}{2\eta_1^2} S_1^{\mathrm{T}}(Z_1) S_1(Z_1) e_1^2 + \frac{be_1^2}{2l_1^2} + g_1(x_1) e_1 u + c_1 \tag{1.5.7}$$

式中，$c_1 = \eta_1^2/2 + l_1^2 \varepsilon_1^2/(2b)$。

接下来选择自适应控制器和自适应律如下：

$$u = -\frac{\hat{\theta}_1}{2\eta_1^2} S_1^{\mathrm{T}}(Z_1) S_1(Z_1) e_1 - k_1 e_1 - \frac{1}{2l_1^2} e_1 \tag{1.5.8}$$

$$\dot{\hat{\theta}}_1 = \frac{\gamma_1}{2\eta_1^2} S_1^{\mathrm{T}}(Z_1) S_1(Z_1) e_1^2 - \sigma_1 \hat{\theta}_1 \tag{1.5.9}$$

式中，γ_1、η_1、k_1 和 σ_1 是正的设计参数；$\hat{\theta}_1$ 是未知常数 θ_1 的估计，定义 $\hat{\theta}_1 = \theta_1 - \tilde{\theta}_1$，$\tilde{\theta}_1$ 为估计误差。

由于初始条件 $\hat{\theta}_1(t_0) \geqslant 0$，且自适应参数 $\hat{\theta}_1$ 的初始条件为 $\hat{\theta}_1(t_0) \geqslant 0$，所以可得

$$g_1(x_1) e_1 u \leqslant -bk_1 e_1^2 - \frac{be_1^2}{2l_1^2} - \frac{b\hat{\theta}_1}{2\eta_1^2} S_1^{\mathrm{T}}(Z_1) S_1(Z_1) e_1^2 \tag{1.5.10}$$

将式 (1.5.10) 代入式 (1.5.7)，可得

$$\dot{V}_1 \leqslant -bk_1 e_1^2 + \frac{b\tilde{\theta}_1}{2\eta_1^2} S_1^{\mathrm{T}}(Z_1) S_1(Z_1) e_1^2 + c_1 \tag{1.5.11}$$

现在对于系统 (1.4.1) 的 1 阶情况给出如下主要结果。

定理 1.5.1 考虑由式 (1.5.1) 所示的系统、式 (1.5.8) 所示的控制器和式 (1.5.9) 所示的自适应律组成的闭环系统，对于有界的初始条件且 $\hat{\theta}_1(t_0) \geqslant 0$，闭环系统的所有信号都是有界的。

证明 考虑式 (1.5.1) 所示系统阶数为 1 的情况，选取 Lyapunov 函数为

$$V = V_1 + \frac{b\tilde{\theta}_1^2}{2\gamma_1} \tag{1.5.12}$$

对 V 求导可得

$$\dot{V} \leqslant -bk_1e_1^2 + \frac{b\tilde{\theta}_1}{\gamma_1}\left(\frac{\gamma_1}{2\eta_1^2}S_1^{\mathrm{T}}(Z_1)S_1(Z_1)e_1^2 - \dot{\hat{\theta}}_1\right) + c_1 \tag{1.5.13}$$

将式 (1.5.9) 代入式 (1.5.13)，可得

$$\dot{V} \leqslant -bk_1e_1^2 + \frac{b\sigma_1\hat{\theta}_1\tilde{\theta}_1}{\gamma_1} + c_1$$

注意到有

$$\hat{\theta}_1\tilde{\theta}_1 \leqslant -\frac{\tilde{\theta}_1^2}{2} + \frac{\theta_1^2}{2} \tag{1.5.14}$$

那么可得

$$\dot{V} \leqslant -bk_1e_1^2 - \frac{b\sigma_1\tilde{\theta}_1^2}{2\gamma_1} + C_1 \tag{1.5.15}$$

式中，$C_1 = \dfrac{b\sigma_1\theta_1^2}{2} + c_1$，$bk_1 > 0$，$\sigma_1 > 0$ 和 $\gamma_1 > 0$。因此，式 (1.5.15) 可用于证明闭环系统的有界性，进一步可得 x_1 和 $\hat{\theta}_1$ 也是有界的。

2. n 阶非线性系统的间接自适应模糊控制

设计间接自适应模糊控制器和自适应律来实现式 (1.4.1) 中的 n 阶严格反馈非线性系统的跟踪控制：

$$\alpha_i = -\frac{\hat{\theta}_i}{2\eta_i^2}S_i^{\mathrm{T}}(Z_i)S_i(Z_i)e_i - k_ie_i - \frac{e_i}{2l_i^2} \tag{1.5.16}$$

$$\dot{\hat{\theta}}_i = \frac{\gamma_i}{2\eta_i^2}S_i^{\mathrm{T}}(Z_i)S_i(Z_i)e_i^2 - \sigma_i\hat{\theta}_i \tag{1.5.17}$$

式中，σ_i、γ_i、l_i 和 $\eta_i (1 \leqslant i \leqslant n)$ 是正的设计参数；控制增益 k_i 满足 $k_i > 0$；$S_i(Z_i)$ 是基函数向量，$Z_i = [e_1, e_2, \cdots, e_i, \hat{\theta}_1, \hat{\theta}_2, \cdots, \hat{\theta}_{i-1}]^T$ 是模糊逻辑系统的输入向量；自适应参数 $\hat{\theta}_i$ 是未知常数 θ_i 的估计；当 $i = n$ 时，α_n 是实际的控制输入 u。

对于任意给定的有界初始条件 $\hat{\theta}_i(t_0) \geqslant 0$ 和 $t \geqslant t_0$，可得 $\hat{\theta}_i(t) \geqslant 0$。$\hat{\theta}_i$ 是未知常数 θ_i 的估计，本节选择自适应参数的初始条件为 $\hat{\theta}_i(t_0) \geqslant 0$。

关于式 (1.4.1) 所示系统的跟踪控制器详细设计步骤如下。

这里使用 n 步的反步法来设计间接自适应模糊跟踪控制器。由系统给定参考信号 y_d，定义系统误差向量 $e_1 = x_1 - y_d$，由式 (1.4.1) 可得

$$\dot{e}_1 = f_1(x_1) + g_1(x_1)x_2 - \dot{y}_d \tag{1.5.18}$$

第 1 步　选取 Lyapunov 函数为 $V_1 = \dfrac{1}{2}e_1^2$ 并对其求导，可得

$$\begin{aligned}
\dot{V}_1 &= e_1(f_1(x_1) + g_1(x_1)x_2 - \dot{y}_d) \\
&= e_1\hat{f}_1(Z_1) + g_1(x_1)e_1x_2
\end{aligned} \tag{1.5.19}$$

式中，$\hat{f}_1(Z_1) = f_1(x_1) - \dot{y}_d$，由于 $f_1(x_1)$ 是未知的，$\hat{f}_1(Z_1)$ 不能直接用来构造虚拟控制器。

因此，由模糊逻辑系统的万能逼近定理，对于给定的 $\varepsilon_1 > 0$，可得

$$\hat{f}_1(Z_1) = W_1^{*T}S_1(Z_1) + \delta_1(Z_1) \tag{1.5.20}$$

式中，$\delta_1(Z_1)$ 是逼近误差且满足 $|\delta_1(Z_1)| \leqslant \varepsilon_1$。

此外有

$$e_1 W_1^{*T}S_1(Z_1) \leqslant \frac{b\theta_1}{2\eta_1^2}S_1^T(Z_1)S_1(Z_1)e_1^2 + \frac{\eta_1^2}{2} \tag{1.5.21}$$

$$e_1\delta_1(Z_1) \leqslant \frac{be_1^2}{2l_1^2} + \frac{l_1^2\varepsilon_1^2}{2b} \tag{1.5.22}$$

式中，θ_1 是一个未知常数且 $\theta_1 = b^{-1}\|W_1^*\|^2$；$\eta_1$ 和 l_1 是正的设计参数。

把式 (1.5.20)～ 式 (1.5.22) 代入式 (1.5.19)，并由式 (1.5.21) 和式 (1.5.22)，可得

$$\dot{V}_1 \leqslant \frac{b\theta_1}{2\eta_1^2}S_1^T(Z_1)S_1(Z_1)e_1^2 + \frac{be_1^2}{2l_1^2} + g_1(x_1)e_1e_2 + g_1(x_1)e_1\alpha_1 + c_1 \tag{1.5.23}$$

式中，$e_2 = x_2 - \alpha_1$；$c_1 = \eta_1^2/2 + l_1^2\varepsilon_1^2/(2b)$。

选取式 (1.5.16) 中的虚拟控制信号 α_1，可得

$$g_1(x_1)e_1\alpha_1 \leqslant -bk_1e_1^2 - \frac{be_1^2}{2l_1^2} - \frac{b\hat{\theta}_1}{2\eta_1^2}S_1^{\mathrm{T}}(Z_1)S_1(Z_1)e_1^2 \tag{1.5.24}$$

将式 (1.5.24) 代入式 (1.5.23) 并且考虑到 $\tilde{\theta}_1 = \theta_1 - \hat{\theta}_1$，可得

$$\dot{V}_1 \leqslant -bk_1e_1^2 + \frac{b\tilde{\theta}_1}{2\eta_1^2}S_1^{\mathrm{T}}(Z_1)S_1(Z_1)e_1^2 + g_1(x_1)e_1e_2 + c_1 \tag{1.5.25}$$

式中，耦合项 $g_1(x_1)e_1e_2$ 留到下一步处理。

第 2 步 对 e_2 求导可得

$$\dot{e}_2 = f_2(\bar{x}_2) + g_2(\bar{x}_2)x_3 - \dot{\alpha}_1 \tag{1.5.26}$$

式中，$\dot{\alpha}_1 = \frac{\partial \alpha_1}{\partial x_1}\dot{x}_1 + \frac{\partial \alpha_1}{\partial \hat{\theta}_1}\dot{\hat{\theta}}_1 = \frac{\partial \alpha_1}{\partial x_1}(f_1(x_1) + g_1(x_1)x_2) + \frac{\partial \alpha_1}{\partial \hat{\theta}_1}\dot{\hat{\theta}}_1 = R_1$。

选取 Lyapunov 函数为

$$V_2 = V_1 + \frac{e_2^2}{2}$$

对其求导可得

$$\dot{V}_2 = \dot{V}_1 + e_2(f_2(\bar{x}_2) + g_2(\bar{x}_2)x_3) \tag{1.5.27}$$

通过考虑式 (1.5.25) 和式 (1.5.27)，可得

$$\dot{V}_2 \leqslant -bk_1e_1^2 + \frac{b\tilde{\theta}_1}{2\eta_1^2}S_1^{\mathrm{T}}(Z_1)S_1(Z_1)e_1^2 + c_1 + e_2\hat{f}_2(Z_2) + g_2(\bar{x}_2)e_2x_3 \tag{1.5.28}$$

式中，

$$\hat{f}_2(Z_2) = f_2(\bar{x}_2) - R_1 + g_1(x_1)e_1 \tag{1.5.29}$$

由于 $\hat{f}_2(Z_2)$ 是一个未知函数，利用模糊逻辑系统 $W_2^{*\mathrm{T}}S_2(Z_2)$ 来逼近 $\hat{f}_2(Z_2)$，使得对于任意给定的 $\varepsilon_2 > 0$，有

$$\hat{f}_2(Z_2) = W_2^{*\mathrm{T}}S_2(Z_2) + \delta_2(Z_2) \tag{1.5.30}$$

式中，$\delta_2(Z_2)$ 为逼近误差且满足 $|\delta_2(Z_2)| \leqslant \varepsilon_2$。

将式 (1.5.30) 代入式 (1.5.28) 并应用类似式 (1.5.21) 和式 (1.5.22) 的不等式，可得

$$\dot{V}_2 \leqslant -bk_1e_1^2 + \sum_{i=1}^{2}\left(\frac{b\tilde{\theta}_i}{2\eta_i^2}S_i^{\mathrm{T}}(Z_i)S_i(Z_i)e_i^2 + c_i\right) + \frac{be_2^2}{2l_2^2}$$
$$+ \frac{b\hat{\theta}_2}{2\eta_2^2}S_2^{\mathrm{T}}(Z_2)S_2(Z_2)e_2^2 + g_2(\bar{x}_2)e_2e_3 + g_2(\bar{x}_2)e_2\alpha_2 \tag{1.5.31}$$

式中，$\hat{\theta}_2 = \theta_2 - \tilde{\theta}_2$，$\theta_2 = b^{-1}\|W_2^*\|^2$；$c_2 = \eta_2^2/2 + l_2^2\varepsilon_2^2/(2b)$。

接下来，构造由式 (1.5.16) 给出的虚拟控制器 α_2，可得

$$\dot{V}_2 \leqslant \sum_{i=1}^{2}\left(-bk_ie_i^2 + \frac{b\tilde{\theta}_i}{2\eta_i^2}S_i^{\mathrm{T}}(Z_i)S_i(Z_i)e_i^2 + c_i\right) + g_2(\bar{x}_2)e_2e_3 \tag{1.5.32}$$

第 $k(3 \leqslant k \leqslant n-1)$ 步 针对误差 e_k，选取 Lyapunov 函数为

$$V_k = V_{k-1} + \frac{e_k^2}{2} \tag{1.5.33}$$

利用模糊逻辑系统 $W_k^{*\mathrm{T}}S_k(Z_k)$ 来逼近未知非线性函数 $\hat{f}_k(Z_k)$ 并应用由式 (1.5.16) 所定义的控制器 α_k，可得

$$\dot{V}_k \leqslant \sum_{i=1}^{k}\left(-bk_ie_i^2 + \frac{b\tilde{\theta}_i}{2\eta_i^2}S_i^{\mathrm{T}}(Z_i)S_i(Z_i)e_i^2 + c_i\right) + g_k(\bar{x}_k)e_ke_{k+1} \tag{1.5.34}$$

式中，$c_i = \eta_i^2/2 + l_i^2\varepsilon_i^2/(2b)$。

类似于式 (1.5.29)，可得

$$\hat{f}_k(Z_k) = f_k(\bar{x}_k) - R_{k-1} + g_{k-1}(\bar{x}_{k-1})e_{k-1} \tag{1.5.35}$$

第 n 步 构造实际控制器 u。对 e_n 求导可得

$$\dot{e}_n = f_n(x) + g_n(x)u - \dot{\alpha}_{n-1} \tag{1.5.36}$$

式中，$\dot{\alpha}_{n-1} = R_{n-1}$，$R_{n-1} = \sum_{i=1}^{n-1}\frac{\partial\alpha_{n-1}}{\partial x_i}(f_i(\bar{x}_i) + g_i(\bar{x}_i)x_{i+1}) + \sum_{i=1}^{n-1}\frac{\partial\alpha_{n-1}}{\partial\hat{\theta}_i}\dot{\hat{\theta}}_i$。

选取 Lyapunov 函数为

$$V_n = V_{n-1} + \frac{e_n^2}{2}$$

利用式 (1.5.36)，对 V_n 求导可得

$$\dot{V}_n = \dot{V}_{n-1} + e_n(f_n(x) + g_n(x)u) \tag{1.5.37}$$

应用类似式 (1.5.21) 和式 (1.5.22) 的不等式将 $k = n - 1$ 时的式 (1.5.34) 代入式 (1.5.37)，可得

$$\dot{V}_n \leqslant \sum_{i=1}^{n-1} \left(-bk_ie_i^2 + \frac{b\tilde{\theta}_i}{2\eta_i^2} S_i^{\mathrm{T}}(Z_i)S_i(Z_i)e_i^2 + c_i \right)$$
$$+ e_n\hat{f}_n(Z_n) + g_n(x)e_nu \tag{1.5.38}$$

式中，$\hat{f}_n(Z_n) = f_n(x) - R_{n-1} + g_{n-1}(\bar{x}_{n-1})e_{n-1}$。

注意到 $\hat{f}_n(Z_n)$ 是未知的连续函数，应用模糊逻辑系统来逼近 $\hat{f}_n(Z_n)$，可得

$$\hat{f}_n(Z_n) = W_n^{*\mathrm{T}}S_n(Z_n) + \delta_n(Z_n) \tag{1.5.39}$$

式中，$\delta_n(Z_n)$ 为逼近误差且满足 $|\delta_n(Z_n)| \leqslant \varepsilon_n$，$\varepsilon_n$ 是一个较小的正数。

将式 (1.5.39) 代入式 (1.5.38) 并重复之前的步骤，可得

$$\dot{V}_n \leqslant \sum_{i=1}^{n-1} \left(-bk_ie_i^2 + \frac{b\tilde{\theta}_i}{2\eta_i^2} S_i^{\mathrm{T}}(Z_i)S_i(Z_i)e_i^2 + c_i \right) + c_n$$
$$+ \frac{b\theta_n}{2\eta_n^2} S_n^{\mathrm{T}}(Z_n)S_n(Z_n)e_n^2 + \frac{be_n^2}{2l_n^2} + g_n(x)e_nu \tag{1.5.40}$$

式中，$c_n = \eta_n^2/2 + l_n^2\varepsilon_n^2/(2b)$；$\theta_n = b^{-1}\|W_n^*\|^2$。

选择由式 (1.5.16) 给出的实际控制器 u，可得

$$g_n(x)e_nu \leqslant -bk_ne_n^2 - \frac{be_n^2}{2l_n^2} - \frac{b\hat{\theta}_n}{2\eta_n^2} S_n^{\mathrm{T}}(Z_n)S_n(Z_n)e_n^2 \tag{1.5.41}$$

根据式 (1.5.41)，式 (1.5.40) 可写为

$$\dot{V}_n \leqslant \sum_{i=1}^{n} \left(-bk_ie_i^2 + \frac{b\tilde{\theta}_i}{2\eta_i^2} S_i^{\mathrm{T}}(Z_i)S_i(Z_i)e_i^2 + c_i \right) \tag{1.5.42}$$

在控制器设计过程中利用 $\theta_i = b^{-1}\|W_i^*\|^2$ 来定义被估计参数 θ_i，使虚拟控制器 α_i 仅包含一个自适应参数 $\hat\theta_i$。因而对于 n 阶非线性系统，仅包含 n 个需要在线调整的自适应参数。

1.5.2　稳定性分析

由式 (1.4.1) 所示系统、式 (1.5.16) 所示控制器和式 (1.5.17) 所示自适应律组成的闭环系统，并利用模糊逻辑系统的万能逼近定理以任意精度逼近由不确定函数所组成的 $\hat f_i(Z_i)$。对于有界的初始条件且 $\hat\theta_i(t_0) \geqslant 0$，闭环系统的所有信号都是有界的。接下来将给出闭环系统的稳定性证明，选取 Lyapunov 函数为

$$V = V_n + \sum_{i=1}^n \frac{b\tilde\theta_i^2}{2\gamma_i}$$

由式 (1.5.17) 和式 (1.5.42) 可得

$$\dot V \leqslant \sum_{i=1}^n \left(-bk_ie_i^2 + c_i\right) + \sum_{i=1}^n \frac{b\tilde\theta_i}{\gamma_i}\left(\frac{\gamma_i}{2\eta_i^2}S_i^{\mathrm T}(Z_i)S_i(Z_i)e_i^2 - \dot{\hat\theta}_j\right)$$

由不等式 $\dfrac{b\sigma_i\tilde\theta_i\hat\theta_i}{\gamma_i} = -\dfrac{b\sigma_i\tilde\theta_i^2}{\gamma_i} + \dfrac{b\sigma_i\tilde\theta_i\theta_i}{\gamma_i} \leqslant -\dfrac{b\sigma_i\tilde\theta_i^2}{2\gamma_i} + \dfrac{b\sigma_i\theta_i^2}{2\gamma_i}$，可得

$$\dot V \leqslant -\sum_{i=1}^n \left(bk_ie_i^2 + \frac{b\sigma_i\tilde\theta_i^2}{2\gamma_i}\right) + C \tag{1.5.43}$$

式中，$C = \displaystyle\sum_{i=1}^n [c_i + b\sigma_i\theta_i^2/(2\gamma_i)]$，$c_i = \eta_i^2/2 + l_i^2\varepsilon_i^2/(2b)$。

由式 (1.5.43) 可知，e_i 和 $\tilde\theta_i(i = 1, 2, \cdots, n)$ 是有界的，进一步可得 $\hat\theta_j$ 也是有界的。由于 $x_1 = e_1 + \dot y_d$，e_1 是有界的，且 y_d 是有界的，可得到 x_1 是有界的。另外，α_1 是有界信号 x_1 和 θ_1 的函数，因此 α_1 也是有界的。基于 $x_2 = e_2 + \alpha_1$，可得 x_2 是有界的。利用相同的推算方法，可证明 α_{j-1}、$x_j(j = 3, 4, \cdots, n)$ 和 u 是有界的。因此，闭环系统的所有信号都是有界的。

参 考 文 献

[1]　Wang L X. Stable adaptive fuzzy control of nonlinear systems[J]. IEEE Transactions on Fuzzy Systems, 1993, 1(2): 146-155.

[2]　Ge S S, Hang C C, Lee T H, et al. Stable Adaptive Neural Network Control[M]. Boston: Kluwer Academic Publisher, 2002.

[3] Khalil H K. Nonlinear Systems[M]. Hoboken: Prentice Hall, 2002.

[4] Deng H, Krstic M. Output-feedback stochastic nonlinear stabilization[J]. IEEE Transactions on Automatic Control, 1999, 44(2): 328-333.

[5] Tee K P, Ge S S, Tay E H. Barrier Lyapunov functions for the control of output-constrained nonlinear systems[J]. Automatica, 2009, 45(4): 918-927.

第 2 章　交流电动机智能自适应控制

2.1　永磁同步电动机模糊自适应速度调节控制

2.1.1　系统模型及控制问题描述

在 d-q 旋转坐标系下，永磁同步电动机系统模型[1,2] 可表示为

$$
\begin{cases}
J\dfrac{\mathrm{d}\omega}{\mathrm{d}t} = T - T_L - B\omega = \dfrac{3}{2}n_p\left[(L_d - L_q)i_d i_q + \Phi i_q\right] - B\omega - T_L \\
L_d\dfrac{\mathrm{d}i_d}{\mathrm{d}t} = -R_s i_d + n_p\omega L_q i_q + u_d \\
L_q\dfrac{\mathrm{d}i_q}{\mathrm{d}t} = -R_s i_q - n_p\omega L_d i_d - n_p\omega\Phi + u_q
\end{cases}
$$

式中，u_d、u_q 分别为永磁同步电动机 d 轴定子电压、q 轴定子电压；i_d、i_q 和 ω 分别为 d 轴电流、q 轴电流和永磁同步电动机的转子角速度；n_p 为极对数；J 为转动惯量；B 为摩擦系数；L_d 和 L_q 为定子电感；T_L 为负载转矩；R_s 为定子电阻；Φ 为永磁体产生的磁链。

为便于控制器设计，定义变量如下：

$$
\begin{cases}
x_1 = \omega, \quad x_2 = i_q, \quad x_3 = i_d \\
a_1 = \dfrac{3n_p\Phi}{2}, \quad a_2 = \dfrac{3n_p(L_d - L_q)}{2} \\
b_1 = -\dfrac{R_s}{L_q}, \quad b_2 = -\dfrac{n_p L_d}{L_q}, \quad b_3 = -\dfrac{n_p\Phi}{L_q}, \quad b_4 = \dfrac{1}{L_q} \\
c_1 = -\dfrac{R_s}{L_d}, \quad c_2 = \dfrac{n_p L_q}{L_d}, \quad c_3 = \dfrac{1}{L_d}
\end{cases}
$$

则永磁同步电动机系统模型可改写为

$$
\begin{cases}
\dot{x}_1 = \dfrac{a_1}{J}x_2 + \dfrac{a_2}{J}x_2 x_3 - \dfrac{B}{J}x_1 - \dfrac{T_L}{J} \\
\dot{x}_2 = b_1 x_2 + b_2 x_1 x_3 + b_3 x_1 + b_4 u_q \\
\dot{x}_3 = c_1 x_3 + c_2 x_1 x_2 + c_3 u_d
\end{cases}
\tag{2.1.1}
$$

控制任务   针对永磁同步电动机系统设计一种模糊自适应控制器，使得：

(1) 闭环系统的所有信号半全局一致最终有界；

(2) 永磁同步电动机输出 x_1 能准确地调节至给定的速度参考信号 x_d。

2.1.2   速度调节控制器设计

基于反步设计方法，永磁同步电动机的模糊自适应控制器设计过程如下。通过选取适当的 Lyapunov 函数，分别构造虚拟控制器 $\alpha_i(i=1,2)$ 及实际控制器。

第 1 步   根据给定参考信号 x_d，定义误差变量 $z_1 = x_1 - x_d$。由式 (2.1.1) 可得

$$\dot{z}_1 = \frac{a_1}{J}x_2 + \frac{a_2}{J}x_2x_3 - \frac{B}{J}x_1 - \frac{T_L}{J} - \dot{x}_d \tag{2.1.2}$$

为确保 x_1 能有效调节至参考信号 x_d，选取 Lyapunov 函数如下：

$$V_1 = \frac{J}{2}z_1^2 \tag{2.1.3}$$

对 V_1 求导可得

$$\dot{V}_1 = Jz_1\dot{z}_1 = z_1(a_1x_2 + a_2x_2x_3 - Bx_1 - T_L - J\dot{x}_d) \tag{2.1.4}$$

定义误差变量 $z_2 = x_2 - \alpha_1$，虚拟控制器 α_1 设计为

$$\alpha_1(Z_1) = \frac{1}{a_1}(-k_1z_1 + \hat{B}x_1 + \hat{T}_L + \hat{J}\dot{x}_d) \tag{2.1.5}$$

式中，设计参数 $k_1 > 0$；$Z_1 = [x_1, x_d, \dot{x}_d, \hat{B}, \hat{T}_L, \hat{J}]^{\mathrm{T}}$；$\hat{B}$、$\hat{T}_L$ 和 $\hat{J}$ 分别为 B、T_L 和 J 的估计值。

评注 2.1.1   由于参数 B、T_L 和 J 均为未知常数[2]，不能直接用于控制器，所以采用自适应估计技术获得它们的估计值 $\hat{B}$、$\hat{T}_L$ 和 $\hat{J}$，对应自适应律将在后面给出。

根据式 (2.1.4) 和式 (2.1.5)，可得

$$\dot{V}_1 = -k_1z_1^2 + a_1z_1z_2 + a_2z_1x_2x_3 + z_1(\hat{B}-B)x_1 + z_1(\hat{T}_L-T_L) + z_1(\hat{J}-J)\dot{x}_d \tag{2.1.6}$$

第 2 步   根据误差变量 $z_2 = x_2 - \alpha_1$ 及式 (2.1.1)，对 z_2 求导可得

$$\dot{z}_2 = \dot{x}_2 - \dot{\alpha}_1 = b_1x_2 + b_2x_1x_3 + b_3x_1 + b_4u_q - \dot{\alpha}_1 \tag{2.1.7}$$

选取 Lyapunov 函数 $V_2 = V_1 + \dfrac{1}{2}z_2^2$ 并对其求导，可得

$$
\begin{aligned}
\dot{V}_2 = {} & - k_1 z_1^2 + a_2 z_1 x_2 x_3 + z_1(\hat{B} - B)x_1 + z_1(\hat{T}_L - T_L) \\
& + z_1(\hat{J} - J)\dot{x}_d + z_2(f_2(Z_2) + b_4 u_q)
\end{aligned}
\tag{2.1.8}
$$

式中，

$$
f_2(Z_2) = a_1 z_1 + b_1 x_2 + b_2 x_1 x_3 + b_3 x_1 - \dot{\alpha}_1, \quad Z_2 = [x_1, x_2, x_3, x_d, \dot{x}_d, \ddot{x}_d, \hat{B}, \hat{T}_L, \hat{J}]^{\mathrm{T}}
$$

$$
\begin{aligned}
\dot{\alpha}_1 = {} & \frac{\partial \alpha_1}{\partial x_1}\dot{x}_1 + \sum_{i=0}^{1} \frac{\partial \alpha_1}{\partial x_d^{(i)}} x_d^{(i+1)} + \frac{\partial \alpha_1}{\partial \hat{B}}\dot{\hat{B}} + \frac{\partial \alpha_1}{\partial \hat{T}_L}\dot{\hat{T}}_L + \frac{\partial \alpha_1}{\partial \hat{J}}\dot{\hat{J}} \\
= {} & \frac{\partial \alpha_2}{\partial x_1}\left(\frac{a_1}{J}x_2 + \frac{a_2}{J}x_2 x_3 - \frac{B}{J}x_1 - \frac{T_L}{J}\right) + \sum_{i=0}^{1} \frac{\partial \alpha_1}{\partial x_d^{(i)}} x_d^{(i+1)} \\
& + \frac{\partial \alpha_1}{\partial \hat{B}}\dot{\hat{B}} + \frac{\partial \alpha_1}{\partial \hat{T}_L}\dot{\hat{T}}_L + \frac{\partial \alpha_1}{\partial \hat{J}}\dot{\hat{J}}
\end{aligned}
$$

由模糊逻辑系统的万能逼近定理[3] 可知，对于任意小的正数 ε_2，存在模糊逻辑系统 $W_2^{\mathrm{T}} S_2$，使得 $f_2 = W_2^{\mathrm{T}} S_2 + \delta_2$，$\delta_2$ 为逼近误差且满足 $|\delta_2| \leqslant \varepsilon_2$。

由杨氏不等式可得

$$
\begin{aligned}
z_2 f_2 & = z_2\left(W_2^{\mathrm{T}} S_2 + \delta_2\right) \\
& \leqslant \frac{1}{2l_2^2} z_2^2 \|W_2\|^2 S_2^{\mathrm{T}} S_2 + \frac{1}{2}l_2^2 + \frac{1}{2}z_2^2 + \frac{1}{2}\varepsilon_2^2
\end{aligned}
\tag{2.1.9}
$$

将式 (2.1.9) 代入式 (2.1.8)，可得

$$
\begin{aligned}
\dot{V}_2 \leqslant {} & - \sum_{i=1}^{2} k_i z_i^2 + a_2 z_1 x_2 x_3 + z_1(\hat{B} - B)x_1 + z_1(\hat{T}_L - T_L) + z_1(\hat{J} - J)\dot{x}_d \\
& + \frac{1}{2l_2^2} z_2^2 \|W_2\|^2 S_2^{\mathrm{T}} S_2 + \frac{1}{2}l_2^2 + \frac{1}{2}z_2^2 + \frac{1}{2}\varepsilon_2^2 + z_2 b_4 u_q
\end{aligned}
\tag{2.1.10}
$$

设计实际控制器为

$$
u_q = \frac{1}{b_4}\left(-k_2 z_2 - \frac{1}{2}z_2 - \frac{1}{2l_2^2} z_2 \hat{\theta} S_2^{\mathrm{T}} S_2\right)
\tag{2.1.11}
$$

式中，$\hat{\theta}$ 为未知量 θ 的估计值，$\theta = \max\{\|W_2\|^2, \|W_3\|^2\}$。

进而式 (2.1.10) 可改写为

$$\dot{V}_2 \leqslant -\sum_{i=1}^{2} k_i z_i^2 + a_2 z_1 x_2 x_3 + z_1(\hat{B}-B)x_1 + z_1(\hat{T}_L - T_L)$$

$$+ z_1(\hat{J}-J)\dot{x}_d + \frac{1}{2l_2^2}z_2^2(\|W_2\|^2 - \hat{\theta})S_2^T S_2 + \frac{1}{2}l_2^2 + \frac{1}{2}\varepsilon_2^2 \qquad (2.1.12)$$

第 3 步　为构造模糊自适应控制器 u_d, 定义跟踪误差变量 $z_3 = x_3$, 选取
Lyapunov 函数 $V_3 = V_2 + \frac{1}{2}z_3^2$ 并对其求导, 可得

$$\dot{V}_3 \leqslant -\sum_{i=1}^{2} k_i z_i^2 + a_2 z_1 x_2 x_3 + z_1(\hat{B}-B)x_1 + z_1(\hat{T}_L - T_L) + z_1(\hat{J}-J)\dot{x}_d$$

$$+ \frac{1}{2l_2^2}z_2^2(\|W_2\|^2 - \hat{\theta})S_2^T S_2 + \frac{1}{2}l_2^2 + \frac{1}{2}\varepsilon_2^2 + z_3\left(f_3(Z_3) + c_3 u_d\right) \qquad (2.1.13)$$

式中, $f_3(Z_3) = a_2 z_1 x_2 + c_1 x_3 + c_2 x_1 x_2$, $Z_3 = [x_1, x_2, x_3, x_d]^T$.

结合万能逼近定理, 利用模糊逻辑系统 $W_3^T S_3$ 逼近未知非线性函数 f_3, 使得
$f_3 = W_3^T S_3 + \delta_3$, δ_3 为逼近误差且满足 $|\delta_3| \leqslant \varepsilon_3$, $\varepsilon_3 > 0$, 进而可得

$$z_3 f_3 \leqslant \frac{1}{2l_3^2}z_3^2\|W_3\|^2 S_3^T S_3 + \frac{1}{2}l_3^2 + \frac{1}{2}z_3^2 + \frac{1}{2}\varepsilon_3^2 \qquad (2.1.14)$$

将式 (2.1.14) 代入式 (2.1.13), 可得

$$\dot{V}_3 \leqslant -\sum_{i=1}^{2} k_i z_i^2 + \frac{1}{2l_2^2}z_2^2(\|W_2\|^2 - \hat{\theta})S_2^T S_2 + \sum_{i=2}^{3}\frac{1}{2}(l_i^2 + \varepsilon_i^2) + \frac{1}{2l_3^2}z_3^2\|W_3\|^2 S_3^T S_3$$

$$+ z_1(\hat{B}-B)x_1 + z_1(\hat{T}_L - T_L) + z_1(\hat{J}-J)\dot{x}_d + \frac{1}{2}z_3^2 + c_3 z_3 u_d \qquad (2.1.15)$$

设计控制器 u_d 为

$$u_d = -\frac{1}{c_3}\left(k_3 z_3 + \frac{1}{2}z_3 + \frac{1}{2l_3^2}z_3\hat{\theta}S_3^T S_3\right) \qquad (2.1.16)$$

利用式 (2.1.15) 和式 (2.1.16), 可得

$$\dot{V}_3 \leqslant -\sum_{i=1}^{3} k_i z_i^2 + \sum_{i=2}^{3}\frac{1}{2}(l_i^2 + \varepsilon_i^2) + z_1(\hat{B}-B)x_1 + z_1(\hat{T}_L - T_L)$$

$$+ z_1(\hat{J} - J)\dot{x}_d + \sum_{i=2}^{3} \frac{1}{2l_i^2} z_i^2 \left(\|W_i\|^2 - \hat{\theta}\right) S_i^{\mathrm{T}} S_i$$

$$\leqslant -\sum_{i=1}^{3} k_i z_i^2 + \sum_{i=2}^{3} \frac{1}{2}(l_i^2 + \varepsilon_i^2) + z_1(\hat{B} - B)x_1 + z_1(\hat{T}_L - T_L)$$

$$+ z_1(\hat{J} - J)\dot{x}_d + \sum_{i=2}^{3} \frac{1}{2l_i^2} z_i^2 S_i^{\mathrm{T}} S_i(\theta - \hat{\theta}) \tag{2.1.17}$$

定义误差变量 $\tilde{T}_L = \hat{T}_L - T_L$，$\tilde{B} = \hat{B} - B$，$\tilde{J} = \hat{J} - J$，$\tilde{\theta} = \hat{\theta} - \theta$。选取 Lyapunov 函数为

$$V = V_3 + \frac{1}{2r_1}\tilde{T}_L^2 + \frac{1}{2r_2}\tilde{B}^2 + \frac{1}{2r_3}\tilde{J}^2 + \frac{1}{2r_4}\tilde{\theta}^2 \tag{2.1.18}$$

式中，$r_i(i = 1, 2, 3, 4)$ 为正常数。

结合式 (2.1.16) 和式 (2.1.17)，对 V 求导可得

$$\dot{V} \leqslant -\sum_{i=1}^{3} k_i z_i^2 + \sum_{i=2}^{3} \frac{1}{2}(l_i^2 + \varepsilon_i^2) + \frac{1}{r_1}\tilde{T}_L\left(r_1 z_1 + \dot{\hat{T}}_L\right) + \frac{1}{r_2}\tilde{B}\left(r_2 z_1 x_1 + \dot{\hat{B}}\right)$$

$$+ \frac{1}{r_3}\tilde{J}\left(r_3 z_1 \dot{x}_d + \dot{\hat{J}}\right) + \frac{1}{r_4}\tilde{\theta}\left(-\sum_{i=2}^{3} \frac{r_4}{2l_i^2} z_i^2 S_i^{\mathrm{T}} S_i + \dot{\hat{\theta}}\right) \tag{2.1.19}$$

根据式 (2.1.19)，$\hat{T}_L$、$\hat{B}$、$\hat{J}$ 和 $\hat{\theta}$ 的自适应律设计为

$$\dot{\hat{T}}_L = -r_1 z_1 - m_1 \hat{T}_L$$

$$\dot{\hat{B}} = -r_2 z_1 x_1 - m_2 \hat{B}$$

$$\dot{\hat{J}} = -r_3 z_1 \dot{x}_d - m_3 \hat{J} \tag{2.1.20}$$

$$\dot{\hat{\theta}} = \sum_{i=2}^{3} \frac{r_4}{2l_i^2} z_i^2 S_i^{\mathrm{T}} S_i - m_4 \hat{\theta}$$

式中，$m_i(i = 1, 2, 3, 4)$ 及 $l_i(i = 2, 3)$ 为正常数。

2.1.3 稳定性分析

将式 (2.1.20) 代入式 (2.1.19)，可得

$$\dot{V} \leqslant -\sum_{i=1}^{3} k_i z_i^2 + \sum_{i=2}^{3} \frac{1}{2}(l_i^2 + \varepsilon_i^2) - \frac{m_1}{r_1}\tilde{T}_L\hat{T}_L - \frac{m_2}{r_2}\tilde{B}\hat{B} - \frac{m_3}{r_3}\tilde{J}\hat{J} - \frac{m_4}{r_4}\tilde{\theta}\hat{\theta}$$

$$\tag{2.1.21}$$

由杨氏不等式可得

$$-\tilde{T}_L\hat{T}_L = -\tilde{T}_L(\tilde{T}_L + T_L) \leqslant -\frac{1}{2}\tilde{T}_L^2 + \frac{1}{2}T_L^2$$

$$-\tilde{B}\hat{B} \leqslant -\frac{1}{2}\tilde{B}^2 + \frac{1}{2}B^2$$

$$-\tilde{J}\hat{J} \leqslant -\frac{1}{2}\tilde{J}^2 + \frac{1}{2}J^2$$

$$-\tilde{\theta}\hat{\theta} \leqslant -\frac{1}{2}\tilde{\theta}^2 + \frac{1}{2}\theta^2$$

进而式 (2.1.21) 可改写为

$$\dot{V} \leqslant -\sum_{i=1}^{3} k_i z_i^2 - \frac{m_1}{2r_1}\tilde{T}_L^2 - \frac{m_2}{2r_2}\tilde{B}^2 - \frac{m_3}{2r_3}\tilde{J}^2 - \frac{m_4}{2r_4}\tilde{\theta}^2$$

$$+\sum_{i=2}^{3} \frac{1}{2}(l_i^2 + \varepsilon_i^2) + \frac{m_1}{2r_1}T_L^2 + \frac{m_2}{2r_2}B^2 + \frac{m_3}{2r_3}J^2 + \frac{m_4}{2r_4}\theta^2$$

$$\leqslant -a_0 V + b_0 \tag{2.1.22}$$

式中，$a_0 = \min\left\{\dfrac{2k_1}{J}, 2k_2, 2k_3, m_1, m_2, m_3, m_4\right\}$；$b_0 = \displaystyle\sum_{i=2}^{3} \frac{1}{2}(l_i^2 + \varepsilon_i^2) + \frac{m_1}{2r_1}T_L^2 +$

$\dfrac{m_2}{2r_2}B^2 + \dfrac{m_3}{2r_3}J^2 + \dfrac{m_4}{2r_4}\theta^2$。

从而可得

$$V(t) \leqslant \left(V(t_0) - \frac{b_0}{a_0}\right)\mathrm{e}^{-a_0(t-t_0)} + \frac{b_0}{a_0} \leqslant V(t_0) + \frac{b_0}{a_0}, \quad \forall t \geqslant t_0 \tag{2.1.23}$$

式 (2.1.23) 表明，变量 $z_i\,(i = 1, 2, 3)$ 以及 $\tilde{T}_L$、$\tilde{B}$、$\tilde{J}$ 和 $\tilde{\theta}$ 属于紧集

$$\Omega = \left\{(z_i, \tilde{T}_L, \tilde{B}, \tilde{J}, \tilde{\theta}) \big| V(t) \leqslant V(t_0) + \frac{b_0}{a_0}, \,\forall t \geqslant t_0\right\}$$

并且有

$$\lim_{t\to\infty} z_1^2 \leqslant \frac{2b_0}{a_0}$$

评注 2.1.2 式 (2.1.23) 给出了跟踪误差的上界。由 a_0 和 b_0 的定义可知，选择合适的设计参数 k_i 和 m_i 后，通过选定充分大的 r_i 和充分小的 ε_i、l_i，能够保证 b_0/a_0 充分小，进而确保系统的跟踪误差充分小。

2.1.4 实验验证及结果分析

基于 130MB150A 型非凸极永磁同步电动机的实验平台如图 2.1.1 所示。控制器为 LINKS-RT 快速成型系统。永磁同步电动机额定转速为 1000r/min，额定转矩为 14.5N·m，额定功率为 1.5kW，额定电流为 7.3A。

为验证本节所提模糊自适应控制策略的有效性，系统参数选择如下：

$$J = 0.003798\text{kg·m}^2, \quad B = 0.001158\text{N·m/(rad/s)}$$

$$L_d = 0.00285\text{H}, \quad L_q = 0.00315\text{H}$$

$$\Phi = 0.1245\text{Wb}, \quad n_p = 3, \quad R_s = 0.68\Omega$$

永磁同步电动机初始状态为 $x_1(0) = 0\text{r/min}$，$x_2(0) = 0\text{A}$，$x_3(0) = 0\text{A}$。选取参考信号为 200r/min，选取负载转矩 $T_L = 1.5\text{N·m}$。

实验结果如图 2.1.2 ～ 图 2.1.6 所示。图 2.1.2 显示了相应的转子角速度曲线。图 2.1.3 和图 2.1.4 分别描绘了 d 轴和 q 轴电流曲线，图 2.1.5 和图 2.1.6 分别描绘了 d 轴和 q 轴电压曲线，可以看出电流波动较小，可保证永磁同步电动机的平稳运行。上述实验结果表明，本节所提出的模糊自适应控制策略具有速度波动小、抗干扰能力强等特点。

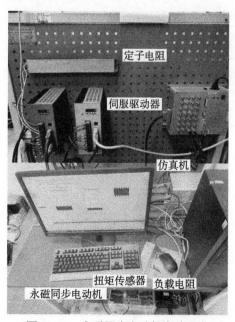

图 2.1.1 永磁同步电动机实验平台

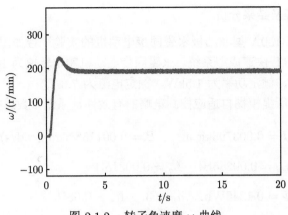

图 2.1.2　转子角速度 ω 曲线

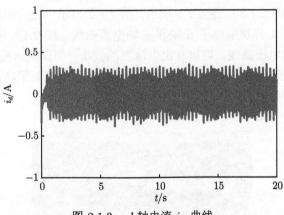

图 2.1.3　d 轴电流 i_d 曲线

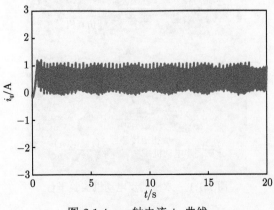

图 2.1.4　q 轴电流 i_q 曲线

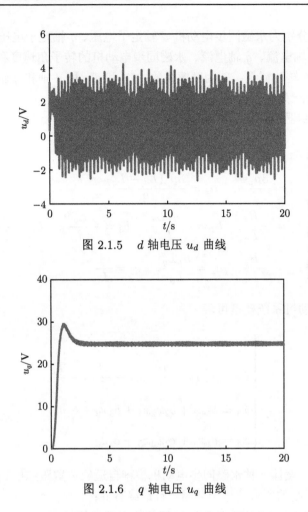

图 2.1.5 d 轴电压 u_d 曲线

图 2.1.6 q 轴电压 u_q 曲线

2.2 永磁同步电动机模糊自适应位置跟踪控制

2.2.1 系统模型及控制问题描述

在 d-q 旋转坐标系下，永磁同步电动机系统模型[4] 可表示为

$$
\begin{cases}
J\dfrac{\mathrm{d}\omega}{\mathrm{d}t} = T - T_L - B\omega = \dfrac{3}{2}n_p\left[(L_d - L_q)i_d i_q + \varPhi i_q\right] - B\omega - T_L \\[2mm]
L_d\dfrac{\mathrm{d}i_d}{\mathrm{d}t} = -R_s i_d + n_p\omega L_q i_q + u_d \\[2mm]
L_q\dfrac{\mathrm{d}i_q}{\mathrm{d}t} = -R_s i_q - n_p\omega L_d i_d - n_p\omega\varPhi + u_q \\[2mm]
\dfrac{\mathrm{d}\varTheta}{\mathrm{d}t} = \omega
\end{cases}
$$

式中，u_d、u_q 分别为永磁同步电动机 d 轴定子电压、q 轴定子电压；i_d、i_q、ω 和 Θ 分别表示 d 轴电流、q 轴电流、永磁同步电动机的转子角速度和转子角度；n_p 为极对数；J 为转动惯量；B 为摩擦系数；L_d 和 L_q 是 d 轴和 q 轴定子电感；T_L 为负载转矩；R_s 为定子电阻；Φ 为永磁体产生的磁链。

为便于控制器设计，定义变量如下：

$$
\begin{cases}
x_1 = \Theta, \quad x_2 = \omega, \quad x_3 = i_q, \quad x_4 = i_d \\[2mm]
a_1 = \dfrac{3n_p\Phi}{2}, \quad a_2 = \dfrac{3n_p(L_d - L_q)}{2} \\[2mm]
b_1 = -\dfrac{R_s}{L_q}, \quad b_2 = -\dfrac{n_pL_d}{L_q}, \quad b_3 = -\dfrac{n_p\Phi}{L_q}, \quad b_4 = \dfrac{1}{L_q} \\[2mm]
c_1 = -\dfrac{R_s}{L_d}, \quad c_2 = \dfrac{n_pL_q}{L_d}, \quad c_3 = \dfrac{1}{L_d}
\end{cases}
$$

则永磁同步电动机系统模型可表示为

$$
\begin{cases}
\dot{x}_1 = x_2 \\[2mm]
\dot{x}_2 = \dfrac{a_1}{J}x_3 + \dfrac{a_2}{J}x_3x_4 - \dfrac{B}{J}x_2 - \dfrac{T_L}{J} \\[2mm]
\dot{x}_3 = b_1x_3 + b_2x_2x_4 + b_3x_2 + b_4u_q \\[2mm]
\dot{x}_4 = c_1x_4 + c_2x_2x_3 + c_3u_d
\end{cases}
\tag{2.2.1}
$$

控制任务　设计一种永磁同步电动机模糊自适应位置跟踪控制策略，使得：
(1) 闭环系统的所有信号半全局一致最终有界；
(2) 系统输出 x_1 能准确地跟踪给定的位置参考信号 x_d。

2.2.2　位置跟踪控制器设计

根据反步设计方法，永磁同步电动机模糊自适应位置跟踪控制器设计过程如下。

第 1 步　定义系统误差变量如下：

$$
\begin{cases}
z_1 = x_1 - x_d \\[2mm]
z_2 = x_2 - \alpha_1 \\[2mm]
z_3 = x_3 - \alpha_2 \\[2mm]
z_4 = x_4
\end{cases}
\tag{2.2.2}
$$

式中，x_d 为永磁同步电动机给定的位置参考信号；α_1 和 α_2 为待设计的虚拟控制器。

对第一个子系统选取如下 Lyapunov 函数：

$$V_1 = \frac{1}{2}z_1^2 \tag{2.2.3}$$

对 V_1 求导可得

$$\dot{V}_1 = z_1(x_2 - \dot{x}_d) \tag{2.2.4}$$

将 x_2 视为第一个子系统的控制输入，选取虚拟控制器 $\alpha_1 = -k_1 z_1 + \dot{x}_d$ 并结合式 (2.2.4)，可得

$$\dot{V}_1 = -k_1 z_1^2 + z_1 z_2 \tag{2.2.5}$$

第 2 步　选取 Lyapunov 函数 $V_2 = V_1 + \dfrac{J}{2}z_2^2$。对 V_2 求导并根据式 (2.2.2)，可得

$$\dot{V}_2 = -k_1 z_1^2 + z_2(a_1 x_3 + z_1 + a_2 x_3 x_4 - Bx_2 - T_L - J\dot{\alpha}_1) \tag{2.2.6}$$

评注 2.2.1　在实际系统中，永磁同步电动机的负载转矩 T_L 是有界的[5]，因此本节中假设负载转矩 T_L 未知但是其上确界为 $d > 0$，即 $0 \leqslant T_L \leqslant d$。

对于一个正常数 ε_2，由杨氏不等式可得

$$z_2 T_L \leqslant \frac{1}{2\varepsilon_2^2}z_2^2 + \frac{1}{2}\varepsilon_2^2 d^2 \tag{2.2.7}$$

设计虚拟控制器如下：

$$\alpha_2 = \frac{1}{a_1}(-k_2 z_2 - z_1 + \hat{B}x_2 + \hat{J}\dot{\alpha}_1) \tag{2.2.8}$$

式中，$k_2 = \bar{k}_2 + \dfrac{1}{2\varepsilon_2^2} > 0$；$\hat{B}$ 和 $\hat{J}$ 分别为 B 和 J 的估计值。

根据式 (2.2.6)、式 (2.2.7) 和式 (2.2.8)，可得

$$\dot{V}_2 \leqslant -k_1 z_1^2 - k_2 z_2^2 + a_1 z_2 z_3 + a_2 z_2 x_3 x_4 + z_2(\hat{B} - B)x_2 + z_2(\hat{J} - J)\dot{\alpha}_1 + \frac{1}{2}\varepsilon_2^2 d^2 \tag{2.2.9}$$

第 3 步　选取如下 Lyapunov 函数：

$$V_3 = V_2 + \frac{1}{2}z_3^2 \tag{2.2.10}$$

对 V_3 求导并结合式 (2.2.9)，可得

$$\dot{V}_3 \leqslant - k_1 z_1^2 - k_2 z_2^2 + a_2 z_2 x_3 x_4 + z_2(\hat{B} - B)x_2 + z_2(\hat{J} - J)\dot{\alpha}_1$$
$$+ \frac{1}{2}\varepsilon_2^2 d^2 + z_3(f_3 + b_4 u_q) \tag{2.2.11}$$

式中，$f_3 = b_1 x_3 + b_2 x_2 x_4 + b_3 x_2 + a_1 z_2 - \dot{\alpha}_2$。

由模糊逻辑系统的万能逼近定理[3] 可知，对于任意小的正数 ε_3，存在模糊逻辑系统 $W_3^{\mathrm{T}} S_3$，使得 $f_3 = W_3^{\mathrm{T}} S_3 + \delta_3$，$\delta_3$ 为逼近误差且满足 $|\delta_3| \leqslant \varepsilon_3$。由杨氏不等式可得

$$z_3 f_3 \leqslant z_3 \left(\frac{\|W_3\| \, W_3^{\mathrm{T}} S_3 l_3}{l_3 \|W_3\|} + \varepsilon_3 \right)$$
$$\leqslant \frac{1}{2l_3^2} z_3^2 \|W_3\|^2 S_3^{\mathrm{T}} S_3 + \frac{1}{2} l_3^2 + \frac{1}{2} z_3^2 + \frac{1}{2} \varepsilon_3^2 \tag{2.2.12}$$

式中，$\|W_3\|$ 是向量 W_3 的范数。

将式 (2.2.12) 代入式 (2.2.11)，可得

$$\dot{V}_3 \leqslant - k_1 z_1^2 - k_2 z_2^2 + a_2 z_2 x_3 x_4 + z_2(\hat{B} - B)x_2$$
$$+ z_2(\hat{J} - J)\dot{\alpha}_1 + \frac{1}{2l_3^2} z_3^2 \|W_3\|^2 S_3^{\mathrm{T}} S_3 + \frac{1}{2} l_3^2$$
$$+ \frac{1}{2} z_3^2 + \frac{1}{2} \varepsilon_3^2 + \frac{1}{2} \varepsilon_2^2 d^2 + z_3 b_4 u_q \tag{2.2.13}$$

设计实际控制器 u_q 为

$$u_q = \frac{1}{b_4} \left(-k_3 z_3 - \frac{1}{2} z_3 - \frac{1}{2l_3^2} z_3 \hat{\theta} S_3^{\mathrm{T}} S_3 \right) \tag{2.2.14}$$

式中，$\hat{\theta}$ 为 θ 的估计值，$\theta = \max\{\|W_3\|^2, \|W_4\|^2\}$。

将式 (2.2.14) 代入式 (2.2.13)，可得

$$\dot{V}_3 \leqslant - \sum_{i=1}^{3} k_i z_i^2 + a_2 z_2 x_3 x_4 + z_2(\hat{B} - B)x_2 + z_2(\hat{J} - J)\dot{\alpha}_1$$
$$+ \frac{1}{2l_3^2} z_3^2 (\|W_3\|^2 - \hat{\theta}) S_3^{\mathrm{T}} S_3 + \frac{1}{2} l_3^2 + \frac{1}{2} \varepsilon_3^2 + \frac{1}{2} \varepsilon_2^2 d^2 \tag{2.2.15}$$

评注 2.2.2　在构造 u_q 的过程中，利用模糊逻辑系统来逼近非线性函数 f_3，从而避免计算 $\ddot{\alpha}_1$ 和 $\dot{\alpha}_2$，降低了控制器的复杂性，使得所设计的自适应控制器结构简单、易于工程实现。

为设计控制器 u_d, 选取 Lyapunov 函数 $V_4 = V_3 + \dfrac{1}{2}z_4^2$ 并对其求导, 可得

$$\dot{V}_4 \leqslant -\sum_{i=1}^{3} k_i z_i^2 + z_2(\hat{B} - B)x_2 + z_2(\hat{J} - J)\dot{\alpha}_1 + \frac{1}{2}l_3^2 + \frac{1}{2}\varepsilon_3^2$$
$$+ \frac{1}{2l_3^2}z_3^2(\|W_3\|^2 - \hat{\theta})S_3^{\mathrm{T}}S_3 + \frac{1}{2}\varepsilon_2^2 d^2 + z_4\left(f_4 + c_3 u_d\right) \tag{2.2.16}$$

式中, $f_4 = a_2 z_2 x_3 + c_1 x_4 + c_2 x_2 x_3$。

利用模糊逻辑系统逼近非线性函数 f_4, 从而有 $f_4 = W_4^{\mathrm{T}}S_4 + \delta_4$, $|\delta_4| \leqslant \varepsilon_4$。类似式 (2.2.12), 可得

$$z_4 f_4 \leqslant \frac{1}{2l_4^2}z_4^2\|W_4\|^2 S_4^{\mathrm{T}}S_4 + \frac{1}{2}l_4^2 + \frac{1}{2}z_4^2 + \frac{1}{2}\varepsilon_4^2 \tag{2.2.17}$$

进而将式 (2.2.17) 代入式 (2.2.16), 可得

$$\dot{V}_4 \leqslant -\sum_{i=1}^{3} k_i z_i^2 + \frac{1}{2l_3^2}z_3^2(\|W_3\|^2 - \hat{\theta})S_3^{\mathrm{T}}S_3 + \sum_{i=3}^{4}\frac{1}{2}(l_i^2 + \varepsilon_i^2) + \frac{1}{2}\varepsilon_2^2 d^2$$
$$+ z_2(\hat{B} - B)x_2 + z_2(\hat{J} - J)\dot{\alpha}_1 + \frac{1}{2l_4^2}z_4^2\|W_4\|^2 S_4^{\mathrm{T}}S_4 + \frac{1}{2}z_4^2 + c_3 z_4 u_d$$
$$\tag{2.2.18}$$

设计真实控制器 u_d 为

$$u_d = -\frac{1}{c_3}\left(k_4 z_4 + \frac{1}{2}z_4 + \frac{1}{2l_4^2}z_4\hat{\theta}S_4^{\mathrm{T}}S_4\right) \tag{2.2.19}$$

根据定义 $\theta = \max\{\|W_3\|^2, \|W_4\|^2\}$ 并结合式 (2.2.18) 和式 (2.2.19), 可得

$$\dot{V}_4 \leqslant -\sum_{i=1}^{4} k_i z_i^2 + \sum_{i=3}^{4}\frac{1}{2}(l_i^2 + \varepsilon_i^2) + z_2(\hat{J} - J)\dot{\alpha}_1$$
$$+ \sum_{i=3}^{4}\frac{1}{2l_i^2}z_i^2 S_i^{\mathrm{T}}S_i(\theta - \hat{\theta}) + z_2(\hat{B} - B)x_2 + \frac{1}{2}\varepsilon_2^2 d^2 \tag{2.2.20}$$

第 4 步 选取系统的 Lyapunov 函数为

$$V = V_4 + \frac{1}{2r_1}\tilde{B}^2 + \frac{1}{2r_2}\tilde{J}^2 + \frac{1}{2r_3}\tilde{\theta}^2 \tag{2.2.21}$$

式中，$\tilde{B} = \hat{B} - B$；$\tilde{J} = \hat{J} - J$；$\tilde{\theta} = \hat{\theta} - \theta$。

结合式 (2.2.20) 和式 (2.2.21)，对 V 求导可得

$$\dot{V} \leqslant -\sum_{i=1}^{4} k_i z_i^2 + \sum_{i=3}^{4} \frac{1}{2}(l_i^2 + \varepsilon_i^2) + \frac{1}{2}\varepsilon_2^2 d^2 + \frac{1}{r_1}\tilde{B}\left(r_1 z_2 x_2 + \dot{\hat{B}}\right)$$

$$+ \frac{1}{r_2}\tilde{J}\left(r_2 z_2 \dot{\alpha}_1 + \dot{\hat{J}}\right) + \frac{1}{r_3}\tilde{\theta}\left(-\sum_{i=3}^{4}\frac{r_3}{2l_i^2}z_i^2 S_i^{\mathrm{T}} S_i + \dot{\hat{\theta}}\right) \quad (2.2.22)$$

式中，$r_i(i = 1, 2, 3)$ 是正数。

自适应律设计如下：

$$\dot{\hat{B}} = -r_1 z_2 x_2 - m_1 \hat{B}$$

$$\dot{\hat{J}} = -r_2 z_2 \dot{\alpha}_1 - m_2 \hat{J} \quad (2.2.23)$$

$$\dot{\hat{\theta}} = \sum_{i=3}^{4}\frac{r_3}{2l_i^2}z_i^2 S_i^{\mathrm{T}} S_i - m_3 \hat{\theta}$$

式中，$m_i(i = 1, 2, 3)$ 和 $l_i(i = 3, 4)$ 均为正常数。

2.2.3　稳定性分析

将式 (2.2.23) 代入式 (2.2.22)，可得

$$\dot{V} \leqslant -\sum_{i=1}^{4} k_i z_i^2 + \sum_{i=3}^{4} \frac{1}{2}(l_i^2 + \varepsilon_i^2) + \frac{1}{2}\varepsilon_2^2 d^2 - \frac{m_1}{r_1}\tilde{B}\hat{B} - \frac{m_2}{r_2}\tilde{J}\hat{J} - \frac{m_3}{r_3}\tilde{\theta}\hat{\theta} \quad (2.2.24)$$

对 $-\tilde{B}\hat{B}$、$-\tilde{J}\hat{J}$ 和 $-\tilde{\theta}\hat{\theta}$ 应用杨氏不等式，可以得到 $-\tilde{B}\hat{B} \leqslant -\frac{1}{2}\tilde{B}^2 + \frac{1}{2}B^2$，$-\tilde{J}\hat{J} \leqslant -\frac{1}{2}\tilde{J}^2 + \frac{1}{2}J^2$ 和 $-\tilde{\theta}\hat{\theta} \leqslant -\frac{1}{2}\tilde{\theta}^2 + \frac{1}{2}\theta^2$，从而式 (2.2.24) 可改写为

$$\dot{V} \leqslant -\sum_{i=1}^{4} k_i z_i^2 + \frac{1}{2}\varepsilon_2^2 d^2 - \frac{m_1}{2r_1}\tilde{B}^2 - \frac{m_2}{2r_2}\tilde{J}^2 - \frac{m_3}{2r_3}\tilde{\theta}^2$$

$$+ \sum_{i=3}^{4}\frac{1}{2}(l_i^2 + \varepsilon_i^2) + \frac{m_1}{2r_1}B^2 + \frac{m_2}{2r_2}J^2 + \frac{m_3}{2r_3}\theta^2$$

$$\leqslant -a_0 V + b_0 \quad (2.2.25)$$

式中,

$$a_0 = \min\left\{2k_1, \frac{2k_2}{J}, 2k_3, 2k_4, m_1, m_2, m_3\right\}$$

$$b_0 = \sum_{i=3}^{4} \frac{1}{2}(l_i^2 + \varepsilon_i^2) + \frac{1}{2}\varepsilon_2^2 d^2 + \frac{m_1}{2r_1}B^2 + \frac{m_2}{2r_2}J^2 + \frac{m_3}{2r_3}\theta^2$$

进而可得

$$V(t) \leqslant \left(V(t_0) - \frac{b_0}{a_0}\right)\mathrm{e}^{-a_0(t-t_0)} + \frac{b_0}{a_0} \leqslant V(t_0) + \frac{b_0}{a_0}, \quad \forall t \geqslant t_0 \qquad (2.2.26)$$

根据式 (2.2.26),变量 $z_i(i=1,2,3,4)$、$\tilde{B}$、$\tilde{J}$ 和 $\tilde{\theta}$ 属于紧集

$$\varOmega = \left\{(z_i, \tilde{B}, \tilde{J}, \tilde{\theta})|V(t) \leqslant V(t_0) + \frac{b_0}{a_0}, \ \forall t \geqslant t_0\right\} \qquad (2.2.27)$$

并且有 $\lim\limits_{t \to \infty} z_1^2 \leqslant 2b_0/a_0$。

评注 2.2.3 稳定性分析的结果给出了系统跟踪误差的上限。由 a_0 和 b_0 的定义可知,选择合适的设计参数 k_i 和 m_i,以及充分大的 r_i 和充分小的 ε_i、l_i,能够保证 b_0/a_0 充分小,确保系统的跟踪误差充分小。

2.2.4 仿真验证及结果分析

为验证所提永磁同步电动机模糊自适应反步控制方法的有效性,在 MATLAB 环境下进行仿真分析。永磁同步电动机及负载的参数为

$$J = 0.003798\mathrm{kg\cdot m^2}, \quad R_s = 0.68\Omega, \quad B = 0.001158\mathrm{N\cdot m/(rad/s)}$$

$$L_d = 0.00285\mathrm{H}, \quad L_q = 0.00315\mathrm{H}, \quad \varPhi = 0.1245\mathrm{Wb}, \quad n_p = 3$$

选择模糊集如下:

$$\mu_{F_i^1} = \exp\left[\frac{-(x+5)^2}{2}\right], \quad \mu_{F_i^2} = \exp\left[\frac{-(x+4)^2}{2}\right], \quad \mu_{F_i^3} = \exp\left[\frac{-(x+3)^2}{2}\right]$$

$$\mu_{F_i^4} = \exp\left[\frac{-(x+2)^2}{2}\right], \quad \mu_{F_i^5} = \exp\left[\frac{-(x+1)^2}{2}\right], \quad \mu_{F_i^6} = \exp\left[\frac{-(x-0)^2}{2}\right]$$

$$\mu_{F_i^7} = \exp\left[\frac{-(x-1)^2}{2}\right], \quad \mu_{F_i^8} = \exp\left[\frac{-(x-2)^2}{2}\right], \quad \mu_{F_i^9} = \exp\left[\frac{-(x-3)^2}{2}\right]$$

$$\mu_{F_i^{10}} = \exp\left[\frac{-(x-4)^2}{2}\right], \quad \mu_{F_i^{11}} = \exp\left[\frac{-(x-5)^2}{2}\right], \quad i = 1,2,3,4$$

选择控制参数为 $k_1 = 75$，$k_2 = 30$，$k_3 = 40$，$k_4 = 50$，$r_1 = r_2 = r_3 = 0.25$，$m_1 = m_2 = m_3 = 0.005$，$l_3 = l_4 = 0.5$。

在 $x(0) = 0$、$\hat{J}(0) = \hat{B}(0) = \hat{\theta}(0) = 0$ 的初始条件下，对于上述同一组控制参数按两组方案进行仿真研究。第一组方案中，给定 $x_d = \sin(t)(\mathrm{rad})$，$T_L = 1.5\mathrm{N\cdot m}$；第二组方案中给定 $x_d = 2\sin(2t)(\mathrm{rad})$，当 $0\mathrm{s} \leqslant t \leqslant 1\mathrm{s}$ 时 $T_L = 1.5\mathrm{N\cdot m}$，当 $t > 1\mathrm{s}$ 时 $T_L = 3\mathrm{N\cdot m}$。

仿真结果如图 2.2.1 ~ 图 2.2.5 所示。图 2.2.1 和图 2.2.2 为第一组方案的仿真结果，图 2.2.3 ~ 图 2.2.5 为第二组方案的仿真结果。

通过对两组仿真结果对比分析可知：本节给出的模糊自适应控制器能够克服永磁同步电动机参数不确定及负载力矩扰动的问题，确保系统迅速跟踪给定位置参考信号。

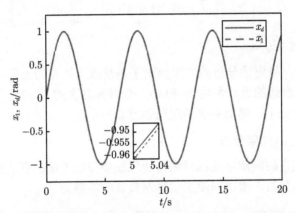

图 2.2.1　位置 x_1 曲线和给定位置参考信号 x_d 曲线

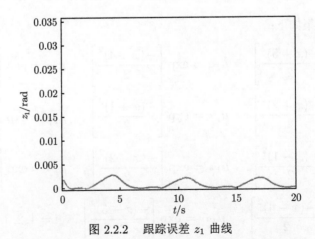

图 2.2.2　跟踪误差 z_1 曲线

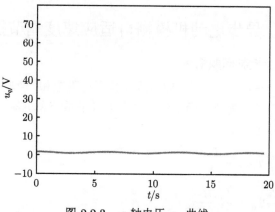

图 2.2.3 q 轴电压 u_q 曲线

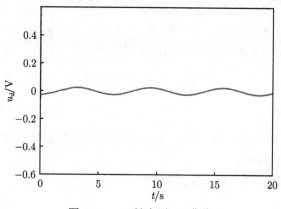

图 2.2.4 d 轴电压 u_d 曲线

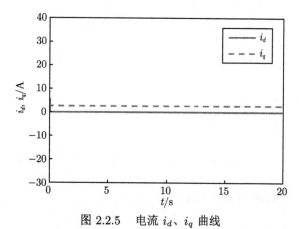

图 2.2.5   电流 i_d、i_q 曲线

2.3　异步电动机模糊自适应速度调节控制

2.3.1　系统模型及控制问题描述

在异步电动机三相绕组对称、磁路线性且不计磁饱和、忽略铁损的条件下，在按转子磁场定向的 d-q 旋转坐标系中，包含电气子系统和机械子系统的 4 阶异步电动机系统模型描述如下：

$$\begin{cases}
\dfrac{\mathrm{d}\omega}{\mathrm{d}t} = \dfrac{n_p L_m}{L_r J}\Psi_d i_q - \dfrac{T_L}{J} \\[2mm]
\dfrac{\mathrm{d}\Psi_d}{\mathrm{d}t} = -\dfrac{R_r}{L_r}\Psi_d + \dfrac{L_m R_r}{L_r}i_d \\[2mm]
\dfrac{\mathrm{d}i_q}{\mathrm{d}t} = -\dfrac{L_m^2 R_r + L_r^2 R_s}{\sigma L_s L_r^2}i_q - \dfrac{n_p L_m}{\sigma L_s L_r}\omega\Psi_d - n_p\omega i_d - \dfrac{L_m R_r}{L_r}\dfrac{i_q i_d}{\Psi_d} + \dfrac{1}{\sigma L_s}u_q \\[2mm]
\dfrac{\mathrm{d}i_d}{\mathrm{d}t} = -\dfrac{L_m^2 R_r + L_r^2 R_s}{\sigma L_s L_r^2}i_d + \dfrac{L_m R_r}{\sigma L_s L_r^2}\Psi_d + n_p\omega i_q + \dfrac{L_m R_r}{L_r}\dfrac{i_q^2}{\Psi_d} + \dfrac{1}{\sigma L_s}u_d
\end{cases}$$

式中，ω、L_m、n_p、J、T_L 和 Ψ_d 分别为转子角速度、互感、极对数、转动惯量、负载转矩和转子磁链；$\sigma = 1 - \dfrac{L_m^2}{L_s L_r}$；$i_d$ 和 i_q 为 d 轴电流和 q 轴电流；u_d 和 u_q 为 d 轴电压和 q 轴电压；R_s 和 L_s 分别为定子电阻和定子自感；R_r 和 L_r 分别为转子电阻和转子自感。

为便于控制器设计，定义变量如下：

$$\begin{cases}
x_1 = \omega, \quad x_2 = i_q, \quad x_3 = \Psi_d, \quad x_4 = i_d, \quad a_1 = \dfrac{n_p L_m}{L_r} \\[2mm]
b_1 = -\dfrac{L_m^2 R_r + L_r^2 R_s}{\sigma L_s L_r^2}, \quad b_2 = -\dfrac{n_p L_m}{\sigma L_s L_r}, \quad b_3 = n_p \\[2mm]
b_4 = \dfrac{L_m R_r}{L_r}, \quad b_5 = \dfrac{1}{\sigma L_s}, \quad c_1 = -\dfrac{R_r}{L_r}, \quad d_1 = \dfrac{L_m R_r}{\sigma L_s L_r^2}
\end{cases}$$

则异步电动机系统模型可改写为

$$\begin{cases}
\dot{x}_1 = \dfrac{a_1}{J}x_2 x_3 - \dfrac{T_L}{J} \\[2mm]
\dot{x}_2 = b_1 x_2 + b_2 x_1 x_3 - b_3 x_1 x_4 - b_4\dfrac{x_2 x_4}{x_3} + b_5 u_q \\[2mm]
\dot{x}_3 = c_1 x_3 + b_4 x_4 \\[2mm]
\dot{x}_4 = b_1 x_4 + d_1 x_3 + b_3 x_1 x_2 + b_4\dfrac{x_2^2}{x_3} + b_5 u_d
\end{cases} \qquad (2.3.1)$$

控制任务 针对异步电动机系统设计一种模糊自适应速度调节控制器，使得：

(1) 闭环系统的所有信号半全局一致最终有界；

(2) 系统输出 x_1 能准确地跟踪至给定的速度参考信号 x_{1d}。

2.3.2 速度跟踪控制器设计

第 1 步 考虑给定速度参考信号 x_{1d}，定义跟踪误差 $z_1 = x_1 - x_{1d}$。选取 Lyapunov 函数如下：

$$V_1 = \frac{J}{2} z_1^2 \tag{2.3.2}$$

对 V_1 求导可得

$$\dot{V}_1 = z_1(a_1 x_2 x_3 - T_L - J\dot{x}_{1d}) = z_1(a_1 x_2 x_3 - T_L) \tag{2.3.3}$$

评注 2.3.1 在实际系统中，异步电动机系统的负载转矩 T_L 是有界的，假定未知负载转矩 T_L 存在上确界 $d > 0$，即 $0 \leqslant T_L \leqslant d$。

由杨氏不等式得 $z_1 T_L \leqslant \frac{1}{2\varepsilon_1^2} z_1^2 + \frac{1}{2}\varepsilon_1^2 d^2$，$\varepsilon_1$ 为正常数，则 V_1 的导数满足的条件为

$$\dot{V}_1 \leqslant z_1\left(a_1 x_2 x_3 + \frac{1}{2\varepsilon_1^2} z_1\right) + \frac{1}{2}\varepsilon_1^2 d^2 \tag{2.3.4}$$

构造虚拟控制器 α_1 为

$$\alpha_1 = \frac{1}{a_1 x_3}\left(-k_1 z_1 - \frac{1}{2\varepsilon_1^2} z_1\right) \tag{2.3.5}$$

式中，$k_1 > 0$ 为控制器设计参数。

根据式 (2.3.4) 和式 (2.3.5)，可得

$$\dot{V}_1 \leqslant -k_1 z_1^2 + a_1 z_1 z_2 x_3 + \frac{1}{2}\varepsilon_1^2 d^2 \tag{2.3.6}$$

式中，$z_2 = x_2 - \alpha_1$。

第 2 步 对 z_2 求导，可得

$$\dot{z}_2 = b_1 x_2 + b_2 x_1 x_3 - b_3 x_1 x_4 - b_4 \frac{x_2 x_4}{x_3} + b_5 u_q - \dot{\alpha}_1 \tag{2.3.7}$$

选取 Lyapunov 函数 $V_2 = V_1 + \frac{1}{2} z_2^2$ 并对其求导，可得

$$\dot{V}_2 = \dot{V}_1 + z_2 \dot{z}_2 = -k_1 z_1^2 + \frac{1}{2}\varepsilon_1^2 d^2 + z_2(f_2(Z_2) + b_5 u_q) \tag{2.3.8}$$

式中，

$$f_2(Z_2) = a_1 z_1 x_3 + b_1 x_2 + b_2 x_1 x_3 - b_3 x_1 x_4 - b_4 \frac{x_2 x_4}{x_3} - \dot{\alpha}_1$$

$$\dot{\alpha}_1 = -k_1(x_2 - \dot{x}_{1d}) + \ddot{x}_{1d}$$

$$Z = [x_1, x_2, x_3, x_4, x_{1d}, \dot{x}_{1d}, \ddot{x}_{1d}]^{\mathrm{T}}$$

由万能逼近定理，对于任意小的正数 $\varepsilon_2 > 0$，存在模糊逻辑系统 $\phi_2^{\mathrm{T}} P_2(Z_2)$ 使得

$$f_2(Z_2) = \phi_2^{\mathrm{T}} P_2(Z_2) + \delta_2(Z_2) \tag{2.3.9}$$

式中，$\delta_2(Z_2)$ 为逼近误差且满足 $|\delta_2(Z_2)| \leqslant \varepsilon_2$，从而可得

$$z_2 f_2 \leqslant \frac{1}{2l_2^2} z_2^2 \|\phi_2\|^2 P_2^{\mathrm{T}} P_2 + \frac{1}{2} l_2^2 + \frac{1}{2} z_2^2 + \frac{1}{2} \varepsilon_2^2 \tag{2.3.10}$$

将式 (2.3.10) 代入式 (2.3.8)，可得

$$\dot{V}_2 \leqslant -k_1 z_1^2 + \frac{1}{2} \varepsilon_1^2 d^2 + \frac{1}{2l_2^2} z_2^2 \|\phi_2\|^2 P_2^{\mathrm{T}} P_2 + \frac{1}{2} l_2^2 + \frac{1}{2} z_2^2 + \frac{1}{2} \varepsilon_2^2 + b_5 z_2 u_q \tag{2.3.11}$$

设计控制器 u_q 为

$$u_q = \frac{1}{b_5} \left(-k_2 z_2 - \frac{1}{2} z_2 - \frac{1}{2l_2^2} z_2 \hat{\theta} P_2^{\mathrm{T}} P_2 \right) \tag{2.3.12}$$

式中，$\hat{\theta}$ 为 θ 的估计值，$\theta = \max\{\|\phi_2\|^2, \|\phi_4\|^2\}$。
进一步可得

$$\dot{V}_2 \leqslant -\sum_{i=1}^{2} k_i z_i^2 + \frac{1}{2l_2^2} z_2^2 (\|\phi_2\|^2 - \hat{\theta}) P_2^{\mathrm{T}} P_2 + \frac{1}{2} l_2^2 + \frac{1}{2} \varepsilon_1^2 d^2 + \frac{1}{2} \varepsilon_2^2 \tag{2.3.13}$$

第 3 步　根据期望磁链信号 x_{3d}，定义变量 $z_3 = x_3 - x_{3d}$。选取 Lyapunov 函数为 $V_3 = V_2 + \frac{1}{2} z_3^2$ 并对其求导，可得

$$\dot{V}_3 \leqslant -\sum_{i=1}^{2} k_i z_i^2 + \frac{1}{2l_2^2} z_2^2 (\|\phi_2\|^2 - \hat{\theta}) P_2^{\mathrm{T}} P_2 + \frac{1}{2} l_2^2 + \frac{1}{2} \varepsilon_1^2 d^2 + \frac{1}{2} \varepsilon_2^2$$

$$+ z_3 (c_1 x_3 + b_4 x_4 - \dot{x}_{3d}) \tag{2.3.14}$$

设计虚拟控制器 α_2 为

$$\alpha_2 = \frac{1}{b_4}(-k_3 z_3 - c_1 x_3 + \dot{x}_{3d}) \tag{2.3.15}$$

式中, $k_3 > 0$。

定义 $z_4 = x_4 - \alpha_2$, 结合式 (2.3.14) 和式 (2.3.15), 可得

$$\dot{V}_3 \leqslant -\sum_{i=1}^{3} k_i z_i^2 + \frac{1}{2l_2^2} z_2^2 (\|\phi_2\|^2 - \hat{\theta}) P_2^{\mathrm{T}} P_2 + \frac{1}{2} l_2^2 + \frac{1}{2} \varepsilon_2^2 + \frac{1}{2} \varepsilon_1^2 d^2 + b_4 z_3 z_4 \tag{2.3.16}$$

第 4 步 为构造模糊自适应控制器 u_d, 选取 Lyapunov 函数 $V_4 = V_3 + \frac{1}{2} z_4^2$ 并对其求导, 可得

$$\dot{V}_4 \leqslant -\sum_{i=1}^{3} k_i z_i^2 + \frac{1}{2l_2^2} z_2^2 (\|\phi_2\|^2 - \hat{\theta}) P_2^{\mathrm{T}} P_2 + \frac{1}{2} l_2^2 + \frac{1}{2} \varepsilon_2^2 + \frac{1}{2} \varepsilon_1^2 d^2 + z_4(f_4 + b_5 u_d) \tag{2.3.17}$$

式中, $f_4 = b_4 z_3 + b_1 x_4 + d_1 x_3 + b_3 x_1 x_2 + b_4 \dfrac{x_2^2}{x_3} - \dot{\alpha}_2$。

利用万能逼近定理, 存在模糊逻辑系统 $\phi_4^{\mathrm{T}} P_4$ 来逼近非线性函数 f_4 使得 $f_4 = \phi_4^{\mathrm{T}} P_4 + \delta_4$, 从而可得

$$z_4 f_4 \leqslant \frac{1}{2l_4^2} z_4^2 \|\phi_4\|^2 P_4^{\mathrm{T}} P_4 + \frac{1}{2} l_4^2 + \frac{1}{2} z_4^2 + \frac{1}{2} \varepsilon_4^2 \tag{2.3.18}$$

式中, $|\delta_4| \leqslant \varepsilon_4$, ε_4 是正常数。

将式 (2.3.18) 代入式 (2.3.17), 可得

$$\dot{V}_4 \leqslant -\sum_{i=1}^{4} k_i z_i^2 + \frac{1}{2l_2^2} z_2^2 (\|\phi_2\|^2 - \hat{\theta}) P_2^{\mathrm{T}} P_2 + \frac{1}{2} l_2^2 + \frac{1}{2} \varepsilon_2^2$$
$$+ \frac{1}{2l_4^2} z_4^2 \|\phi_4\|^2 P_4^{\mathrm{T}} P_4 + \frac{1}{2} l_4^2 + \frac{1}{2} z_4^2 + \frac{1}{2} \varepsilon_4^2 + \frac{1}{2} \varepsilon_1^2 d^2 + z_4 b_5 u_d \tag{2.3.19}$$

控制器 u_d 可设计为

$$u_d = -\frac{1}{b_5} \left(k_4 z_4 + \frac{1}{2} z_4 + \frac{1}{2l_4^2} z_4 \hat{\theta} P_4^{\mathrm{T}} P_4 \right) \tag{2.3.20}$$

进而可得

$$\dot{V}_4 \leqslant -\sum_{i=1}^{4} k_i z_i^2 + \frac{1}{2l_2^2} z_2^2 (\|\phi_2\|^2 - \hat{\theta}) P_2^{\mathrm{T}} P_2 + \frac{1}{2} l_2^2 + \frac{1}{2} \varepsilon_2^2 + \frac{1}{2} \varepsilon_1^2 d^2$$

$$+ \frac{1}{2l_4^2} z_4^2 (\|\phi_4\|^2 - \hat{\theta}) P_4^{\mathrm{T}} P_4 + \frac{1}{2} l_4^2 + \frac{1}{2} \varepsilon_4^2 \qquad (2.3.21)$$

评注 2.3.2   由构造的式 (2.3.12) 和式 (2.3.20) 所示的控制器可知，基于反步法设计的模糊控制器具有结构简单、易于工程实现的特点，克服了由经典反步法构造的控制器结构复杂的弊端。

定义误差变量 $\tilde{\theta} = \hat{\theta} - \theta$，并选取如下 Lyapunov 函数：

$$V = V_4 + \frac{1}{2r_1} \tilde{\theta}^2 \qquad (2.3.22)$$

式中，r_1 为正数。

对 V 求导并把式 (2.3.21) 代入式 (2.3.22)，可得

$$\dot{V} \leqslant -\sum_{i=1}^{4} k_i z_i^2 + \frac{1}{2} l_2^2 + \frac{1}{2} \varepsilon_2^2 + \frac{1}{2} l_4^2 + \frac{1}{2} \varepsilon_4^2 + \frac{1}{2} \varepsilon_1^2 d^2$$

$$+ \frac{1}{r_1} \tilde{\theta} \left(-\frac{r_1}{2l_2^2} z_2^2 P_2^{\mathrm{T}} P_2 - \frac{r_1}{2l_4^2} z_4^2 P_4^{\mathrm{T}} P_4 + \dot{\hat{\theta}} \right) \qquad (2.3.23)$$

选取自适应律为

$$\dot{\hat{\theta}} = \frac{r_1}{2l_2^2} z_2^2 P_2^{\mathrm{T}} P_2 + \frac{r_1}{2l_4^2} z_4^2 P_4^{\mathrm{T}} P_4 - m_1 \hat{\theta} \qquad (2.3.24)$$

式中，m_1、l_2 和 l_4 为正数。

2.3.3   稳定性分析

为了验证该闭环系统的稳定性，将式 (2.3.24) 代入式 (2.3.23)，可得

$$\dot{V} \leqslant -\sum_{i=1}^{4} k_i z_i^2 + \frac{1}{2} l_2^2 + \frac{1}{2} \varepsilon_2^2 + \frac{1}{2} l_4^2 + \frac{1}{2} \varepsilon_4^2 + \frac{1}{2} \varepsilon_1^2 d^2 - \frac{m_1}{r_1} \tilde{\theta} \hat{\theta} \qquad (2.3.25)$$

进而有

$$\dot{V} \leqslant -\sum_{i=1}^{4} k_i z_i^2 + \frac{1}{2} l_2^2 + \frac{1}{2} \varepsilon_2^2 + \frac{1}{2} l_4^2 + \frac{1}{2} \varepsilon_4^2 + \frac{1}{2} \varepsilon_1^2 d^2 + \frac{m_1}{2r_1} \theta^2$$

$$\leqslant -a_0 V + b_0 \qquad (2.3.26)$$

式中, $a_0 = \min\left\{\dfrac{2k_1}{J}, 2k_2, 2k_3, 2k_4, m_1\right\}$; $b_0 = \dfrac{1}{2}l_2^2 + \dfrac{1}{2}\varepsilon_2^2 + \dfrac{1}{2}l_4^2 + \dfrac{1}{2}\varepsilon_4^2 + \dfrac{1}{2}\varepsilon_1^2 d^2 + \dfrac{m_1}{2r_1}\theta^2$。

由式 (2.3.26) 可得

$$V(t) \leqslant \left(V(t_0) - \frac{b_0}{a_0}\right)\mathrm{e}^{-a_0(t-t_0)} + \frac{b_0}{a_0} \leqslant V(t_0) + \frac{b_0}{a_0}, \quad \forall t \geqslant t_0 \qquad (2.3.27)$$

由式 (2.3.27) 可知，变量 $z_i(i=1,2,3,4)$ 和 $\tilde{\theta}$ 属于紧集 $\Omega = \left\{(z_i, \tilde{\theta}) | V(t) \leqslant V(t_0) + \dfrac{b_0}{a_0}, \ \forall t \geqslant t_0\right\}$，且

$$\lim_{t\to\infty} z_1^2 \leqslant \frac{2b_0}{a_0} \qquad (2.3.28)$$

评注 2.3.3　式 (2.3.28) 给出了跟踪误差的上限。由 a_0 和 b_0 的定义可知，在选取控制参数时，选取充分大的 r_i 和充分小的 ε_i、l_i 能使 b_0/a_0 充分小，从而确保系统的跟踪误差收敛到原点的一个充分小的邻域内。

2.3.4　实验验证及结果分析

本节将详细给出异步电动机实验结果并进行分析。

实验平台如图 2.3.1 所示。该平台主要由仿真机、伺服驱动器和异步电动机三

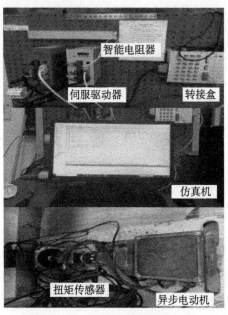

图 2.3.1　异步电动机实验平台

部分组成。仿真机和异步电动机是基于 LINKS-RT 的半实物仿真平台。异步电动机的额定转矩为 9.6N·m，额定功率为 1.5kW，额定电流为 5.9A。控制算法在仿真机的 MATLAB 环境下搭建，编译为目标码之后在目标机上运行。实验给定的期望转子角速度为 300r/min。

　　实验结果如图 2.3.2 ～ 图 2.3.7 所示。图 2.3.2 为异步电动机实际转子角速度曲线，可以看出异步电动机能够快速达到期望转子角速度。图 2.3.3 为异步电动机磁链信号曲线。图 2.3.4 和图 2.3.5 为 q 轴和 d 轴电压曲线。图 2.3.6 和图 2.3.7 为 q 轴和 d 轴电流曲线。

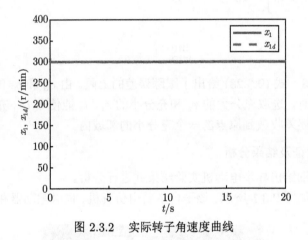

图 2.3.2　实际转子角速度曲线

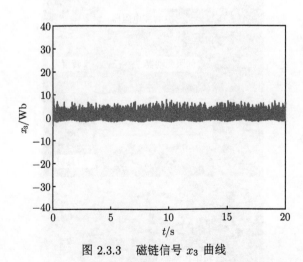

图 2.3.3　磁链信号 x_3 曲线

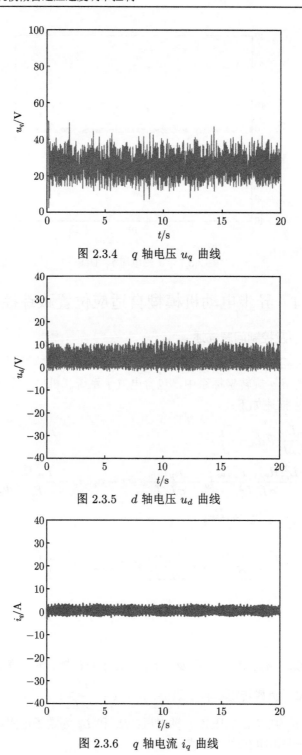

图 2.3.4　q 轴电压 u_q 曲线

图 2.3.5　d 轴电压 u_d 曲线

图 2.3.6　q 轴电流 i_q 曲线

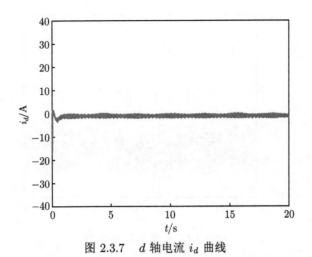

图 2.3.7　d 轴电流 i_d 曲线

2.4　异步电动机模糊自适应位置跟踪控制

2.4.1　系统模型及控制问题描述

　　在电动机三相绕组对称、磁路线性且不计磁饱和、忽略铁损的条件下，在按转子磁场定向的 d-q 旋转坐标系中，包含电气子系统和机械子系统的 5 阶异步电动机系统模型[6] 描述如下：

$$
\begin{cases}
\dfrac{\mathrm{d}\omega}{\mathrm{d}t} = \dfrac{n_p L_m}{L_r J}\Psi_d i_q - \dfrac{T_L}{J} \\[2mm]
\dfrac{\mathrm{d}i_q}{\mathrm{d}t} = -\dfrac{L_m^2 R_r + L_r^2 R_s}{\sigma L_s L_r^2} i_q - \dfrac{n_p L_m}{\sigma L_s L_r}\omega\Psi_d - n_p\omega i_d - \dfrac{L_m R_r}{L_r}\dfrac{i_q i_d}{\Psi_d} + \dfrac{1}{\sigma L_s} u_q \\[2mm]
\dfrac{\mathrm{d}\Psi_d}{\mathrm{d}t} = -\dfrac{R_r}{L_r}\Psi_d + \dfrac{L_m R_r}{L_r} i_d \\[2mm]
\dfrac{\mathrm{d}i_d}{\mathrm{d}t} = -\dfrac{L_m^2 R_r + L_r^2 R_s}{\sigma L_s L_r^2} i_d + \dfrac{L_m R_r}{\sigma L_s L_r^2}\Psi_d + n_p\omega i_q + \dfrac{L_m R_r}{L_r}\dfrac{i_q^2}{\Psi_d} + \dfrac{1}{\sigma L_s} u_d \\[2mm]
\dfrac{\mathrm{d}\theta}{\mathrm{d}t} = \omega
\end{cases}
$$

$$(2.4.1)$$

式中，θ、ω、L_m、n_p、J、T_L 和 Ψ_d 分别为转子角位置、转子角速度、互感、极对数、转动惯量、负载转矩和转子磁链；$\sigma = 1 - \dfrac{L_m^2}{L_s L_r}$；$i_d$ 和 i_q 为 d 轴电流和 q 轴电流；u_d 和 u_q 是 d 轴电压和 q 轴电压；R_s 和 L_s 为定子电阻和定子自感；R_r 和 L_r 分别为转子电阻和转子自感。

为便于控制器设计，定义变量如下：

$$
\begin{cases}
x_1 = \theta, \quad x_2 = \omega, \quad x_3 = i_q, \quad x_4 = \Psi_d, \quad x_5 = i_d \\[2mm]
a_1 = \dfrac{n_p L_m}{L_r}, \quad b_1 = -\dfrac{L_m^2 R_r + L_r^2 R_s}{\sigma L_s L_r^2} \\[2mm]
b_2 = -\dfrac{n_p L_m}{\sigma L_s L_r}, \quad b_3 = n_p, \quad b_4 = \dfrac{L_m R_r}{L_r}, \quad b_5 = \dfrac{1}{\sigma L_s} \\[2mm]
c_1 = -\dfrac{R_r}{L_r}, \quad d_1 = \dfrac{L_m R_r}{\sigma L_s L_r^2}
\end{cases}
\tag{2.4.2}
$$

则异步电动机系统模型可改写为

$$
\begin{cases}
\dot{x}_1 = x_2 \\[2mm]
\dot{x}_2 = \dfrac{a_1}{J} x_3 x_4 - \dfrac{T_L}{J} \\[2mm]
\dot{x}_3 = b_1 x_3 + b_2 x_2 x_4 - b_3 x_2 x_5 - b_4 \dfrac{x_3 x_5}{x_4} + b_5 u_q \\[2mm]
\dot{x}_4 = c_1 x_4 + b_4 x_5 \\[2mm]
\dot{x}_5 = b_1 x_5 + d_1 x_4 + b_3 x_2 x_3 + b_4 \dfrac{x_3^2}{x_4} + b_5 u_d
\end{cases}
\tag{2.4.3}
$$

控制任务 针对异步电动机设计一种模糊自适应位置跟踪控制器，使得：

(1) 闭环系统所有信号半全局一致最终有界；

(2) 系统输出 x_1 能很好地跟踪给定的位置参考信号 x_{1d}。

2.4.2 位置跟踪控制器设计

第 1 步 根据给定系统位置参考信号 x_{1d}，定义跟踪误差变量 $z_1 = x_1 - x_{1d}$。由式 (2.4.3) 得

$$
\dot{z}_1 = x_2 - \dot{x}_{1d}
\tag{2.4.4}
$$

为确保 x_1 能有效跟踪期望信号 x_{1d}，选取如下 Lyapunov 函数：

$$
V_1 = \frac{1}{2} z_1^2
$$

对 V_1 求导，可得

$$
\dot{V}_1 = z_1 \dot{z}_1 = z_1 (x_2 - \dot{x}_{1d})
\tag{2.4.5}
$$

构造虚拟控制器 α_1 为

$$\alpha_1(x_1, x_{1d}, \dot{x}_{1d}) = -k_1 z_1 + \dot{x}_{1d} \tag{2.4.6}$$

式中，$k_1 > 0$ 是控制器设计参数。

由式 (2.4.5) 和式 (2.4.6)，可得

$$\dot{V}_1 = -k_1 z_1^2 + z_1 z_2$$

式中，$z_2 = x_2 - \alpha_1$。

第 2 步   对 z_2 求导并结合式 (2.4.3)，可得

$$\dot{z}_2 = \dot{x}_2 - \dot{\alpha}_1 = \frac{a_1}{J} x_3 x_4 - \frac{T_L}{J} - \dot{\alpha}_1 \tag{2.4.7}$$

选取 Lyapunov 函数 $V_2 = V_1 + \dfrac{J}{2} z_2^2$ 并对其求导，可得

$$\dot{V}_2 = \dot{V}_1 + \frac{J}{2} z_2 \dot{z}_2 = -k_1 z_1^2 + z_2(z_1 + a_1 x_3 x_4 - T_L - J\dot{\alpha}_1) \tag{2.4.8}$$

评注 2.4.1   此处仍然假定系统的负载转矩 T_L 是未知的但是其上确界为 $d > 0$，即 $0 \leqslant T_L \leqslant d$。

显然有 $z_2 T_L \leqslant \dfrac{1}{2\varepsilon_2^2} z_2^2 + \dfrac{1}{2}\varepsilon_2^2 d^2$，$\varepsilon_2$ 为任意小的正常数，则 V_2 的导数为

$$\dot{V}_2 \leqslant -k_1 z_1^2 + z_2\left(z_1 + \frac{1}{2\varepsilon_2^2} z_2 + a_1 x_3 x_4 - J\dot{\alpha}_1\right) + \frac{1}{2}\varepsilon_2^2 d^2 \tag{2.4.9}$$

由于转动惯量 J 是未知常量，不能直接用于控制器。定义 $\hat{J}$ 为未知参数 J 的估计值，则虚拟控制器 $\alpha_2(Z_2)$ 可设计为

$$\begin{aligned}
\alpha_2(Z_2) &= \frac{1}{a_1 x_4}\left(-\bar{k}_2 z_2 - \frac{1}{2\varepsilon_2^2} z_2 - z_1 + \hat{J}\dot{\alpha}_1\right) \\
&= \frac{1}{a_1 x_4}(-k_2 z_2 - z_1 + \hat{J}\dot{\alpha}_1)
\end{aligned} \tag{2.4.10}$$

式中，$k_2 = \bar{k}_2 + \dfrac{1}{2\varepsilon_2^2} > 0$；$Z_2 = [x_1, x_2, x_{1d}, \dot{x}_{1d}, \ddot{x}_{1d}, \hat{J}]^{\mathrm{T}}$。

根据式 (2.4.9) 和式 (2.4.10)，可得

$$\dot{V}_2 \leqslant -k_1 z_1^2 - k_2 z_2^2 + a_1 z_2 z_3 x_4 + z_2(\hat{J} - J)\dot{\alpha}_1 + \frac{1}{2}\varepsilon_2^2 d^2 \tag{2.4.11}$$

式中，$z_3 = x_3 - \alpha_2$。

第 3 步 对 z_3 求导，可得

$$\dot{z}_3 = \dot{x}_3 - \dot{\alpha}_2 = b_1 x_3 + b_2 x_2 x_4 - b_3 x_2 x_5 - b_4 \frac{x_3 x_5}{x_4} + b_5 u_q - \dot{\alpha}_2$$

选取 Lyapunov 函数 $V_3 = V_2 + \dfrac{1}{2} z_3^2$ 并对其求导，可得

$$
\begin{aligned}
\dot{V}_3 &= \dot{V}_2 + z_3 \dot{z}_3 \\
&= \dot{V}_2 + z_3 \left(b_1 x_3 + b_2 x_2 x_4 - b_3 x_2 x_5 - b_4 \frac{x_3 x_5}{x_4} + b_5 u_q - \dot{\alpha}_2 \right) \\
&\leqslant -k_1 z_1^2 - k_2 z_2^2 + \frac{1}{2} \varepsilon_2^2 d^2 + z_2 (\hat{J} - J) \dot{\alpha}_1 + z_3 (f_3(Z_3) + b_5 u_q) \quad (2.4.12)
\end{aligned}
$$

式中，

$$
\begin{aligned}
\dot{\alpha}_1 &= -k_1 (x_2 - \dot{x}_{1d}) + \ddot{x}_{1d} \\
\dot{\alpha}_2 &= \sum_{i=1}^{2} \frac{\partial \alpha_2}{\partial x_i} \dot{x}_i + \sum_{i=0}^{2} \frac{\partial \alpha_2}{\partial x_{1d}^{(i)}} x_{1d}^{(i+1)} + \frac{\partial \alpha_2}{\partial \hat{J}} \dot{\hat{J}} + \frac{\partial \alpha_2}{\partial x_4} \dot{x}_4 \\
&= \frac{\partial \alpha_2}{\partial x_1} x_2 + \frac{\partial \alpha_2}{\partial x_2} \left(\frac{a_1}{J} x_3 x_4 - \frac{T_L}{J} \right) \\
&\quad + \sum_{i=0}^{2} \frac{\partial \alpha_2}{\partial x_{1d}^{(i)}} x_{1d}^{(i+1)} + \frac{\partial \alpha_2}{\partial \hat{J}} \dot{\hat{J}} + \frac{\partial \alpha_2}{\partial x_4} (c_1 x_4 + b_4 x_5) \\
f_3(Z_3) &= a_1 z_2 x_4 + b_1 x_3 + b_2 x_2 x_4 - b_3 x_2 x_5 - b_4 \frac{x_3 x_5}{x_4} - \dot{\alpha}_2 \\
Z_3 &= [x_1, x_2, x_3, x_4, x_5, x_{1d}, \dot{x}_{1d}, \ddot{x}_{1d}, \hat{J}]^{\mathrm{T}}
\end{aligned}
\quad (2.4.13)
$$

由万能逼近定理，对于正常数 ε_3，存在模糊逻辑系统 $W_3^{\mathrm{T}} S_3$，从而可得

$$f_3 = W_3^{\mathrm{T}} S_3 + \delta_3 \quad (2.4.14)$$

式中，δ_3 为逼近误差且满足 $|\delta_3| \leqslant \varepsilon_3$。

由杨氏不等式可得

$$
\begin{aligned}
z_3 f_3 &= z_3 \left(W_3^{\mathrm{T}} S_3 + \delta_3 \right) \\
&\leqslant \frac{1}{2l_3^2} z_3^2 \|W_3\|^2 S_3^{\mathrm{T}} S_3 + \frac{1}{2} l_3^2 + \frac{1}{2} z_3^2 + \frac{1}{2} \varepsilon_3^2 \quad (2.4.15)
\end{aligned}
$$

将式 (2.4.15) 代入式 (2.4.12)，可得

$$\dot{V}_3 \leqslant - k_1 z_1^2 - k_2 z_2^2 + z_2(\hat{J} - J)\dot{\alpha}_1 + \frac{1}{2l_3^2} z_3^2 \|W_3\|^2 S_3^{\mathrm{T}} S_3$$
$$+ \frac{1}{2}\varepsilon_2^2 d^2 + \frac{1}{2}l_3^2 + \frac{1}{2}z_3^2 + \frac{1}{2}\varepsilon_3^2 + b_5 z_3 u_q \tag{2.4.16}$$

则控制器 u_q 可设计为

$$u_q = \frac{1}{b_5}\left(-k_3 z_3 - \frac{1}{2} z_3 - \frac{1}{2l_3^2} z_3 \hat{\theta} S_3^{\mathrm{T}} S_3\right) \tag{2.4.17}$$

式中，$\hat{\theta}$ 是未知量 θ 的估计值，$\theta = \max\left\{\|W_3\|^2, \|W_5\|^2\right\}$。

进而式 (2.4.16) 可改写为

$$\dot{V}_3 \leqslant - \sum_{i=1}^{3} k_i z_i^2 + z_2(\hat{J} - J)\dot{\alpha}_1 + \frac{1}{2l_3^2} z_3^2 (\|W_3\|^2 - \hat{\theta}) S_3^{\mathrm{T}} S_3$$
$$+ \frac{1}{2}l_3^2 + \frac{1}{2}\varepsilon_2^2 d^2 + \frac{1}{2}\varepsilon_3^2 \tag{2.4.18}$$

第 4 步　给定参考信号 x_{4d}，定义误差变量 $z_4 = x_4 - x_{4d}$。由式 (2.4.3) 可得，$\dot{z}_4 = \dot{x}_4 - \dot{x}_{4d}$。选取 Lyapunov 函数 $V_4 = V_3 + \frac{1}{2} z_4^2$ 并对其求导，可得

$$\dot{V}_4 \leqslant - \sum_{i=1}^{3} k_i z_i^2 + \frac{1}{2l_3^2} z_3^2 (\|W_3\|^2 - \hat{\theta}) S_3^{\mathrm{T}} S_3 + \frac{1}{2}l_3^2 + \frac{1}{2}\varepsilon_2^2 d^2 + \frac{1}{2}\varepsilon_3^2$$
$$+ z_2(\hat{J} - J)\dot{\alpha}_1 + z_4 (c_1 x_4 + b_4 x_5 - \dot{x}_{4d}) \tag{2.4.19}$$

构造虚拟控制器 α_3 为

$$\alpha_3(x_4, x_{4d}, \dot{x}_{4d}) = \frac{1}{b_4}(-k_4 z_4 - c_1 x_4 + \dot{x}_{4d}) \tag{2.4.20}$$

式中，$k_4 > 0$。由式 (2.4.19) 和式 (2.4.20)，可得

$$\dot{V}_4 \leqslant - \sum_{i=1}^{4} k_i z_i^2 + \frac{1}{2l_3^2} z_3^2 (\|W_3\|^2 - \hat{\theta}) S_3^{\mathrm{T}} S_3 + \frac{1}{2}l_3^2 + \frac{1}{2}\varepsilon_3^2$$
$$+ \frac{1}{2}\varepsilon_2^2 d^2 + z_2(\hat{J} - J)\dot{\alpha}_1 + z_4 z_5 \tag{2.4.21}$$

第 5 步 为构造模糊自适应控制器 u_d,定义变量 $z_5 = x_5 - \alpha_3$,选取 Lyapunov 函数 $V_5 = V_4 + \dfrac{1}{2}z_5^2$ 并对其求导,可得

$$\dot{V}_5 \leqslant -\sum_{i=1}^{4} k_i z_i^2 + \frac{1}{2l_3^2}z_3^2 \left(\|W_3\|^2 - \hat{\theta} \right) S_3^{\mathrm{T}} S_3 + \frac{1}{2}l_3^2 + \frac{1}{2}\varepsilon_3^2$$

$$+ \frac{1}{2}\varepsilon_2^2 d^2 + z_2(\hat{J} - J)\dot{\alpha}_1 + z_5 \left(f_5(Z_5) + b_5 u_d \right) \tag{2.4.22}$$

式中,$f_5(Z_5) = z_4 + b_1 x_5 + d_1 x_4 + b_3 x_2 x_3 + b_4 \dfrac{x_3^2}{x_4} - \dot{\alpha}_3$。

根据万能逼近定理,利用模糊逻辑系统 $W_5^{\mathrm{T}} S_5$ 逼近非线性函数 f_5,可以得到 $f_5 = W_5^{\mathrm{T}} S_5 + \delta_5$,$|\delta_5| \leqslant \varepsilon_5$,$\varepsilon_5 > 0$。由杨氏不等式可得

$$z_5 f_5 \leqslant \frac{1}{2l_5^2}z_5^2 \|W_5\|^2 S_5^{\mathrm{T}} S_5 + \frac{1}{2}l_5^2 + \frac{1}{2}z_5^2 + \frac{1}{2}\varepsilon_5^2 \tag{2.4.23}$$

将式 (2.4.23) 代入式 (2.4.22),可得

$$\dot{V}_5 \leqslant -\sum_{i=1}^{5} k_i z_i^2 + \frac{1}{2l_3^2}z_3^2 \left(\|W_3\|^2 - \hat{\theta} \right) S_3^{\mathrm{T}} S_3 + \frac{1}{2l_5^2}z_5^2 \left(\|W_5\|^2 - \hat{\theta} \right) S_5^{\mathrm{T}} S_5$$

$$+ \frac{1}{2}l_3^2 + \frac{1}{2}\varepsilon_3^2 + \frac{1}{2}l_5^2 + \frac{1}{2}\varepsilon_5^2 + \frac{1}{2}\varepsilon_2^2 d^2 + z_2(\hat{J} - J)\dot{\alpha}_1 + z_5 b_5 u_d \tag{2.4.24}$$

设计控制器 u_d 为

$$u_d = -\frac{1}{b_5} \left(k_5 z_5 + \frac{1}{2}z_5 + \frac{1}{2l_5^2}z_5 \hat{\theta} S_5^{\mathrm{T}} S_5 \right) \tag{2.4.25}$$

则进一步可得

$$\dot{V}_5 \leqslant -\sum_{i=1}^{5} k_i z_i^2 + \frac{1}{2l_3^2}z_3^2 \left(\|W_3\|^2 - \hat{\theta} \right) S_3^{\mathrm{T}} S_3 + \frac{1}{2}l_3^2 + \frac{1}{2}\varepsilon_3^2 + \frac{1}{2}\varepsilon_2^2 d^2$$

$$+ z_2(\hat{J} - J)\dot{\alpha}_1 + \frac{1}{2l_5^2}z_5^2 \left(\|W_5\|^2 - \hat{\theta} \right) S_5^{\mathrm{T}} S_5 + \frac{1}{2}l_5^2 + \frac{1}{2}\varepsilon_5^2 \tag{2.4.26}$$

分别定义误差变量 $\tilde{J} = \hat{J} - J$ 和 $\tilde{\theta} = \hat{\theta} - \theta$,并选取如下 Lyapunov 函数:

$$V = V_5 + \frac{1}{2r_1}\tilde{J}^2 + \frac{1}{2r_2}\tilde{\theta}^2 \tag{2.4.27}$$

式中，$r_i(i = 1, 2)$ 为正数。

对 V 求导并结合式 (2.4.25) 和式 (2.4.27)，可得

$$\dot{V} \leqslant -\sum_{i=1}^{5} k_i z_i^2 + \frac{1}{2}l_3^2 + \frac{1}{2}\varepsilon_3^2 + \frac{1}{2}l_5^2 + \frac{1}{2}\varepsilon_5^2 + \frac{1}{2}\varepsilon_2^2 d^2 + \frac{1}{r_1}\tilde{J}\left(r_1 z_2 \dot{\alpha}_1 + \dot{\hat{J}}\right)$$

$$+ \frac{1}{r_2}\tilde{\theta}\left(-\frac{r_2}{2l_3^2}z_3^2 S_3^{\mathrm{T}} S_3 - \frac{r_2}{2l_5^2}z_5^2 S_5^{\mathrm{T}} S_5 + \dot{\hat{\theta}}\right) \tag{2.4.28}$$

自适应律构造如下：

$$\dot{\hat{J}} = -r_1 z_2 \dot{\alpha}_1 - m_1 \hat{J}$$

$$\dot{\hat{\theta}} = \frac{r_2}{2l_3^2}z_3^2 S_3^{\mathrm{T}} S_3 + \frac{r_2}{2l_5^2}z_5^2 S_5^{\mathrm{T}} S_5 - m_2 \hat{\theta} \tag{2.4.29}$$

式中，$m_i(i = 1, 2)$、l_3 和 l_5 为正数。

2.4.3　稳定性分析

为了验证该闭环系统的稳定性，将式 (2.4.29) 代入式 (2.4.28)，可得

$$\dot{V} \leqslant -\sum_{i=1}^{5} k_i z_i^2 + \frac{1}{2}l_3^2 + \frac{1}{2}\varepsilon_3^2 + \frac{1}{2}l_5^2 + \frac{1}{2}\varepsilon_5^2 + \frac{1}{2}\varepsilon_2^2 d^2 - \frac{m_1}{r_1}\tilde{J}\hat{J} - \frac{m_2}{r_2}\tilde{\theta}\hat{\theta} \tag{2.4.30}$$

对于 $-\tilde{J}\hat{J}$ 和 $-\tilde{\theta}\hat{\theta}$，由杨氏不等式可得 $-\tilde{J}\hat{J} = -\tilde{J}(\tilde{J} + J) \leqslant -\frac{1}{2}\tilde{J}^2 + \frac{1}{2}J^2$，

$-\tilde{\theta}\hat{\theta} = -\tilde{\theta}(\tilde{\theta} + \theta) \leqslant -\frac{1}{2}\tilde{\theta}^2 + \frac{1}{2}\theta^2$，进而有

$$\dot{V} \leqslant -\sum_{i=1}^{5} k_i z_i^2 - \frac{m_1}{2r_1}\tilde{J}^2 - \frac{m_2}{2r_2}\tilde{\theta}^2 + \frac{1}{2}l_3^2 + \frac{1}{2}\varepsilon_3^2$$

$$+ \frac{1}{2}l_5^2 + \frac{1}{2}\varepsilon_5^2 + \frac{1}{2}\varepsilon_2^2 d^2 + \frac{m_1}{2r_1}J^2 + \frac{m_2}{2r_2}\theta^2$$

$$\leqslant -a_0 V + b_0 \tag{2.4.31}$$

式中，$a_0 = \min\left\{2k_1, \dfrac{2k_2}{J}, 2k_3, 2k_4, 2k_5, m_1, m_2\right\}$；$b_0 = \dfrac{1}{2}l_3^2 + \dfrac{1}{2}\varepsilon_3^2 + \dfrac{1}{2}l_5^2 + \dfrac{1}{2}\varepsilon_5^2 +$

$\dfrac{1}{2}\varepsilon_2^2 d^2 + \dfrac{m_1}{2r_1}J^2 + \dfrac{m_2}{2r_2}\theta^2$。

由式 (2.4.31) 可得

$$V(t) \leqslant \left(V(t_0) - \frac{b_0}{a_0}\right)\mathrm{e}^{-a_0(t-t_0)} + \frac{b_0}{a_0} \leqslant V(t_0) + \frac{b_0}{a_0}, \quad \forall t \geqslant t_0 \tag{2.4.32}$$

由式 (2.4.32) 可知，变量 $z_i (i = 1, 2, 3, 4, 5)$、$\tilde{J}$ 和 $\tilde{\theta}$ 属于紧集

$$\Omega = \left\{ \left(z_i, \tilde{J}, \tilde{\theta} \right) \mid V \leqslant V(t_0) + \frac{b_0}{a_0}, \ \forall t \geqslant t_0 \right\}$$

且有

$$\lim_{t \to \infty} z_1^2 \leqslant \frac{2b_0}{a_0} \tag{2.4.33}$$

为了验证本节所构造的控制器的优点，在这里将模糊自适应控制器与传统反步控制器相比较。首先回顾传统反步控制器的设计，然后将两种控制器进行对比仿真实验。其中传统反步控制器设计包含 5 步。

第 1 步 根据给定系统参考信号 x_{1d}，定义系统跟踪误差变量 $z_1 = x_1 - x_{1d}$。根据式 (2.4.3) 可得 $\dot{z}_1 = x_2 - \dot{x}_{1d}$。选取 Lyapunov 函数 $V_1 = \frac{1}{2} z_1^2$ 并对其求导，可得

$$\dot{V}_1 = z_1 \dot{z}_1 = z_1 (x_2 - \dot{x}_{1d}) \tag{2.4.34}$$

构造虚拟控制器 α_1 为

$$\alpha_1 = -k_1 z_1 + \dot{x}_{1d} \tag{2.4.35}$$

式中，$k_1 > 0$ 是控制器设计参数。

定义 $z_2 = x_2 - \alpha_1$。由式 (2.4.34) 和式 (2.4.35)，可得

$$\dot{V}_1 = -k_1 z_1^2 + z_1 z_2$$

第 2 步 对 z_2 求导，可得

$$\dot{z}_2 = \dot{x}_2 - \dot{\alpha}_1 = \frac{a_1}{J} x_3 x_4 - \frac{T_L}{J} - \dot{\alpha}_1 \tag{2.4.36}$$

选取 Lyapunov 函数 $V_2 = V_1 + \frac{J}{2} z_2^2$，对其求导并将式 (2.4.36) 代入，可得

$$\dot{V}_2 = -k_1 z_1^2 + z_2 (z_1 + a_1 x_3 x_4 - T_L - J \dot{\alpha}_1) \tag{2.4.37}$$

构造虚拟控制器 α_2 为

$$\alpha_2 = \frac{1}{a_1 x_4} \left(-k_2 z_2 - z_1 + T_L + J \dot{\alpha}_1 \right) \tag{2.4.38}$$

式中，$k_2 > 0$；$\dot{\alpha}_1 = -k_1 (x_2 - \dot{x}_{1d}) + \ddot{x}_{1d}$。

评注 2.4.2 在构造虚拟控制器 α_1 的过程中用到系统参数 T_L 和 J，如果系统参数未知，将无法用于构造控制器，所以下面假设 T_L 和 J 均为已知。

将式 (2.4.38) 代入式 (2.4.37)，可得

$$\dot{V}_2 = -k_1 z_1^2 - k_2 z_2^2 + a_1 z_2 z_3 x_4 \tag{2.4.39}$$

式中，$z_3 = x_3 - \alpha_2$。

第 3 步 对 z_3 求导，可得

$$\dot{z}_3 = \dot{x}_3 - \dot{\alpha}_2 - b_1 x_3 + b_2 x_2 x_4 - b_3 x_2 x_5 - b_4 \frac{x_3 x_5}{x_4} + b_5 u_q - \dot{\alpha}_2$$

选取 Lyapunov 函数 $V_3 = V_2 + \dfrac{1}{2} z_3^2$ 并对其求导，可得

$$\dot{V}_3 = - k_1 z_1^2 - k_2 z_2^2$$
$$+ z_3 \left(a_1 z_2 x_4 + b_1 x_3 + b_2 x_2 x_4 - b_3 x_2 x_5 - b_4 \frac{x_3 x_5}{x_4} + b_5 u_q - \dot{\alpha}_2 \right) \tag{2.4.40}$$

式中，

$$\dot{\alpha}_2 = \sum_{i=1}^{2} \frac{\partial \alpha_2}{\partial x_i} \dot{x}_i + \sum_{i=0}^{2} \frac{\partial \alpha_2}{\partial x_{1d}^{(i)}} x_{1d}^{(i+1)} + \frac{\partial \alpha_2}{\partial x_4} \dot{x}_4$$
$$= \frac{\partial \alpha_2}{\partial x_1} x_2 + \frac{\partial \alpha_2}{\partial x_2} \left(\frac{a_1}{J} x_3 x_4 - \frac{T_L}{J} \right) + \sum_{i=0}^{2} \frac{\partial \alpha_2}{\partial x_{1d}^{(i)}} x_{1d}^{(i+1)} + \frac{\partial \alpha_2}{\partial x_4} (c_1 x_4 + b_4 x_5) \tag{2.4.41}$$

构造系统控制器 u_q 为

$$u_q = - \frac{1}{b_5} \left(k_3 z_3 + a_1 z_2 x_4 + b_1 x_3 + b_2 x_2 x_4 - b_3 x_2 x_5 - b_4 \frac{x_3 x_5}{x_4} \right)$$
$$+ \frac{1}{b_5} \left[\frac{\partial \alpha_2}{\partial x_1} x_2 + \frac{\partial \alpha_2}{\partial x_2} \left(\frac{a_1}{J} x_3 x_4 - \frac{T_L}{J} \right) + \sum_{i=0}^{2} \frac{\partial \alpha_2}{\partial x_{1d}^{(i)}} x_{1d}^{(i+1)} + \frac{\partial \alpha_2}{\partial x_4} (c_1 x_4 + b_4 x_5) \right] \tag{2.4.42}$$

利用式 (2.4.42) 可得

$$\dot{V}_3 \leqslant - \sum_{i=1}^{3} k_i z_i^2$$

第 4 步 根据给定系统参考信号 x_{4d}，定义跟踪误差变量 $z_4 = x_4 - x_{4d}$，并有 $\dot{z}_4 = \dot{x}_4 - \dot{x}_{4d}$。选取 Lyapunov 函数 $V_4 = V_3 + \dfrac{1}{2} z_4^2$ 并对其求导，可得

$$\dot{V}_4 = \dot{V}_3 + z_4\dot{z}_4 \leqslant -\sum_{i=1}^{3}k_iz_i^2 + z_4\left(c_1x_4 + b_4x_5 - \dot{x}_{4d}\right) \tag{2.4.43}$$

构造虚拟控制器 α_3 为

$$\alpha_3 = \frac{1}{b_4}\left(-k_4z_4 - c_1x_4 + \dot{x}_{4d}\right) \tag{2.4.44}$$

式中，$k_4 > 0$。

定义 $z_5 = x_5 - \alpha_3$，由式 (2.4.43) 和式 (2.4.44) 可得

$$\dot{V}_4 \leqslant -\sum_{i=1}^{4}k_iz_i^2 + z_4z_5 \tag{2.4.45}$$

第 5 步　为构造控制器 u_d，选取 Lyapunov 函数 $V_5 = V_4 + \frac{1}{2}z_5^2$ 并对其求导，可得

$$\dot{V}_5 = \dot{V}_4 + z_5\dot{z}_5 \leqslant -\sum_{i=1}^{4}k_iz_i^2 + z_5\left(z_4 + b_1x_5 + d_1x_4 + b_3x_2x_3 + b_4\frac{x_3^2}{x_4} - \dot{\alpha}_3 + b_5u_d\right) \tag{2.4.46}$$

取控制器 u_d 为

$$u_d = -\frac{1}{b_5}\left(k_5z_5 + z_4 + b_1x_5 + d_1x_4 + b_3x_2x_3 + b_4\frac{x_3^2}{x_4}\right)$$
$$+ \frac{1}{b_4b_5}\left((-k_4 - c_1)\dot{x}_4 + k_4\dot{x}_{4d} + \ddot{x}_{4d}\right) \tag{2.4.47}$$

式中，$k_5 > 0$。

评注 2.4.3　通过比较式 (2.4.17) 和式 (2.4.25) 所示的模糊自适应控制器与式 (2.4.42) 和式 (2.4.47) 所示的传统反步控制器，很容易看出：模糊自适应控制器的结构比传统反步控制器更简单，这意味着本节所构造的模糊自适应控制器在实际应用中更易于实现。

评注 2.4.4　本节提出的模糊自适应控制器是在动态非线性系统中存在非线性未知函数的前提下构造的，该控制器适用于非线性未知系统。与此相反，传统反步控制器需要非线性函数的准确信息，当系统中含有未知动态时，传统反步控制器将不能用来控制该系统。

2.4.4　仿真验证及结果分析

为验证本节所提出的模糊自适应反步控制方法的有效性，在 MATLAB 环境下进行仿真实验。异步电动机及负载的参数为

$$J = 0.0586\text{kg·m}^2, \quad R_s = 0.1\Omega, \quad R_r = 0.15\Omega$$

$$L_s = L_r = 0.0699\text{H}, \quad L_m = 0.068\text{H}, \quad n_p = 1$$

给定参考信号 $x_{1d} = 0.5\sin(t) + 0.5\sin(0.5t)(\text{rad})$、$x_{4d} = 1\text{Wb}$ 及负载转矩

$$T_L = \begin{cases} 1.5\text{N·m}, & 0\text{s} \leqslant t < 5\text{s} \\ 3\text{N·m}, & t \geqslant 5\text{s} \end{cases}$$

控制器参数选取为

$$k_1 = 200, \quad k_2 = 80, \quad k_3 = 300, \quad k_4 = k_5 = 100$$

$$r_1 = r_2 = r_3 = r_4 = 0.05, \quad m_1 = m_2 = 0.05, \quad l_3 = l_4 = 0.5$$

选择模糊集如下：

$$\mu_{F_i^1} = \exp\left[\frac{-(x+5)^2}{2}\right], \quad \mu_{F_i^2} = \exp\left[\frac{-(x+4)^2}{2}\right], \quad \mu_{F_i^3} = \exp\left[\frac{-(x+3)^2}{2}\right]$$

$$\mu_{F_i^4} = \exp\left[\frac{-(x+2)^2}{2}\right], \quad \mu_{F_i^5} = \exp\left[\frac{-(x+1)^2}{2}\right], \quad \mu_{F_i^6} = \exp\left[\frac{-(x-0)^2}{2}\right]$$

$$\mu_{F_i^7} = \exp\left[\frac{-(x-1)^2}{2}\right], \quad \mu_{F_i^8} = \exp\left[\frac{-(x-2)^2}{2}\right], \quad \mu_{F_i^9} = \exp\left[\frac{-(x-3)^2}{2}\right]$$

$$\mu_{F_i^{10}} = \exp\left[\frac{-(x-4)^2}{2}\right], \quad \mu_{F_i^{11}} = \exp\left[\frac{-(x-5)^2}{2}\right], \quad i = 1, 2, 3, 4$$

评注 2.4.5　模糊自适应控制器可以处理系统参数和非线性函数未知的情况。而对传统反步控制器进行仿真的前提是系统参数和非线性参数已知。对于式 (2.4.42) 和式 (2.4.47) 中的传统反步控制器，其参数选取为

$$k_1 = 100, \quad k_2 = 50, \quad k_3 = 60, \quad k_4 = 80, \quad k_5 = 20$$

对比仿真结果如图 2.4.1 ~ 图 2.4.4 所示。图 2.4.1 ~ 图 2.4.4 给出了两种不同控制器下的系统输出响应。在系统参数变化及负载转矩不确定的情况下，本节提出的模糊自适应控制器实现了异步电动机的位置跟踪控制。

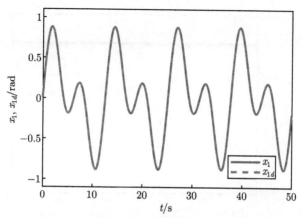

图 2.4.1 模糊自适应控制器的转子角位置 x_1 和期望的位置 x_{1d} 曲线

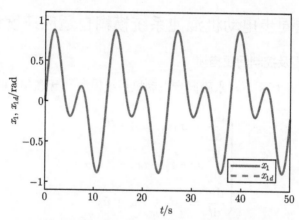

图 2.4.2 传统反步控制器的转子角位置 x_1 和期望的位置 x_{1d} 曲线

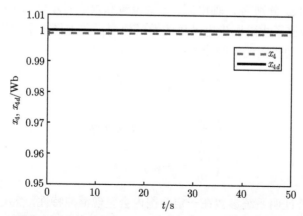

图 2.4.3 模糊自适应控制器的转子磁链信号 x_4 和期望磁链信号 x_{4d} 曲线

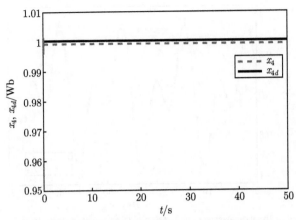

图 2.4.4　传统反步控制器的转子磁链信号 x_4 和期望磁链信号 x_{4d} 曲线

2.5　永磁同步电动机混沌系统模糊自适应速度调节控制

2.5.1　系统模型及控制问题描述

在 d-q 旋转坐标系下，永磁同步电动机系统模型[7](无量纲) 可表示为

$$\begin{cases} \dfrac{\mathrm{d}\omega}{\mathrm{d}t} = \sigma\left(i_q - \omega\right) - \tilde{T}_L \\[2mm] \dfrac{\mathrm{d}i_q}{\mathrm{d}t} = -i_q - i_d\omega + \gamma\omega + \tilde{u}_q \\[2mm] \dfrac{\mathrm{d}i_d}{\mathrm{d}t} = -i_d + i_q\omega + \tilde{u}_d \end{cases} \tag{2.5.1}$$

式中，$\tilde{T}_L$、$\tilde{u}_q$ 和 $\tilde{u}_d$ 分别为永磁同步电动机负载转矩、q 轴定子电压和 d 轴定子电压；i_d、i_q 和 ω 分别为 d 轴电流、q 轴电流和永磁同步电动机的转子角速度。

文献 [8] 研究了永磁同步电动机的数学模型，并推导出了如下适用于混沌分析的永磁同步电动机混沌系统模型：

$$\begin{cases} \dfrac{\mathrm{d}\omega}{\mathrm{d}t} = \sigma\left(i_q - \omega\right) \\[2mm] \dfrac{\mathrm{d}i_q}{\mathrm{d}t} = -i_q - i_d\omega + \gamma\omega \\[2mm] \dfrac{\mathrm{d}i_d}{\mathrm{d}t} = -i_d + i_q\omega \end{cases}$$

该系统已被证明系统参数在一定范围内会呈现混沌特性，当 $\sigma = 5.46$、$\gamma = 20$ 时，系统典型的混沌吸引子如图 2.5.1 所示。

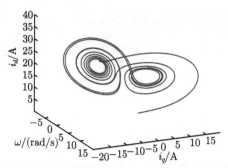

图 2.5.1　永磁同步电动机参数 $\sigma = 5.46$、$\gamma = 20$ 系统典型的混沌吸引子

当永磁同步电动机运行在混沌状态时，其系统状态会出现不规则运动，某些系统状态会出现过大的振荡幅度，导致永磁同步电动机系统的控制性能不稳定、不规则以及电磁噪声过大等问题，直接影响系统的运行质量和可靠性[8,9]。本节为了防止永磁同步电动机系统出现混沌现象，实现对给定速度信号的有效跟踪，引入 u_d 和 u_q 作为系统控制输入。

为了更简便地表示永磁同步电动机模型，定义变量如下：$x_1 = \omega$，$x_2 = i_q$，$x_3 = i_d$，则永磁同步电动机的数学模型可表示为

$$\begin{cases} \dot{x}_1 = \sigma\left(x_2 - x_1\right) \\ \dot{x}_2 = -x_2 - x_1 x_3 + \gamma x_1 \\ \dot{x}_3 = -x_3 + x_1 x_2 + u_d \end{cases} \tag{2.5.2}$$

控制任务　针对永磁同步电动机混沌系统，设计一种模糊自适应速度跟踪控制器，使得：

(1) 所设计的控制器能避免系统出现混沌现象；

(2) 系统输出能很好地跟踪给定的速度信号 x_d。

2.5.2　速度跟踪控制器设计

第 1 步　定义系统误差变量如下：

$$\begin{cases} z_1 = x_1 - x_d \\ z_2 = x_2 - \alpha_1 \\ z_3 = x_3 - \alpha_2 \end{cases} \tag{2.5.3}$$

式中，x_d 为系统期望的速度信号；α_1 和 α_2 为待设计的虚拟控制器。

为确保 x_1 能有效跟踪系统期望的速度信号 x_d，选取如下 Lyapunov 函数：

$$V_1 = \frac{1}{2}z_1^2 \qquad (2.5.4)$$

对 V_1 求导，可得

$$\dot{V}_1 = z_1\sigma(x_2 - x_1) - z_1\dot{x}_d \qquad (2.5.5)$$

将 x_2 视为第一个子系统的控制输入，构造虚拟控制器为

$$\alpha_1(x_1, x_d) = -\bar{k}_1 z_1 + x_1 + \frac{\dot{x}_d}{\sigma} \qquad (2.5.6)$$

由式 (2.5.5) 和式 (2.5.6)，可得

$$\dot{V}_1 = -k_1 z_1^2 + \sigma z_1 z_2$$

式中，$k_1 = \bar{k}_1/\sigma > 0$ 为控制器设计参数。

第 2 步　对 z_2 求导，可得

$$\dot{z}_2 = \dot{x}_2 - \dot{\alpha}_1 = -x_2 - x_1 x_3 + \gamma x_1 - \dot{\alpha}_1 \qquad (2.5.7)$$

选取 Lyapunov 函数 $V_2 = V_1 + \frac{1}{2}z_2^2$ 并对其求导，可得

$$\dot{V}_2 = -k_1 z_1^2 + z_2(\sigma z_1 - x_2 - x_1 x_3 + \gamma x_1 - \dot{\alpha}_1) \qquad (2.5.8)$$

由于工作条件的限制，在永磁同步电动机实际模型中，参数 γ 是未知的，所以不能直接用于控制器。令 $\hat{\gamma}$ 为未知参数 γ 的估计值，则虚拟控制器可设计为

$$\alpha_2(Z_2) = -\frac{1}{x_1}(-k_2 z_2 - \sigma z_1 + x_2 - \hat{\gamma}x_1 + \dot{\alpha}_1) \qquad (2.5.9)$$

式中，$k_2 > 0$ 为设计参数；$Z_2 = [x_1, x_2, x_d, \dot{x}_d, \ddot{x}_d, \hat{\gamma}]^\mathrm{T}$。利用式 (2.5.9)，可得

$$\dot{V}_2 = -k_1 z_1^2 - k_2 z_2^2 - x_1 z_2 z_3 - z_2(\hat{\gamma} - \gamma)x_1 \qquad (2.5.10)$$

第 3 步　对 z_3 求导，可得

$$\dot{z}_3 = -x_3 + x_1 x_2 + u_d - \dot{\alpha}_2$$

选取 Lyapunov 函数 $V_3 = V_2 + \dfrac{1}{2}z_3^2$ 并对其求导，可得

$$\dot{V}_3 = -k_1 z_1^2 - k_2 z_2^2 - z_2(\hat{\gamma} - \gamma)x_1 + z_3\left(f_3(Z_3) + u_d\right) \qquad (2.5.11)$$

式中，

$$\dot{\alpha}_1 = \dot{x}_1 - \dot{x}_d = \sigma\left(x_2 - x_1\right) - \dot{x}_d$$

$$\dot{\alpha}_2 = \sum_{i=1}^{2}\frac{\partial \alpha_2}{\partial x_i}\dot{x}_i + \sum_{i=0}^{2}\frac{\partial \alpha_2}{\partial x_d^{(i)}}x_d^{(i+1)} + \frac{\partial \alpha_2}{\partial \hat{\gamma}}\dot{\hat{\gamma}}$$

$$= \frac{\partial \alpha_2}{\partial x_1}\sigma\left(x_2 - x_1\right) + \frac{\partial \alpha_2}{\partial x_2}\left(-x_2 - x_1 x_3 + \gamma x_1\right) + \sum_{i=0}^{2}\frac{\partial \alpha_2}{\partial x_d^{(i)}}x_d^{(i+1)} + \frac{\partial \alpha_2}{\partial \hat{\gamma}}\dot{\hat{\gamma}}$$

$$f_3(Z_3) = -x_3 + x_1 x_2 - x_1 z_2 - \dot{\alpha}_2, \quad Z_3 = [x_1, x_2, x_3, x_d, \dot{x}_d, \ddot{x}_d, \hat{\gamma}]^{\mathrm{T}}$$

$$\qquad (2.5.12)$$

由万能逼近定理，对于正常数 ε_3，存在模糊逻辑系统 $W_3^{\mathrm{T}}S_3$，使得

$$f_3 = W_3^{\mathrm{T}}S_3 + \delta_3 \qquad (2.5.13)$$

式中，δ_3 为逼近误差且满足 $|\delta_3| \leqslant \varepsilon_3$，从而可得

$$z_3 f_3 \leqslant \frac{1}{2l_3^2}z_3^2\|W_3\|^2 S_3^{\mathrm{T}}S_3 + \frac{1}{2}l_3^2 + \frac{1}{2}z_3^2 + \frac{1}{2}\varepsilon_3^2 \qquad (2.5.14)$$

式中，l_3 是正数。

把式 (2.5.14) 代入式 (2.5.11)，可得

$$\dot{V}_3 \leqslant -k_1 z_1^2 - k_2 z_2^2 - z_2(\hat{\gamma} - \gamma)x_1 + \frac{1}{2l_3^2}z_3^2\|W_3\|^2 S_3^{\mathrm{T}}S_3 + \frac{1}{2}l_3^2 + \frac{1}{2}z_3^2 + \frac{1}{2}\varepsilon_3^2 + z_3 u_d$$

设计控制器 u_d 为

$$u_d = -k_3 z_3 - \frac{1}{2}z_3 - \frac{1}{2l_3^2}z_3\hat{\theta}S_3^{\mathrm{T}}S_3 \qquad (2.5.15)$$

式中，$\hat{\theta}$ 是未知量 θ 的估计值，$\theta = \|W_3\|^2$。

根据式 (2.5.15)，可得

$$\dot{V}_3 \leqslant -\sum_{i=1}^{3}k_i z_i^2 + \frac{1}{2l_3^2}z_3^2\left(\|W_3\|^2 - \hat{\theta}\right)S_3^{\mathrm{T}}S_3 + \frac{1}{2}l_3^2 + \frac{1}{2}\varepsilon_3^2 + z_2(\gamma - \hat{\gamma})x_1 \qquad (2.5.16)$$

定义如下误差变量 $\tilde{\gamma}$ 和 $\tilde{\theta}$:

$$\tilde{\gamma} = \hat{\gamma} - \gamma$$
$$\tilde{\theta} = \hat{\theta} - \theta \qquad\qquad (2.5.17)$$

选取如下 Lyapunov 函数:

$$V = V_3 + \frac{1}{2r_1}\tilde{\gamma}^2 + \frac{1}{2r_2}\tilde{\theta}^2 \qquad\qquad (2.5.18)$$

结合式 (2.5.16) 和式 (2.5.18) 并对 V 求导, 可得

$$\dot{V} \leqslant -\sum_{i=1}^{3} k_i z_i^2 + \frac{1}{2}l_3^2 + \frac{1}{2}\varepsilon_3^2 + \frac{1}{r_1}\tilde{\gamma}\left(-r_1 z_2 x_1 + \dot{\hat{\gamma}}\right)$$
$$+ \frac{1}{r_2}\tilde{\theta}\left(-\frac{1}{2l_3^2}z_3^2 S_3^{\mathrm{T}} S_3 + \dot{\hat{\theta}}\right) \qquad\qquad (2.5.19)$$

式中, $r_i(i = 1, 2)$ 为正常数。

自适应律设计如下:

$$\dot{\hat{\gamma}} = r_1 z_2 x_1 - m_1 \hat{\gamma}$$
$$\dot{\hat{\theta}} = \frac{1}{2l_3^2}z_3^2 S_3^{\mathrm{T}} S_3 - m_2 \hat{\theta} \qquad\qquad (2.5.20)$$

式中, $m_i(i = 1, 2)$ 为正常数。

永磁同步电动机混沌系统的传统反步控制器设计过程如下。

第 1 步　根据给定系统速度参考信号 x_d, 定义系统跟踪误差变量 $z_1 = x_1 - x_d$。由式 (2.5.2) 所示的系统模型可得 $\dot{z}_1 = \sigma(x_2 - x_1) - \dot{x}_d$。选取 Lyapunov 函数 $V_1 = \frac{1}{2}z_1^2$ 并对其求导, 可得

$$\dot{V}_1 = z_1 \dot{z}_1 = z_1 \sigma\left(x_2 - x_1 - \frac{\dot{x}_d}{\sigma}\right) \qquad\qquad (2.5.21)$$

构造虚拟控制器 α_1 为

$$\alpha_1 = -\bar{k}_1 z_1 + x_1 + \frac{\dot{x}_d}{\sigma} \qquad\qquad (2.5.22)$$

式中, $\bar{k}_1$ 是控制器设计参数。

由式 (2.5.21) 和式 (2.5.22), 可得

$$\dot{V}_1 = -k_1 z_1^2 + \sigma z_1 z_2$$

式中，$k_1 = \bar{k}_1\sigma > 0$ 为控制器设计参数；$z_2 = x_2 - \alpha_1$。

第 2 步 对 z_2 求导，可得

$$\dot{z}_2 = \dot{x}_2 - \dot{\alpha}_1 = -x_2 - x_1 x_3 + \gamma x_1 - \dot{\alpha}_1 \qquad (2.5.23)$$

选取 Lyapunov 函数 $V_2 = V_1 + \dfrac{1}{2}z_2^2$ 并对其求导，可得

$$\dot{V}_2 = \dot{V}_1 + z_2\dot{z}_2 = -k_1 z_1^2 + z_2\left(\sigma z_1 - x_2 - x_1 x_3 + \gamma x_1 - \dot{\alpha}_1\right) \qquad (2.5.24)$$

构造虚拟控制器 α_2 为

$$\alpha_2 = -\frac{1}{x_1}\left(-k_2 z_2 - \sigma z_1 + x_2 - \gamma x_1 + \dot{\alpha}_1\right) \qquad (2.5.25)$$

式中，$k_2 > 0$；$\dot{\alpha}_1 = \sigma\left(x_2 - x_1\right) - \dot{x}_d$。

定义 $z_3 = x_3 - \alpha_2$，根据式 (2.5.25) 和式 (2.5.24)，可得

$$\dot{V}_2 = -k_1 z_1^2 - k_2 z_2^2 - x_1 z_2 z_3 \qquad (2.5.26)$$

第 3 步 对 z_3 求导，可得

$$\dot{z}_3 = -x_3 + x_1 x_2 + u_d - \dot{\alpha}_2$$

选取 Lyapunov 函数 $V_3 = V_2 + \dfrac{1}{2}z_3^2$ 并对其求导，可得

$$\dot{V}_3 = -k_1 z_1^2 - k_2 z_2^2 + z_3\left(-x_3 + x_1 x_2 - x_1 z_2 - \dot{\alpha}_2 + u_d\right) \qquad (2.5.27)$$

式中，

$$\dot{\alpha}_2 = \sum_{i=1}^{2}\frac{\partial\alpha_2}{\partial x_i}\dot{x}_i + \sum_{i=0}^{2}\frac{\partial\alpha_2}{\partial x_d^{(i)}}x_d^{(i+1)}$$

$$= \frac{\partial\alpha_2}{\partial x_1}\sigma\left(x_2 - x_1\right) + \frac{\partial\alpha_2}{\partial x_2}\left(-x_2 - x_1 x_3 + \gamma x_1\right) + \sum_{i=0}^{2}\frac{\partial\alpha_2}{\partial x_d^{(i)}}x_d^{(i+1)} \qquad (2.5.28)$$

构造控制器 u_d 如下：

$$u_d = -k_3 z_3 + x_3 - x_1 x_2 + x_1 z_2 + \frac{\partial\alpha_2}{\partial x_1}\sigma\left(x_2 - x_1\right)$$

$$+ \frac{\partial\alpha_2}{\partial x_2}\left(-x_2 - x_1 x_3 + \gamma x_1\right) + \sum_{i=0}^{2}\frac{\partial\alpha_2}{\partial x_d^{(i)}}x_d^{(i+1)} \qquad (2.5.29)$$

式中，$k_3 > 0$。

评注 2.5.1　为了验证采用反步方法构造的模糊自适应控制器相对于传统反步控制器的优势，将式 (2.5.6)、式 (2.5.9) 和式 (2.5.15) 所示的模糊自适应控制器与式 (2.5.22)、式 (2.5.25) 和式 (2.5.29) 所示的传统反步控制器进行比较，很容易看出：传统反步控制器的表达式比模糊自适应控制器的表达式复杂得多，且表达式中项的数量也比模糊自适应控制器多。

评注 2.5.2　在实际运行中，系统参数 σ 和 γ 具有不确定性，因此它们不能用来构造控制器，由于未知参数 σ 对系统最终控制器没有影响，这里只引入 $\hat{\gamma}$ 作为系统参数 γ 的估计值，随后将给出其自适应律。

定理 2.5.1　考虑式 (2.5.2) 所示的系统和参考信号 x_d，在式 (2.5.15) 所示控制器的作用下，能够有效避免系统出现混沌现象，系统的跟踪误差最终收敛到原点的一个充分小的邻域内，同时系统的其他信号保持有界，并且对不确定参数具有鲁棒性。

2.5.3　稳定性分析

将式 (2.5.20) 代入式 (2.5.19)，可得

$$\dot{V} \leqslant -\sum_{i=1}^{3} k_i z_i^2 + \frac{1}{2}l_3^2 + \frac{1}{2}\varepsilon_3^2 - \frac{m_1}{r_1}\tilde{\gamma}\hat{\gamma} - \frac{m_2}{r_2}\tilde{\theta}\hat{\theta} \tag{2.5.30}$$

对于 $-\tilde{\gamma}\hat{\gamma}$，有 $-\tilde{\gamma}\hat{\gamma} = -\tilde{\gamma}(\tilde{\gamma} + \gamma) \leqslant -\frac{1}{2}\tilde{\gamma}^2 + \frac{1}{2}\gamma^2$，同理可得如下不等式：

$$-\tilde{\theta}\hat{\theta} \leqslant -\frac{1}{2}\tilde{\theta}^2 + \frac{1}{2}\theta^2$$

进而有

$$\dot{V} \leqslant -\sum_{i=1}^{3} k_i z_i^2 - \frac{m_1}{2r_1}\tilde{\gamma}^2 - \frac{m_2}{2r_2}\tilde{\theta}^2 + \frac{1}{2}l_3^2 + \frac{1}{2}\varepsilon_3^2 + \frac{m_1}{2r_1}\gamma^2 + \frac{m_2}{2r_2}\theta^2$$

$$\leqslant -a_0 V + b_0 \tag{2.5.31}$$

式中，$a_0 = \min\{2k_1, 2k_2, 2k_3, m_1, m_2\}$；$b_0 = \frac{1}{2}l_3^2 + \frac{1}{2}\varepsilon_3^2 + \frac{m_1}{2r_1}\gamma^2 + \frac{m_2}{2r_2}\theta^2$。

由式 (2.5.31)，可得

$$V(t) \leqslant \left(V(t_0) - \frac{b_0}{a_0}\right)e^{-a_0(t-t_0)} + \frac{b_0}{a_0} \leqslant V(t_0) + \frac{b_0}{a_0}, \quad \forall t \geqslant t_0 \tag{2.5.32}$$

式 (2.5.32) 表明变量 $z_i(i = 1, 2, 3)$、$\tilde{\gamma}$ 和 $\tilde{\theta}$ 属于紧集

$$\Omega = \left\{ \left(z_i, \tilde{\gamma}, \tilde{\theta} \right) \mid V(t) \leqslant V(t_0) + \frac{b_0}{a_0},\ \forall t \geqslant t_0 \right\}$$

且有 $\lim\limits_{t \to \infty} z_1^2 \leqslant 2b_0/a_0$。

2.5.4　仿真验证及结果分析

为验证本节所设计的永磁同步电动机混沌系统模糊自适应控制器的有效性，在 MATLAB 环境下进行仿真分析，给定系统速度参考信号 $x_d = 5\text{rad/s}$。

系统初始条件为 $x_1 = x_2 = x_3 = 3$。选择控制器参数为 $k_1 = 2$，$k_2 = 20$，$k_3 = 15$，$r_1 = r_2 = 15$，$m_1 = m_2 = 0.005$，$l_3 = 0.2$。根据系统速度参考信号 x_d 的取值范围，选择模糊集如下：

$$\mu_{F_i^1} = \exp\left[\frac{-(x+7)^2}{2}\right], \quad \mu_{F_i^2} = \exp\left[\frac{-(x+6)^2}{2}\right], \quad \mu_{F_i^3} = \exp\left[\frac{-(x+5)^2}{2}\right]$$

$$\mu_{F_i^4} = \exp\left[\frac{-(x+4)^2}{2}\right], \quad \mu_{F_i^5} = \exp\left[\frac{-(x+3)^2}{2}\right], \quad \mu_{F_i^6} = \exp\left[\frac{-(x+2)^2}{2}\right]$$

$$\mu_{F_i^7} = \exp\left[\frac{-(x+1)^2}{2}\right], \quad \mu_{F_i^8} = \exp\left[\frac{-(x-0)^2}{2}\right], \quad \mu_{F_i^9} = \exp\left[\frac{-(x-1)^2}{2}\right]$$

$$\mu_{F_i^{10}} = \exp\left[\frac{-(x-2)^2}{2}\right], \quad \mu_{F_i^{11}} = \exp\left[\frac{-(x-3)^2}{2}\right], \quad \mu_{F_i^{12}} = \exp\left[\frac{-(x-4)^2}{2}\right]$$

$$\mu_{F_i^{13}} = \exp\left[\frac{-(x-5)^2}{2}\right], \quad \mu_{F_i^{14}} = \exp\left[\frac{-(x-6)^2}{2}\right], \quad \mu_{F_i^{15}} = \exp\left[\frac{-(x-7)^2}{2}\right]$$

$i = 1, 2, 3$

图 2.5.2 ~ 图 2.5.4 是永磁同步电动机混沌系统在 $u_d = 0$ 条件下的动态特征曲线。从仿真结果可以看出：系统在 $u_d = 0$ 的条件下出现混沌现象，无法跟踪给定速度参考信号 x_d。图 2.5.5 ~ 图 2.5.7 是采用模糊自适应控制器后永磁同步电动机混沌系统的动态特征曲线。为了验证所设计控制器对不确定参数的鲁棒性，图 2.5.8 给出了系统不确定参数 $(\hat{\gamma} - \gamma)$ 的动态误差特征曲线。

从仿真结果可以看出：采用反步方法来构造的模糊自适应控制器能够避免系统出现混沌现象，确保系统能很好地跟踪给定速度参考信号 x_d。

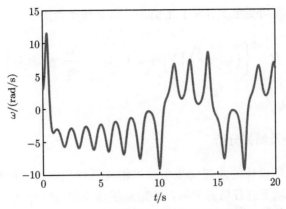

图 2.5.2 $u_d = 0$ 时永磁同步电动机转子角速度 ω 曲线

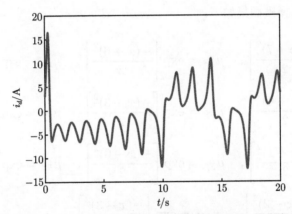

图 2.5.3 $u_d = 0$ 时永磁同步电动机 d 轴电流 i_d 曲线

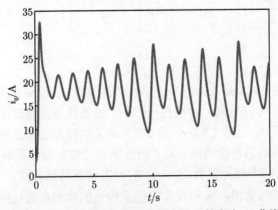

图 2.5.4 $u_d = 0$ 时永磁同步电动机 q 轴电流 i_q 曲线

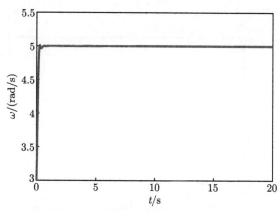

图 2.5.5 采用模糊自适应控制器后永磁同步电动机转子角速度 ω 曲线

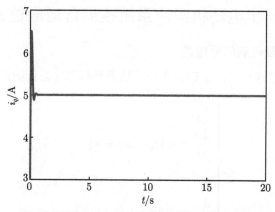

图 2.5.6 采用模糊自适应控制器后永磁同步电动机 q 轴电流 i_q 曲线

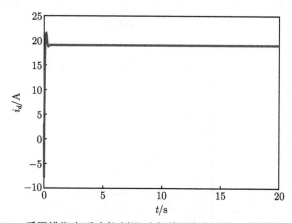

图 2.5.7 采用模糊自适应控制器后永磁同步电动机 d 轴电流 i_d 曲线

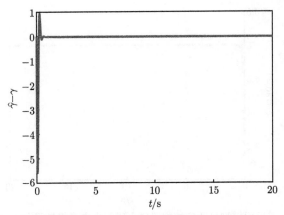

图 2.5.8 采用模糊自适应控制器后永磁同步电动机 $\hat{\gamma} - \gamma$ 曲线

2.6 永磁同步电动机混沌系统模糊自适应位置跟踪控制

2.6.1 系统模型及控制问题描述

在 d-q 旋转坐标系下，永磁同步电动机系统模型 (无量纲)[2,3] 可表示为

$$\begin{cases} \dfrac{\mathrm{d}\Theta}{\mathrm{d}t} = \omega \\ \dfrac{\mathrm{d}\omega}{\mathrm{d}t} = \sigma\left(i_q - \omega\right) - \tilde{T}_L \\ \dfrac{\mathrm{d}i_q}{\mathrm{d}t} = -i_q - i_d\omega + \gamma\omega + \tilde{u}_q \\ \dfrac{\mathrm{d}i_d}{\mathrm{d}t} = -i_d + i_q\omega + \tilde{u}_d \end{cases} \tag{2.6.1}$$

式中，Θ、ω、i_d 和 i_q 为永磁同步电动机转子角位置、转子角速度、d 轴电流和 q 轴电流；$\tilde{T}_L$、$\tilde{u}_d$ 和 $\tilde{u}_q$ 分别为永磁同步电动机负载转矩、d 轴定子电压和 q 轴定子电压。

文献 [9] 研究了永磁同步电动机的数学模型，并推导出了适合于混沌分析的永磁同步电动机混沌系统模型：

$$\begin{cases} \dfrac{\mathrm{d}\Theta}{\mathrm{d}t} = \omega \\ \dfrac{\mathrm{d}\omega}{\mathrm{d}t} = \sigma\left(i_q - \omega\right) \\ \dfrac{\mathrm{d}i_q}{\mathrm{d}t} = -i_q - i_d\omega + \gamma\omega \\ \dfrac{\mathrm{d}i_d}{\mathrm{d}t} = -i_d + i_q\omega \end{cases}$$

该系统已被证明系统参数在一定范围内会呈现混沌特性，当 $\sigma = 5.46$、$\gamma = 20$ 时，系统典型的混沌吸引子如图 2.5.1 所示。

评注 2.6.1 由于系统参数在一定范围内才会呈现混沌特性，假定系统参数 σ 未知且 $\sigma \geqslant 1$，则本节所提出的方法适用于 $\sigma \geqslant 1$ 的情况。

本节为了防止永磁同步电动机系统出现混沌现象，实现对给定位置信号的有效跟踪，引入 u_d 和 u_q 作为系统控制输入。为了便于设计控制器，定义如下变量：$x_1 = \Theta$，$x_2 = \omega$，$x_3 = i_q$，$x_4 = i_d$。那么，永磁同步电动机的数学模型可表示为

$$\begin{cases} \dot{x}_1 = x_2 \\ \dot{x}_2 = \sigma\,(x_3 - x_2) \\ \dot{x}_3 = -x_3 - x_2 x_4 + \gamma x_2 + u_q \\ \dot{x}_4 = -x_4 + x_2 x_3 + u_d \end{cases} \tag{2.6.2}$$

控制任务 针对永磁同步电动机混沌系统，基于模糊自适应反步法构造一种模糊自适应控制器，使得：

(1) 所设计的模糊自适应控制器能避免系统出现混沌现象；

(2) 系统输出能很好地跟踪给定的位置信号 x_d。

2.6.2 位置跟踪控制器设计

为了控制永磁同步电动机系统中的混沌现象，根据反步设计方法，永磁同步电动机的模糊自适应控制器的设计包含 4 步，前 3 步利用 Lyapunov 函数构造出虚拟控制器 $\alpha_i(i = 1, 2)$，最后一步构造出系统的实际控制器。

第 1 步 对于参考信号 x_d，定义跟踪误差 $z_1 = x_1 - x_d$。由式 (2.6.2) 可得 $\dot{z}_1 = x_2 - \dot{x}_d$。选取 Lyapunov 函数 $V_1 = \dfrac{1}{2} z_1^2$ 并对其求导，可得

$$\dot{V}_1 = z_1\,(x_2 - \dot{x}_d) \tag{2.6.3}$$

将 x_2 视为第一个子系统的控制输入，构造虚拟控制器 α_1 为

$$\alpha_1\,(x_1, x_d, \dot{x}_d) = -k_1 z_1 + \dot{x}_d \tag{2.6.4}$$

式中，$k_1 > 0$ 为控制器设计参数。定义 $z_2 = x_2 - \alpha_1$，由式 (2.6.4) 可得

$$\dot{V}_1 = -k_1 z_1^2 + z_1 z_2$$

第 2 步 对 z_2 求导，可得

$$\dot{z}_2 = \dot{x}_2 - \dot{\alpha}_1 = \sigma\,(x_3 - x_2) - \dot{\alpha}_1 \tag{2.6.5}$$

选取 Lyapunov 函数 $V_2 = V_1 + \dfrac{1}{2}z_2^2$ 并对其求导, 可得

$$\dot{V}_2 = -k_1 z_1^2 + (\sigma z_2 x_3 + z_2 f_2) \tag{2.6.6}$$

由万能逼近定理, 对于正常数 $\varepsilon_2 > 0$, 存在模糊逻辑系统 $W_2^{\mathrm{T}} S_2$ 使得

$$f_2 = W_2^{\mathrm{T}} S_2 + \delta_2 \tag{2.6.7}$$

式中, δ_2 为逼近误差且满足 $|\delta_2| \leqslant \varepsilon_2$。

由杨氏不等式可得

$$z_2 f_2 \leqslant \frac{1}{2l_2^2} z_2^2 \|W_2\|^2 S_2^{\mathrm{T}} S_2 + \frac{1}{2}l_2^2 + \frac{1}{2}z_2^2 + \frac{1}{2}\varepsilon_2^2 \tag{2.6.8}$$

构造虚拟控制器 α_2 为

$$\alpha_2\left(x_1, x_2, x_d, \dot{x}_d, \ddot{x}_d\right) = -\left(k_2 + \frac{1}{2}\right) z_2 - \frac{1}{2l_2^2} z_2 \hat{\phi} S_2^{\mathrm{T}} S_2 \tag{2.6.9}$$

式中, $\hat{\phi}$ 是 ϕ 的估计值, $\phi = \max\left\{\|W_2\|^2, \|W_3\|^2, \|W_4\|^2\right\}$, $\|W_3\|^2$、$\|W_4\|^2$ 将在后面介绍。

根据式 (2.6.8) 和式 (2.6.9), 式 (2.6.6) 可变为

$$\dot{V}_2 \leqslant -k_1 z_1^2 - k_2 z_2^2 + \frac{1}{2l_2^2} z_2^2 \left(\|W_2\|^2 - \hat{\phi}\right) S_2^{\mathrm{T}} S_2 + \frac{1}{2}l_2^2 + \frac{1}{2}\varepsilon_2^2 + \sigma z_2 z_3 \tag{2.6.10}$$

式中, $k_2 > 0$ 为控制器设计参数; $z_3 = x_3 - \alpha_2$。

第 3 步　对 z_3 求导, 可得

$$\dot{z}_3 = -x_3 - x_2 x_4 + \gamma x_2 + u_q - \dot{\alpha}_2$$

选取 Lyapunov 函数 $V_3 = V_2 + \dfrac{1}{2}z_3^2$ 并对其求导, 可得

$$\dot{V}_3 \leqslant - k_1 z_1^2 - k_2 z_2^2 + \frac{1}{2l_2^2} z_2^2 \left(\|W_2\|^2 - \hat{\phi}\right) S_2^{\mathrm{T}} S_2$$
$$+ \frac{1}{2}l_2^2 + \frac{1}{2}\varepsilon_2^2 + z_3 \left(f_3(Z_3) + u_q\right) \tag{2.6.11}$$

式中,

$$\dot{\alpha}_2 = \sum_{i=1}^{2} \frac{\partial \alpha_2}{\partial x_i} \dot{x}_i + \sum_{i=0}^{2} \frac{\partial \alpha_2}{\partial x_d^{(i)}} x_d^{(i+1)}$$

$$= \frac{\partial \alpha_2}{\partial x_1} x_2 + \frac{\partial \alpha_2}{\partial x_2} \sigma (x_3 - x_2) + \sum_{i=0}^{2} \frac{\partial \alpha_2}{\partial x_d^{(i)}} x_d^{(i+1)}$$

$$f_3(Z_3) = -x_3 - x_2 x_4 + \gamma x_2 + \sigma z_2 - \dot{\alpha}_2 \qquad (2.6.12)$$

$$Z_3 = [x_1, x_2, x_3, x_4, x_d, \dot{x}_d, \ddot{x}_d]^{\mathrm{T}}$$

由万能逼近定理, 对于任意小的正数 $\varepsilon_3 > 0$, 存在模糊逻辑系统 $W_3^{\mathrm{T}} S_3$ 使得 $f_3 = W_3^{\mathrm{T}} S_3 + \delta_3$, $|\delta_3| \leqslant \varepsilon_3$。由杨氏不等式可得

$$z_3 f_3 \leqslant \frac{1}{2l_3^2} z_3^2 \|W_3\|^2 S_3^{\mathrm{T}} S_3 + \frac{1}{2} l_3^2 + \frac{1}{2} z_3^2 + \frac{1}{2} \varepsilon_3^2 \qquad (2.6.13)$$

将式 (2.6.13) 代入式 (2.6.11), 可得

$$\dot{V}_3 \leqslant -k_1 z_1^2 - k_2 z_2^2 + \frac{1}{2l_2^2} z_2^2 \left(\|W_2\|^2 - \hat{\phi} \right) S_2^{\mathrm{T}} S_2 + \frac{1}{2} z_3^2$$

$$+ \sum_{i=2}^{3} \frac{1}{2} \left(l_i^2 + \varepsilon_i^2 \right) + \frac{1}{2l_3^2} z_3^2 \|W_3\|^2 S_3^{\mathrm{T}} S_3 + z_3 u_q \qquad (2.6.14)$$

设计控制器 u_q 为

$$u_q = -\left(k_3 + \frac{1}{2} \right) z_3 - \frac{1}{2l_3^2} z_3 \hat{\phi} S_3^{\mathrm{T}} S_3 \qquad (2.6.15)$$

进一步由式 (2.6.15), 可得

$$\dot{V}_3 \leqslant -\sum_{i=1}^{3} k_i z_i^2 + \sum_{i=2}^{3} \frac{1}{2} \left(l_i^2 + \varepsilon_i^2 \right) + \sum_{i=2}^{3} \frac{1}{2l_i^2} z_i^2 \left(\|W_i\|^2 - \hat{\phi} \right) S_i^{\mathrm{T}} S_i \qquad (2.6.16)$$

第 4 步 定义 $z_4 = x_4 - x_{4d}$, 选取 Lyapunov 函数 $V_4 = V_3 + \frac{1}{2} z_4^2$ 并对其求导, 可得

$$\dot{V}_4 \leqslant -\sum_{i=1}^{3} k_i z_i^2 + \sum_{i=2}^{3} \frac{1}{2l_i^2} z_i^2 \left(\|W_i\|^2 - \hat{\phi} \right) S_i^{\mathrm{T}} S_i$$

$$+ \sum_{i=2}^{3} \frac{1}{2} \left(l_i^2 + \varepsilon_i^2 \right) + z_4 \left(f_4 + u_d \right) \qquad (2.6.17)$$

式中，$f_4 = -x_4 + x_2 x_3$。

利用万能逼近定理,存在模糊逻辑系统 $W_4^T S_4$ 使得 $f_4 = W_4^T S_4 + \delta_4, |\delta_4| \leqslant \varepsilon_4$, 进而有

$$z_4 f_4 \leqslant \frac{1}{2l_4^2} z_4^2 \|W_4\|^2 S_4^T S_4 + \frac{1}{2} l_4^2 + \frac{1}{2} z_4^2 + \frac{1}{2} \varepsilon_4^2 \tag{2.6.18}$$

综合式 (2.6.17) 和式 (2.6.18)，可得

$$\dot{V}_4 \leqslant - \sum_{i=1}^{3} k_i z_i^2 + \sum_{i=2}^{4} \frac{1}{2} \left(l_i^2 + \varepsilon_i^2 \right) + \frac{1}{2l_4^2} z_4^2 \|W_4\|^2 S_4^T S_4$$

$$+ \sum_{i=2}^{3} \frac{1}{2l_i^2} z_i^2 \left(\|W_i\|^2 - \hat{\phi} \right) S_i^T S_i + \frac{1}{2} z_4^2 + z_4 u_d \tag{2.6.19}$$

设计控制器 u_d 为

$$u_d = - \left(k_4 + \frac{1}{2} \right) z_4 - \frac{1}{2l_4^2} z_4 \hat{\phi} S_4^T S_4 \tag{2.6.20}$$

则式 (2.6.19) 可改写为

$$\dot{V}_4 \leqslant - \sum_{i=1}^{4} k_i z_i^2 + \sum_{i=2}^{4} \frac{1}{2} \left(l_i^2 + \varepsilon_i^2 \right) + \sum_{i=2}^{4} \frac{1}{2l_i^2} z_i^2 (\phi - \hat{\phi}) S_i^T S_i \tag{2.6.21}$$

定义误差变量 $\tilde{\phi}$ 为

$$\tilde{\phi} = \hat{\phi} - \phi \tag{2.6.22}$$

并选取如下 Lyapunov 函数:

$$V = V_4 + \frac{1}{2r_1} \tilde{\phi}^2 \tag{2.6.23}$$

式中，r_1 为正数。

对 V 求导并结合式 (2.6.21) 和式 (2.6.23)，可得

$$\dot{V} \leqslant - \sum_{i=1}^{4} k_i z_i^2 + \sum_{i=2}^{4} \frac{1}{2} (l_i^2 + \varepsilon_i^2) + \frac{1}{r_1} \tilde{\phi} \left(- \sum_{i=2}^{4} \frac{r_1}{2l_i^2} z_i^2 S_i^T S_i + \dot{\hat{\phi}} \right) \tag{2.6.24}$$

自适应律设计如下：

$$\dot{\hat{\phi}} = \sum_{i=2}^{4} \frac{r_1}{2l_i^2} z_i^2 S_i^{\mathrm{T}} S_i - m_1 \hat{\phi} \tag{2.6.25}$$

式中，m_1 和 $l_i(i=2,3,4)$ 均为正常数。

传统反步控制器设计包含 4 步。

第 1 步　根据给定系统参考信号 x_d，定义系统跟踪误差变量 $z_1 = x_1 - x_d$。由式 (2.6.2) 可得 $\dot{z}_1 = x_2 - \dot{x}_d$。

选取 Lyapunov 函数 $V_1 = \frac{1}{2} z_1^2$ 对其求导，可得

$$\dot{V}_1 = z_1 \dot{z}_1 = z_1(x_2 - \dot{x}_d) \tag{2.6.26}$$

构造虚拟控制器 α_1 为

$$\alpha_1 = -k_1 z_1 + \dot{x}_d \tag{2.6.27}$$

式中，$k_1 > 0$ 是控制器设计参数。

定义 $z_2 = x_2 - \alpha_1$，由式 (2.6.26) 和式 (2.6.27)，可得

$$\dot{V}_1 = -k_1 z_1^2 + z_1 z_2$$

第 2 步　对 z_2 求导，可得

$$\dot{z}_2 = \dot{x}_2 - \dot{\alpha}_1 = \sigma(x_3 - x_2) - \dot{\alpha}_1 \tag{2.6.28}$$

选取 Lyapunov 函数 $V_2 = V_1 + \frac{1}{2} z_2^2$ 并对其求导，可得

$$\dot{V}_2 = -k_1 z_1^2 + z_2(z_1 + \sigma(x_3 - x_2) - \dot{\alpha}_1) \tag{2.6.29}$$

构造虚拟控制器 α_2 为

$$\alpha_2 = \frac{1}{\sigma}(-k_2 z_2 - z_1 + \sigma x_2 + \dot{\alpha}_1) \tag{2.6.30}$$

式中，$k_2 > 0$；$\dot{\alpha}_1 = -k_1(\dot{x}_1 - \dot{x}_d) - \ddot{x}_d$。

定义 $z_3 = x_3 - \alpha_2$，可将式 (2.6.29) 改写为

$$\dot{V}_2 = -k_1 z_1^2 - k_2 z_2^2 + z_2 \sigma z_3 \tag{2.6.31}$$

第 3 步　对 z_3 求导，可得 $\dot{z}_3 = -x_3 - x_2 x_4 + \gamma x_2 + u_q - \dot{\alpha}_2$。选取 Lyapunov 函数 $V_3 = V_2 + \dfrac{1}{2} z_3^2$ 并对其求得，可得

$$\dot{V}_3 = \dot{V}_2 + z_3 \left(-x_3 - x_2 x_4 + \gamma x_2 + u_q - \dot{\alpha}_2 \right) \tag{2.6.32}$$

式中，

$$\begin{aligned}
\dot{\alpha}_2 &= \sum_{i=1}^{2} \frac{\partial \alpha_2}{\partial x_i} \dot{x}_i + \sum_{i=0}^{2} \frac{\partial \alpha_2}{\partial x_d^{(i)}} x_d^{(i+1)} \\
&= \frac{\partial \alpha_2}{\partial x_1} x_2 + \frac{\partial \alpha_2}{\partial x_2} \sigma \left(x_3 - x_2 \right) + \sum_{i=0}^{2} \frac{\partial \alpha_2}{\partial x_d^{(i)}} x_d^{(i+1)}
\end{aligned} \tag{2.6.33}$$

取系统控制器 u_q 为

$$u_q = -k_3 z_3 + x_3 + x_2 x_4 - \gamma x_2 + \frac{\partial \alpha_2}{\partial x_1} x_2 + \frac{\partial \alpha_2}{\partial x_2} \sigma \left(x_3 - x_2 \right) + \sum_{i=0}^{2} \frac{\partial \alpha_2}{\partial x_d^{(i)}} x_d^{(i+1)} \tag{2.6.34}$$

式中，$k_3 > 0$。

综合式 (2.6.32) $\sim$ 式 (2.6.34)，可得

$$\dot{V}_3 \leqslant -\sum_{i=1}^{3} k_i z_i^2 \tag{2.6.35}$$

第 4 步　定义 $z_4 = x_4$，选取 Lyapunov 函数 $V_4 = V_3 + \dfrac{1}{2} z_4^2$ 并对其求导，可得

$$\dot{V}_4 \leqslant -\sum_{i=1}^{3} k_i z_i^2 + z_4 \left(-x_4 + x_2 x_3 + u_d \right) \tag{2.6.36}$$

取系统控制器 u_d 为

$$u_d = -k_4 z_4 + x_4 - x_2 x_3 \tag{2.6.37}$$

式中，$k_4 > 0$。

评注 2.6.2　本书利用模糊逻辑结构系统来逼近包含 σ 和 γ 的未知非线性函数，由式 (2.6.15)、式 (2.6.20)、式 (2.6.34) 和式 (2.6.37) 可以看出，本节所设计的式 (2.6.15) 和式 (2.6.20) 所示的控制器更为简单。

定理 2.6.1　考虑式 (2.6.2) 所示的系统和参考信号 x_d，在式 (2.6.15) 和式 (2.6.20) 所示控制器及式 (2.6.25) 所示自适应律的作用下，能够有效避免系统出现混沌现象，系统的跟踪误差最终收敛到原点的一个充分小的邻域内，同时系统的其他信号保持有界，并且对不确定参数具有鲁棒性。

2.6.3　稳定性分析

将式 (2.6.25) 代入式 (2.6.24)，可得

$$\dot{V} \leqslant -\sum_{i=1}^{4} k_i z_i^2 + \sum_{i=2}^{4} \frac{1}{2}\left(l_i^2 + \varepsilon_i^2\right) - \frac{m_1}{r_1}\tilde{\phi}\hat{\phi} \tag{2.6.38}$$

对于 $-\tilde{\phi}\hat{\phi}$，由杨氏不等式得 $-\tilde{\phi}\hat{\phi} = -\tilde{\phi}(\tilde{\phi} + \phi) \leqslant -\frac{1}{2}\tilde{\phi}^2 + \frac{1}{2}\phi^2$，进而有

$$\dot{V} \leqslant -\sum_{i=1}^{4} k_i z_i^2 - \frac{m_1}{2r_1}\tilde{\phi}^2 + \sum_{i=2}^{4} \frac{1}{2}\left(l_i^2 + \varepsilon_i^2\right) + \frac{m_1}{2r_1}\phi^2$$

$$\leqslant -a_0 V + b_0 \tag{2.6.39}$$

式中，$a_0 = \min\{2k_1, 2k_2, 2k_3, 2k_4, m_1\}$；$b_0 = \sum_{i=2}^{4} \frac{1}{2}\left(l_i^2 + \varepsilon_i^2\right) + \frac{m_1}{2r_1}\phi^2$。

由式 (2.6.39) 可得

$$V(t) \leqslant \left(V(t_0) - \frac{b_0}{a_0}\right)\mathrm{e}^{-a_0(t-t_0)} + \frac{b_0}{a_0} \leqslant V(t_0) + \frac{b_0}{a_0}, \quad \forall t \geqslant t_0 \tag{2.6.40}$$

根据式 (2.6.40)，变量 $z_i(i=1,2,3,4)$ 和 $\tilde{\phi}$ 属于以下紧集：

$$\Omega = \left\{\left(z_i, \tilde{\phi}\right) \mid V(t) \leqslant V(t_0) + \frac{b_0}{a_0}, \ \forall t \geqslant t_0\right\}$$

并且有

$$\lim_{t\to\infty} z_1^2 \leqslant \frac{2b_0}{a_0} \tag{2.6.41}$$

由上述分析得到以下结论：从 a_0 和 b_0 的定义可知，在给定参数 k_i 和 m_i 后，通过选择充分大的 r_i 和充分小的 l_i、ε_i，永磁同步电动机混沌系统在控制器的作用下，系统的跟踪误差能够收敛到原点的一个充分小的邻域内，同时其他信号保持有界。

2.6.4 仿真验证及结果分析

为验证所提出的永磁同步电动机模糊自适应控制器的有效性，在 MATLAB 环境下进行仿真分析，系统初始条件为 $u_d = u_q = 0.01, i_q = i_d = 0.01$。同时，为了验证模糊自适应控制器对系统参数的鲁棒性，系统的参数 σ、γ 选择为 $\sigma = 5.46$，$\gamma = 20$，给定系统的位置参考信号为 $x_d = 0.5\sin(t) + 0.5\sin(0.5t)(\text{rad})$，所选取的控制器参数为

$$k_1 = k_2 = k_3 = k_4 = 16, \quad r_1 = 5, \quad m_1 = 0.05, \quad l_2 = l_3 = l_4 = 1$$

选择模糊集如下：

$$\mu_{F_i^1} = \exp\left[\frac{-(x+7)^2}{2}\right], \quad \mu_{F_i^2} = \exp\left[\frac{-(x+6)^2}{2}\right], \quad \mu_{F_i^3} = \exp\left[\frac{-(x+5)^2}{2}\right]$$

$$\mu_{F_i^4} = \exp\left[\frac{-(x+4)^2}{2}\right], \quad \mu_{F_i^5} = \exp\left[\frac{-(x+3)^2}{2}\right], \quad \mu_{F_i^6} = \exp\left[\frac{-(x+2)^2}{2}\right]$$

$$\mu_{F_i^7} = \exp\left[\frac{-(x+1)^2}{2}\right], \quad \mu_{F_i^8} = \exp\left[\frac{-(x-0)^2}{2}\right], \quad \mu_{F_i^9} = \exp\left[\frac{-(x-1)^2}{2}\right]$$

$$\mu_{F_i^{10}} = \exp\left[\frac{-(x-2)^2}{2}\right], \quad \mu_{F_i^{11}} = \exp\left[\frac{-(x-3)^2}{2}\right], \quad i = 1, 2, 3, 4$$

图 2.6.1 ~ 图 2.6.3 是永磁同步电动机混沌系统在 $u_d = u_q = 0$ 时的动态特征曲线。从仿真结果可以看出，系统在 $u_d = u_q = 0$ 的条件下出现混沌现象，不能对给定位置信号 x_d 实现有效跟踪。图 2.6.4 ~ 图 2.6.6 是采用模糊自适应控制器后永磁同步电动机混沌系统的动态特征曲线。

从仿真结果可以看出，基于反步方法构造的模糊自适应控制器能够避免系统出现混沌现象，确保系统能很好地跟踪给定位置信号 x_d。

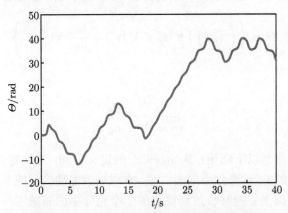

图 2.6.1　$u_d = u_q = 0$ 时位置信号 Θ 曲线

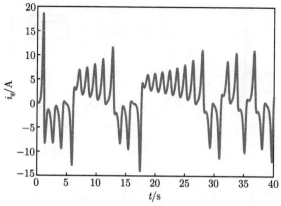

图 2.6.2 $u_d = u_q = 0$ 时 q 轴电流 i_q 曲线

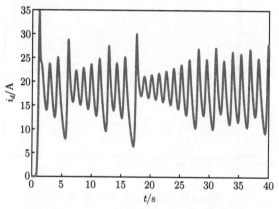

图 2.6.3 $u_d = u_q = 0$ 时 d 轴电流 i_d 曲线

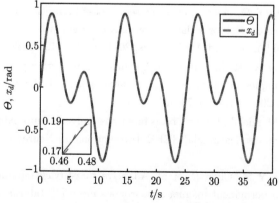

图 2.6.4 给定位置信号 x_d 和位置信号 Θ 曲线

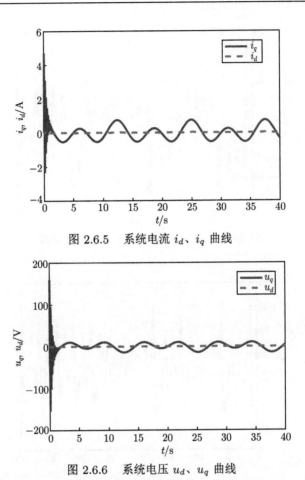

图 2.6.5   系统电流 i_d、i_q 曲线

图 2.6.6   系统电压 u_d、u_q 曲线

参 考 文 献

[1] Tong S C, Li Y M, Feng G, et al. Observer-based adaptive fuzzy backstepping dynamic surface control for a class of non-linear systems with unknown time delays[J]. IET Control Theory and Applications, 2011, 5(12): 1426-1438.

[2] Yang J, Chen W H, Li S H, et al. Disturbance/uncertainty estimation and attenuation techniques in PMSM drives—A survey[J]. IEEE Transactions on Industrial Electronics, 2017, 64(4): 3273-3285.

[3] Wang L X, Mendel J M. Fuzzy basis functions, universal approximation, and orthogonal least-squares learning[J]. IEEE Transactions on Neural Networks, 1992, 3(5): 807-814.

[4] Yu J P, Ma Y M, Chen B, et al. Adaptive fuzzy backstepping position tracking control for a permanent magnet synchronous motor[J]. International Journal of Innovative Computing Information and Control, 2011, 7(4): 1589-1601.

[5] 于金鹏, 陈兵, 于海生, 等. 基于自适应模糊反步法的永磁同步电机位置跟踪控制[J]. 控制与决策, 2010, 25(10): 1547-1551.

[6] Zhao Z H, Yu J P, Zhao L, et al. Adaptive fuzzy control for induction motors stochastic nonlinear systems with input saturation based on command filtering[J]. Information Sciences, 2018, 463: 186-195.

[7] 张波，李忠，毛宗源. 永磁同步电动机的混沌模型及其模糊建模[J]. 控制理论与应用, 2002, 19(6): 841-844.

[8] Li Z, Park J B, Joo Y H, et al. Bifurcations and chaos in a permanent-magnet synchronous motor[J]. IEEE Transactions on Circuits and Systems I: Fundamental Theory and Applications, 2002, 49(3): 383-387.

[9] Yu Y, Guo X D, Mi Z Q. Adaptive robust backstepping control of permanent magnet synchronous motor chaotic system with fully unknown parameters and external disturbances[J]. Mathematical Problems in Engineering, 2016(1): 690240.

第 3 章　交流电动机的智能指令滤波反步控制

本章分别以永磁同步电动机和考虑铁损的异步电动机为研究对象，在反步控制方法的基础上设计神经网络自适应动态面控制方案和神经网络自适应指令滤波控制方案。

3.1　永磁同步电动机指令滤波离散控制

3.1.1　系统模型及控制问题描述

在 d-q 旋转坐标系下，永磁同步电动机的离散速度模型可以表示为

$$
\begin{cases}
\omega(k+1) = \left(1 - \Delta_t \dfrac{B}{J}\right)\omega(k) + \Delta_t \dfrac{3n_p(L_d - L_q)}{2J} i_d(k) i_q(k) \\
\qquad\quad + \Delta_t \dfrac{3n_p \Phi}{2J} i_q(k) - \Delta_t \dfrac{1}{J} T_L \\
i_q(k+1) = \left(1 - \Delta_t \dfrac{R_s}{L_q}\right) i_q(k) - \Delta_t \dfrac{n_p \Phi}{L_q}\omega(k) - \Delta_t \dfrac{n_p L_d}{L_q}\omega(k) i_d(k) \qquad (3.1.1) \\
\qquad\quad + \Delta_t \dfrac{1}{L_q} u_q(k) \\
i_d(k+1) = \left(1 - \Delta_t \dfrac{R_s}{L_d}\right) i_d(k) + \Delta_t \dfrac{n_p L_q}{L_d}\omega(k) i_q(k) + \Delta_t \dfrac{1}{L_d} u_d(k)
\end{cases}
$$

式中，ω 为永磁同步电动机的转子角速度；B 为摩擦系数；T_L 为负载转矩；J 为转动惯量；n_p 为极对数；Φ 和 R_s 分别为永磁体产生的磁链和定子等效电阻；i_d 和 i_q 为 d 轴电流、q 轴电流；u_d 和 u_q 为 d 轴电压、q 轴电压；L_d 和 L_q 为定子侧电感；Δ_t 为系统的采样时间。为简化控制器设计，定义变量为

$$
x_1(k) = \omega(k), \quad x_2(k) = i_q(k), \quad x_3(k) = i_d(k)
$$

$$
r_1 = \frac{3n_p \Phi}{2J}, \quad r_2 = -\frac{B}{J}, \quad r_3 = \frac{3n_p(L_d - L_q)}{2J}, \quad r_4 = -\frac{1}{J}
$$

$$
a_1 = -\frac{R_s}{L_q}, \quad a_2 = -\frac{n_p \Phi}{L_q}, \quad a_3 = -\frac{n_p L_d}{L_q}, \quad a_4 = \frac{1}{L_q}
$$

$$
b_1 = -\frac{R_s}{L_d}, \quad b_2 = \frac{n_p L_q}{L_d}, \quad b_3 = \frac{1}{L_d}
$$

电动机离散速度模型简化后可得

$$
\begin{cases}
x_1(k+1) = (1 + r_2\Delta_t)\,x_1(k) + r_1\Delta_t x_2(k) + r_3\Delta_t x_2(k)\,x_3(k) + r_4\Delta_t T_L \\
x_2(k+1) = (1 + a_1\Delta_t)\,x_2(k) + a_2\Delta_t x_1(k) + a_3\Delta_t x_1(k)\,x_3(k) + a_4\Delta_t u_q(k) \\
x_3(k+1) = (1 + b_1\Delta_t)\,x_3(k) + b_2\Delta_t x_1(k)\,x_2(k) + b_3\Delta_t u_d(k)
\end{cases}
$$

$$(3.1.2)$$

控制任务　针对永磁同步电动机离散系统，基于神经网络自适应反步控制方法构造神经网络控制器，使得：

(1) 永磁同步电动机转子角位置能够跟踪给定的参考信号，跟踪误差收敛到原点的一个充分小的邻域内；

(2) 闭环系统的所有信号半全局一致最终有界。

3.1.2　神经网络自适应指令滤波反步递推控制设计

结合反步法和自适应神经网络技术以及指令滤波器进行控制设计，控制框图如图 3.1.1 所示。图中，除上文中定义的变量外，Θ 表示永磁同步电动机的转子角位置，Θ^* 为期望的转子位置，ω_r 是经求导运算后得到的转子角速度，u_α^* 和 u_β^* 为经过逆 Park 变换后静止坐标系下的电压，i_a、i_b 和 i_c 为 Clark 变换前自然坐标系下对称的三相正弦波电流。

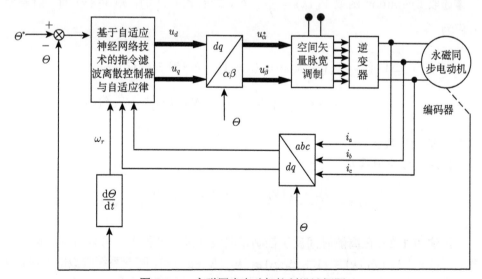

图 3.1.1　永磁同步电动机控制设计框图

定义系统误差为

$$\begin{cases} e_1\left(k\right) = x_1\left(k\right) - x_{1d}\left(k\right) \\ e_2\left(k\right) = x_2\left(k\right) - \alpha_1\left(k\right) \\ e_3\left(k\right) = x_3\left(k\right) \end{cases} \tag{3.1.3}$$

式中，$x_{1d}\left(k\right)$ 为给定跟踪速度；$\alpha_1\left(k\right)$ 为虚拟控制器。

定义指令滤波器如下：

$$\hat{e}_1\left(k+1\right) = \hat{e}_1\left(k\right) - \omega_c\left(\hat{e}_1\left(k\right) - e_1\left(k\right)\right) \tag{3.1.4}$$

式中，系统误差 $e_1\left(k\right)$ 为滤波器输入；$\hat{e}_1\left(k\right)$ 为滤波器输出；ω_c 为滤波参数。

第 1 步　根据式 (3.1.4)，定义误差为 $\varepsilon_1\left(k\right) = e_1\left(k+1\right) - \hat{e}_1\left(k+1\right) + \hat{e}_1\left(k\right) - e_1\left(k\right)$。

由误差 $\varepsilon_1(k)$ 和式 (3.1.3) 的第 1 个子系统可得

$$e_1\left(k+1\right) = x_1\left(k+1\right) - x_{1d}\left(k+1\right)$$
$$= \varepsilon_1\left(k\right) + \hat{e}_1\left(k+1\right) - \hat{e}_1\left(k\right) + e_1\left(k\right) \tag{3.1.5}$$

评注 3.1.1　定义指令滤波器的滤波误差，利用指令滤波器逼近非线性函数 $e_1\left(k+1\right) = x_1\left(k+1\right) - x_{1d}\left(k+1\right)$，降低控制器的设计复杂度。

选取 Lyapunov 函数 $V_1\left(k\right) = \dfrac{1}{2}e_1^2\left(k\right)$，结合式 (3.1.5)，则 $V_1\left(k\right)$ 的一阶差分方程为

$$\Delta V_1\left(k\right) = \frac{1}{2}\big(\varepsilon_1\left(k\right) + \hat{e}_1\left(k+1\right) - \hat{e}_1\left(k\right) + e_1\left(k\right)$$
$$+ Ne_2\left(k\right) + N\alpha_1\left(k\right) - Nx_2\left(k\right)\big)^2 - \frac{1}{2}e_1^2\left(k\right) \tag{3.1.6}$$

式中，N 为正数。

构造虚拟控制器为

$$\alpha_1\left(k\right) = \frac{\Delta_t\omega_c\hat{e}_1\left(k\right) - \left(1 + \Delta_t\omega_c\right)e_1\left(k\right)}{N} + x_2\left(k\right) \tag{3.1.7}$$

评注 3.1.2　在离散时间反步控制策略设计推导过程中，可以得到虚拟控制器 $\alpha_1\left(k\right) = \left[\Delta_t\omega_c\hat{e}_1\left(k\right) - \left(1 + \Delta_t\omega_c\right)e_1\left(k\right)\right]/N + x_2\left(k\right)$。随着系统阶数的升高，设计的虚拟控制器将会包含更多未来时刻变量的信息，产生因果矛盾问题。当采用

式 (3.1.4) 所示的指令滤波器时，通过指令滤波器可以避免未来时刻 $\alpha_1(k+1)$ 等变量的信息，避免了因果矛盾问题的产生。

由式 (3.1.6) 和式 (3.1.7)，可得

$$
\begin{aligned}
\Delta V_1(k) &= \frac{1}{2}(\varepsilon_1(k) + Ne_2(k))^2 - \frac{1}{2}e_1^2(k) \\
&\leqslant \varepsilon_1^2(k) + N^2 e_2^2(k) - \frac{1}{2}e_1^2(k)
\end{aligned}
\tag{3.1.8}
$$

第 2 步　由式 (3.1.3) 的第 2 个子系统可得

$$
e_2(k+1) = f_2(k) + a_4 \Delta_t u_q(k)
$$

式中，

$$
f_2(k) = (1 + a_1\Delta_t)x_2(k) + a_2\Delta_t x_1(k) + a_3\Delta_t x_1(k) x_3(k) - \alpha_1(k+1)
$$

选取 Lyapunov 函数 $V_2(k) = V_1(k) + \dfrac{1}{2}e_2^2(k)$，则 $V_2(k)$ 的一阶差分方程为

$$
\Delta V_2(k) = \frac{1}{2}(f_2(k) + a_4\Delta_t u_q(k))^2 - \frac{1}{2}e_2^2(k) + \Delta V_1(k)
\tag{3.1.9}
$$

由径向基函数 (radial basis function, RBF) 神经网络逼近定理，对于任意值 $d_2 > 0$，设计 RBF 神经网络 $W_2^{\mathrm{T}} S_2(Z_2(k))$。令函数 $f_2(k) = W_2^{\mathrm{T}} S_2(Z_2(k)) + \tau_2$，$Z_2(k) = [x_1(k), x_2(k), x_3(k)]^{\mathrm{T}}$，$\tau_2$ 为逼近误差且满足 $|\tau_2| \leqslant d_2$。

选择控制器和自适应律分别为

$$
u_q(k) = -\frac{1}{a_4\Delta_t}\hat{\eta}_2(k)\,\|S_2(Z_2(k))\|
\tag{3.1.10}
$$

$$
\hat{\eta}_2(k+1) = \hat{\eta}_2(k) + \gamma_2\,\|S_2(Z_2(k))\|\,e_2(k+1) - \delta_2\hat{\eta}_2(k)
\tag{3.1.11}
$$

式中，γ_2 和 δ_2 为有界的正常数；定义 $\|W_2^{\mathrm{T}}\| = \eta_2$，$\hat{\eta}_2(k)$ 为 η_2 的估计值，$\tilde{\eta}_2(k) = \eta_2 - \hat{\eta}_2(k)$ 为估计误差。

将式 (3.1.10) 代入式 (3.1.9)，由杨氏不等式可得

$$
\Delta V_2(k) \leqslant \tilde{\eta}_2^2(k)\,\|S_2(Z_2(k))\|^2 + d_2^2 - \frac{1}{2}e_2^2(k) + \Delta V_1(k)
\tag{3.1.12}
$$

第 3 步　由式 (3.1.3) 中的第 3 个子系统可得

$$
e_3(k+1) = f_3(k) + b_3\Delta_t u_d(k)
$$

式中，

$$f_3(k) = (1 + b_1\Delta_t)x_3(k) + b_2\Delta_t x_1(k)x_2(k)$$

选取 Lyapunov 函数 $V_3(k) = V_2(k) + \dfrac{A}{2}e_3^2(k)$，$A > 0$，则 $V_3(k)$ 的一阶差分方程为

$$\Delta V_3(k) = \frac{A}{2}(f_3(k) + b_3\Delta_t u_d(k))^2 - \frac{A}{2}e_3^2(k) + \Delta V_2(k) \tag{3.1.13}$$

由 RBF 神经网络逼近定理，对于任意 $d_3 > 0$，设计 RBF 神经网络 $W_3^{\mathrm{T}}S_3(Z_3(k))$。令函数 $f_3(k) = W_3^{\mathrm{T}}S_3(Z_3(k)) + \tau_3$，$Z_3(k) = [x_1(k), x_2(k), x_3(k)]^{\mathrm{T}}$，$\tau_3$ 为逼近误差且满足 $|\tau_3| \leqslant d_3$。

选择控制器和自适应律分别为

$$u_d(k) = -\frac{1}{b_3\Delta_t}\hat{\eta}_3(k)\|S_3(Z_3(k))\| \tag{3.1.14}$$

$$\hat{\eta}_3(k+1) = \hat{\eta}_3(k) + \gamma_3\|S_3(Z_3(k))\|e_3(k+1) - \delta_3\hat{\eta}_3(k) \tag{3.1.15}$$

式中，γ_3 和 δ_3 为有界的正常数；定义 $\|W_3^{\mathrm{T}}\| = \eta_3$，$\hat{\eta}_3(k)$ 为 η_3 的估计值，$\tilde{\eta}_3(k) = \eta_3 - \hat{\eta}_3(k)$ 为估计误差。

将式 (3.1.14) 代入式 (3.1.13)，由杨氏不等式可得

$$\Delta V_3(k) \leqslant A\tilde{\eta}_3^2(k)\|S_3(Z_3(k))\|^2 + Ad_3^2 - \frac{A}{2}e_3^2(k) + \Delta V_2(k) \tag{3.1.16}$$

3.1.3　稳定性分析

定义 $C(k) = \hat{e}_1(k) - e_1(k)$，则 $\varepsilon_1(k) = C(k) - C(k-1)$。

选取 Lyapunov 函数如下：

$$V(k) = V_3(k) + \frac{1}{2\gamma_2}\tilde{\eta}_2^2(k) + \frac{1}{2\gamma_3}\tilde{\eta}_3^2(k) + \frac{1}{2}C^2(k) \tag{3.1.17}$$

则 $V(k)$ 的一阶差分方程为

$$\Delta V(k) = \Delta V_3(k) + \frac{1}{2\gamma_2}\left(\tilde{\eta}_2^2(k+1) - \tilde{\eta}_2^2(k)\right)$$

$$+ \frac{1}{2\gamma_3}\left(\tilde{\eta}_3^2(k+1) - \tilde{\eta}_3^2(k)\right) + \frac{1}{2}\left(C^2(k+1) - C^2(k)\right) \tag{3.1.18}$$

根据 $\tilde{\eta}_i(k+1) = \eta_i - \hat{\eta}_i(k+1)\,(i=2,3)$，以及式 (3.1.12) 和式 (3.1.16) 可得

$$
\begin{aligned}
\tilde{\eta}_i^2(k+1) - \tilde{\eta}_i^2(k) = {} & \eta_i^2 - \tilde{\eta}_i^2(k) + (1-\delta_i)^2\hat{\eta}_i^2(k) \\
& - 2(1-\delta_i)\eta_i\hat{\eta}_i(k) + 2(1-\delta_i)\gamma_i\|S_i(Z_i(k))\|\,e_i(k+1)\hat{\eta}_i(k) \\
& - 2\gamma_i\|S_i(Z_i(k))\|\,e_i(k+1)\eta_i + \gamma_i^2\|S_i(Z_i(k))\|^2 e_i^2(k+1)
\end{aligned}
\tag{3.1.19}
$$

由杨氏不等式和 $\|S_i(Z_i(k))\|^2 \leqslant l_i$ 可得

$$
\begin{cases}
2\gamma_i\|S_i(Z_i(k))\|\,e_i(k+1)\hat{\eta}_i(k) \leqslant \gamma_i^2 e_i^2(k+1)l_i + \hat{\eta}_i^2(k) \\
- 2\gamma_i\|S_i(Z_i(k))\|\,e_i(k+1)\eta_i \leqslant e_i^2(k+1)l_i + \eta_i^2 \\
\gamma_i^2\|S_i(Z_i(k))\|^2 e_i^2(k+1) \leqslant \gamma_i^2 e_i^2(k+1)l_i \\
- 2\eta_i\hat{\eta}(k) \leqslant \hat{\eta}_i^2(k) + \eta_i^2
\end{cases}
\tag{3.1.20}
$$

将式 (3.1.20) 代入式 (3.1.19)，可得

$$
\begin{aligned}
\tilde{\eta}_2^2(k+1) - \tilde{\eta}_2^2(k) \leqslant {} & (\delta_2^2 - 4\delta_2 + 3)\hat{\eta}_2^2(k) + (\gamma_2 - \delta_2 + 2)\eta_2^2 \\
& + (4\gamma_2^2 l_2^2 - 2\gamma_2^2\delta_2 l_2^2 + 2\gamma_2 l_2^2 - 1)\tilde{\eta}_2^2(k) \\
& + (4\gamma_2^2 l_2 - 2\gamma_2^2\delta_2 l_2 + 2\gamma_2 l_2)d_2^2
\end{aligned}
\tag{3.1.21}
$$

$$
\begin{aligned}
\tilde{\eta}_3^2(k+1) - \tilde{\eta}_3^2(k) \leqslant {} & (\delta_3^2 - 4\delta_3 + 3)\hat{\eta}_3^2(k) + (\gamma_3 - \delta_3 + 2)\eta_3^2 \\
& + (4\gamma_3^2 l_3^2 - 2\gamma_3^2\delta_3 l_3^2 + 2\gamma_3 l_3^2 - 1)\tilde{\eta}_3^2(k) \\
& + (4\gamma_3^2 l_3 - 2\gamma_3^2\delta_3 l_3 + 2\gamma_3 l_3)d_3^2
\end{aligned}
\tag{3.1.22}
$$

定义 $\lambda(k) = e_1(k) - e_1(k+1)$，由式 (3.1.4) 可得 $C(k+1) = (1-\Delta_t\omega_c)C(k) + \lambda(k)$，进而可得

$$
C^2(k+1) - C^2(k) = (1 - 3\Delta_t\omega_c + \Delta_t^2\omega_c^2)C^2(k) + (2 - \Delta_t\omega_c)\lambda^2(k)
\tag{3.1.23}
$$

选择合适的参数，使 $2 - \Delta_t\omega_c < 0, 1 - 3\Delta_t\omega_c + \Delta_t^2\omega_c^2 < 0$，则由式 (3.1.23) 可知，对于任意 $\xi > 0$，$\lim\limits_{k\to\infty}|\varepsilon_1(k)| \leqslant \xi$。将式 (3.1.21)、式 (3.1.22)、式 (3.1.23) 代入式 (3.1.18)，可得

$$
\Delta V(k) \leqslant -\frac{A}{2}e_3^2(k) - \left(\frac{1}{2} - N^2\right)e_2^2(k) - \frac{1}{2}e_1^2(k) + \frac{1}{2\gamma_2}\left[(\delta_2^2 - 4\delta_2 + 3)\hat{\eta}_2^2(k)\right.
$$

$$+ \beta_2 + \kappa_2 \tilde{\eta}_2^2 (k)] + \frac{A}{2\gamma_3} \left[(\delta_3^2 - 4\delta_3 + 3) \hat{\eta}_3^2 (k) + \beta_3 + \kappa_3 \tilde{\eta}_3^2 (k) \right]$$

$$+ \frac{1}{2} \left[(1 - 3\Delta_t \omega_c + \Delta_t^2 \omega_c^2) C^2 (k) + (2 - \Delta_t \omega_c) \lambda^2 (k) \right]$$

$$+ [C (k) - C (k+1)]^2 \tag{3.1.24}$$

式中,

$$\kappa_2 = 4\gamma_2^2 l_2^2 - 2\gamma_2^2 \delta_2 l_2^2 + 2\gamma_2 l_2^2 + 2\gamma_2 l_2 - 1$$

$$\kappa_3 = 4\gamma_3^2 l_3^2 - 2\gamma_3^2 \delta_3 l_3^2 + 2\gamma_3 l_3^2 + 2\gamma_3 l_3 - 1$$

$$\beta_2 = (\gamma_2 - \delta_2 + 2) \eta_2^2 + (4\gamma_2^2 l_2 - 2\gamma_2^2 \delta_2 l_2 + 2\gamma_2 l_2 + 2\gamma_2) d_2^2$$

$$\beta_3 = (\gamma_3 - \delta_3 + 2) \eta_3^2 + (4\gamma_3^2 l_3 - 2\gamma_3^2 \delta_3 l_3 + 2\gamma_3 l_3 + 2\gamma_3) d_3^2$$

选择合适的设计参数 Δ_t、ω_c、A、N、γ_2、γ_3、δ_2、δ_3,可得

$$\frac{1}{2} - N^2 > 0$$

$$\delta_i^2 - 4\delta_i + 3 < 0, \quad i = 2, 3$$

$$4\gamma_i^2 l_i^2 - 2\gamma_i^2 \delta_i l_i^2 + 2\gamma_i l_i^2 + 2\gamma_i l_i - 1 < 0, \quad i = 2, 3$$

由式 (3.1.24) 可知,当误差 $|e_2 (k)| > \sqrt{\dfrac{\beta_2}{\gamma_2 - 2\gamma_2 N^2}}$ 和 $|e_3 (k)| > \sqrt{\dfrac{\beta_3}{\gamma_3}}$ 成立时,进一步可得不等式 $\Delta V (k) \leqslant 0$ 成立,可知 $\tilde{\eta}_2^2 (k)$ 和 $\tilde{\eta}_3^2 (k)$ 有界,因此 $u_q (k)$ 和 $u_d (k)$ 有界。这可以保证闭环系统所有信号 $\hat{\eta}_2 (k)$、$\hat{\eta}_3 (k)$ 和 $e_i (k) (i = 1, 2, 3)$ 都是有界的,则闭环系统半全局一致最终有界,$\forall \sigma > 0$, $\lim\limits_{k \to \infty} \| x_1 (k) - x_{1d} (k) \| \leqslant \sigma$ 成立。

3.1.4　实验验证及结果分析

本节采用 LINKS-RT 永磁同步电动机实验平台模拟输入电压波动故障进行实验,验证设计的指令滤波控制方法的有效性并进行分析。该平台由永磁同步电动机、伺服驱动器和仿真机等组成。永磁同步电动机额定转速为 1000r/min,额定转矩为 15N·m,额定功率为 1.5kW,额定电流为 7.3A。控制算法在 PC 端 MATLAB 中编写,编译后在永磁同步电动机上运行。永磁同步电动机实验平台如图 3.1.2 所示。

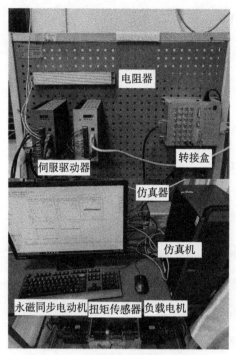

图 3.1.2 永磁同步电动机实验平台

实验设定采样时间为 $\Delta_t = 0.0002\text{s}$，给定负载转矩为

$$T_L = \begin{cases} 1.0\text{N·m}, & t \leqslant 10\text{s} \\ 1.2\text{N·m}, & 10\text{s} < t \leqslant 30\text{s} \end{cases} \tag{3.1.25}$$

参考转速为

$$v = \begin{cases} 200\text{r/min}, & t < 10\text{s} \\ 300\text{r/min}, & 10\text{s} \leqslant t \leqslant 30\text{s} \end{cases} \tag{3.1.26}$$

实验过程中，设计 RBF 神经网络 $W_2^{\mathrm{T}} S_2(Z_2(k))$、$W_3^{\mathrm{T}} S_3(Z_3(k))$ 包含 11 个节点，中心在区间 $[-10, 10]$ 内均匀分布且宽度为 2。指令滤波控制器参数为 $\omega_c = 0.8$，$\gamma_2 = 0.02$，$\gamma_3 = 0.005$，$\delta_2 = 0.000006$，$\delta_3 = 0.000006$。

评注 3.1.4 控制参数 ω_c、δ_2、δ_3、γ_2、γ_3 需要满足下列不等式：$\delta_i^2 - 4\delta_i + 3 < 0 (i = 2, 3)$，$4\gamma_i^2 l_i^2 - 2\gamma_i^2 \delta_i l_i^2 + 2\gamma_i l_i^2 + 2\gamma_i l_i - 1 < 0 (i = 2, 3)$，$|e_2(k)| > \sqrt{\dfrac{\beta_2}{\gamma_2 - 2\gamma_2 N^2}}$，$|e_3(k)| > \sqrt{\beta_3 / \gamma_3}$，以保证最终得到的闭环信号半全局一致最终有界。

实验结果如图 3.1.3 ～ 图 3.1.7 所示。图 3.1.3 为实际转子角速度曲线,可以看

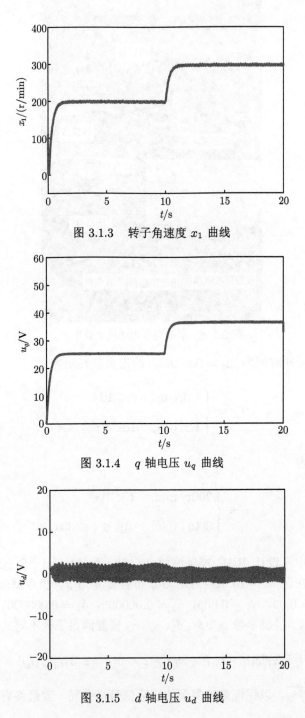

图 3.1.3　转子角速度 x_1 曲线

图 3.1.4　q 轴电压 u_q 曲线

图 3.1.5　d 轴电压 u_d 曲线

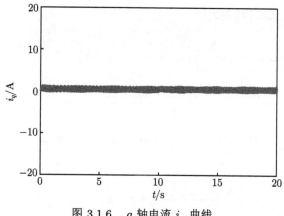

图 3.1.6　q 轴电流 i_q 曲线

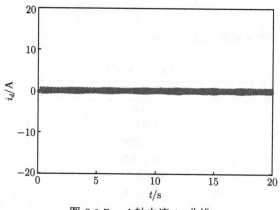

图 3.1.7　d 轴电流 i_d 曲线

出永磁同步电动机启动后实际转子角速度迅速达到了设定值，在 10s 时同时改变负载转矩和期望转速，实际转子角速度仍可以有效跟踪上设定值。图 3.1.4～图 3.1.7 为 q 轴和 d 轴的电压及电流曲线，可以看到电压和电流稳定后均能保持在合理范围内。

3.2　考虑输入饱和的永磁同步电动机有限时间指令滤波离散控制

3.2.1　系统模型及控制问题描述

在 d-q 旋转坐标系下，永磁同步电动机的离散时间系统模型为

$$
\begin{cases}
\theta(k+1) = \Delta_t \omega(k) + \theta(k) \\[2mm]
\omega(k+1) = \omega(k) + \Delta_t \dfrac{3n_p \Phi}{2J} i_{qs}(k) - \Delta_t \dfrac{B}{J}\omega(k) \\[4mm]
\qquad + \dfrac{3n_p(L_d - L_q)i_{ds}(k)i_{qs}(k)\Delta_t}{2J} - \dfrac{T_L \Delta_t}{J} \\[4mm]
i_{qs}(k+1) = -\dfrac{R_s i_{qs}(k)\Delta_t}{L_q} - \dfrac{n_p \Phi \omega(k)\Delta_t}{L_q} + \dfrac{u_{qs}(k)\Delta_t}{L_q} \\[4mm]
\qquad - \dfrac{n_p L_d \omega(k) i_{ds}(k)\Delta_t}{L_q} + i_{qs}(k) \\[4mm]
i_{ds}(k+1) = i_{ds}(k) - \dfrac{R_s i_{ds}(k)\Delta_t}{L_d} + \dfrac{n_p L_q \omega(k) i_{qs}(k)\Delta_t}{L_d} + \dfrac{u_{ds}(k)\Delta_t}{L_d}
\end{cases}
\tag{3.2.1}
$$

式中，符号的物理含义如表 3.2.1 所示。

表 3.2.1　定义符号

符号	物理含义	单位
Φ	磁链	Wb
T_L	负载转矩	N·m
J	转动惯量	kg·m^2
B	摩擦系数	N·m/ (rad/s)
ω	转子角速度	rad/s
θ	转子角度	rad
n_p	极对数	—
R_s	定子电阻	Ω
i_{ds} 和 i_{qs}	d、q 轴电流	A
u_{ds} 和 u_{qs}	d、q 轴电压	V
L_d 和 L_q	d、q 轴电感	H
Δ_t	采样周期	s

为方便计算，定义以下系统变量：

$$\psi_1(k) = \theta(k), \quad \psi_2(k) = \omega(k), \quad \psi_3(k) = i_{qs}(k), \quad \psi_4(k) = i_{ds}(k)$$

$$a_1 = \frac{3n_p \Phi}{2J}, \quad a_2 = -\frac{B}{J}, \quad a_3 = \frac{3n_p(L_d - L_q)}{2J}, \quad a_4 = -\frac{1}{J}$$

$$b_1 = -\frac{R_s}{L_q}, \quad b_2 = -\frac{n_p \Phi}{L_q}, \quad b_3 = -\frac{n_p L_d}{L_q}, \quad b_4 = \frac{1}{L_q}$$

$$c_1 = -\frac{R_s}{L_d}, \quad c_2 = \frac{n_p L_q}{L_d}, \quad c_3 = \frac{1}{L_d}$$

然后根据前面的符号，可以将永磁同步电动机的动态模型表示为

$$
\begin{cases}
\psi_1(k+1) = \psi_1(k) + \Delta_t \psi_2(k) \\[2mm]
\psi_2(k+1) = a_1\Delta_t\psi_3(k) + (1+a_2\Delta_t)\psi_2(k) + a_3\Delta_t\psi_3(k)\psi_4(k) + a_4\Delta_t T_L \\[2mm]
\psi_3(k+1) = (1+b_1\Delta_t)\psi_3(k) + b_2\Delta_t\psi_2(k) + b_3\Delta_t\psi_2(k)\psi_4(k) + b_4\Delta_t u_{qs}(k) \\[2mm]
\psi_4(k+1) = (1+c_1\Delta_t)\psi_4(k) + c_3\Delta_t u_{ds}(k) + c_2\Delta_t\psi_2(k)\psi_3(k)
\end{cases}
\tag{3.2.2}
$$

引理 3.2.1[1]   对于离散时间系统，将指令滤波器定义为

$$
\begin{aligned}
c_{i,1}(k+1) &= c_{i,1}(k) + \Delta_t\omega_n c_{i,2}(k) \\[2mm]
c_{i,2}(k+1) &= c_{i,2}(k) + \Delta_t[-2\zeta\omega_n c_{i,2}(k) - \omega_n(c_{i,1}(k) - \alpha_i(k))]
\end{aligned}
\tag{3.2.3}
$$

若离散时间指令滤波器的输入信号 $\alpha_i(k)$ 满足不等式 $|\alpha_i(k+1) - \alpha_i(k)| \leqslant \varpi_1$，同时有 $|\alpha_i(k+2) - 2\alpha_i(k+1) + \alpha_i(k)| \leqslant \varpi_2$，$\varpi_1$ 与 ϖ_2 是常数，则当 $\varrho > 0$，$0 < \zeta \leqslant 1$，且 $\omega_n > 0$ 时，$|c_{i,1}(k) - \alpha_i(k)| \leqslant \varrho$，$\Delta c_{i,1}(k) = |c_{i,1}(k+1) - c_{i,1}(k)|$ 是有界的。

引理 3.2.2   存在模糊逻辑系统 $f(k) = W^{\mathrm{T}}S(Z(k)) + \tau$。$f(k)$ 在紧集中，且 τ 为逼近误差，对于一个足够小的常数 $\varepsilon > 0$，有 $|\tau| \leqslant \varepsilon$。$W \in \mathbf{R}^N$ 是权重向量，$S(Z(k))$ 是基函数向量，且 $S(Z(k))$ 满足 $\lambda_{\max}[S^{\mathrm{T}}(Z(k))S(Z(k))] < l$，$l$ 是正常数。

在永磁同步电动机的实际运行中，需考虑实际输入的约束问题，约束函数定义如下。

$v(k)$ 是饱和非线性输入信号，$u(k)$ 是受饱和非线性输入影响的输入：

$$
u(k) = \mathrm{sat}(v(k)) =
\begin{cases}
u_{\max}, & v(k) \geqslant u_{\max} \\[2mm]
v(k), & u_{\min} < v(k) < u_{\max} \\[2mm]
u_{\min}, & v(k) \leqslant u_{\min}
\end{cases}
\tag{3.2.4}
$$

式中，$u_{\max}$ 和 $u_{\min}$ 是常数。

使用如下分段函数来近似地表示上述输入饱和约束：

$$g(v(k)) = \begin{cases} u_{\max} \tanh \dfrac{v(k)}{u_{\max}}, & v(k) \geqslant 0 \\[3mm] u_{\min} \tanh \dfrac{v(k)}{u_{\min}}, & v(k) < 0 \end{cases}$$

$$= \begin{cases} u_{\max} \dfrac{\mathrm{e}^{\frac{v(k)}{u_{\max}}} - \mathrm{e}^{-\frac{v(k)}{u_{\max}}}}{\mathrm{e}^{\frac{v(k)}{u_{\max}}} + \mathrm{e}^{-\frac{v(k)}{u_{\max}}}}, & v(k) \geqslant 0 \\[5mm] u_{\min} \dfrac{\mathrm{e}^{\frac{v(k)}{u_{\min}}} - \mathrm{e}^{-\frac{v(k)}{u_{\min}}}}{\mathrm{e}^{\frac{v(k)}{u_{\min}}} + \mathrm{e}^{-\frac{v(k)}{u_{\min}}}}, & v(k) < 0 \end{cases} \tag{3.2.5}$$

$\mathrm{sat}(v(k))$ 可以表示为 $\mathrm{sat}(v(k)) = g(v(k)) + Y(v(k))$,且 $|\mathrm{sat}(v(k)) - g(v(k))| \leqslant$ $\max\{u_{\max}(1 - \tan(1)), u_{\min}(\tan(1) - 1)\} = D$, D 是常数且 $D > 0$。

此外，根据均值定理，存在常数 $\lambda(0 < \lambda < 1)$，使得

$$g(v(k)) = g(v(0)) + g_{v_\lambda(k)}(v(k) - v(0)) \tag{3.2.6}$$

式中，$g_{v_\lambda(k)} = (g(v(k+1)) - g(v(k)))|_{v(k) = v_\lambda(k)}$ 且 $v_\lambda(k) = \lambda v(k) + (1 - \lambda)v(0)$。

通过定义 $v(0) = 0$ 和 $g(v(0)) = 0$，$g(v(k))$ 可表示为 $g(v(k)) = g_{v_\lambda(k)}v(k)$，$0 < g_{v_\lambda(k)} \leqslant 1$，$u(k)$ 可表示为

$$u(k) = g_{v_\lambda(k)}v(k) + Y(v(k)) \tag{3.2.7}$$

根据式 (3.2.7)，$u_{qs}(k)$ 和 $u_{ds}(k)$ 可表示为

$$\begin{cases} u_{qs}(k) = g_{v_\lambda(k)}v_q(k) + Y(v_q(k)) \\[2mm] u_{ds}(k) = g_{v_\lambda(k)}v_d(k) + Y(v_d(k)) \end{cases} \tag{3.2.8}$$

式中，$v_q(k)$ 和 $v_d(k)$ 为实际控制输入信号。

控制任务　对于式 (3.2.2) 所示的永磁同步电动机驱动系统离散时间模型，基于模糊自适应反步方法构造一种模糊自适应控制器，使得：

(1) 永磁同步电动机转子角位置 $x_1(k)$ 在有限时间内快速跟踪给定的参考信号 $x_d(k)$，跟踪误差收敛到原点的一个充分小的邻域内；

(2) 闭环系统的所有信号半全局一致最终有界。

3.2.2　基于降维观测器的指令滤波反步递推控制设计

在传统的控制方法中，永磁同步电动机的转子角速度由物理传感器测量。但是，物理传感器的应用存在成本高、抗噪声和可行性低等缺点。鉴于上述缺点，用降维观测器来估计转子角速度并取代物理传感器。

对于式 (3.2.2) 所示的系统，其子系统的方程可以写为

$$\begin{cases} \psi_1(k+1) = \psi_1(k) + \Delta_t\psi_2(k) \\ \psi_2(k+1) = \psi_3(k) + f_2(k) \\ y(k) = \psi_1(k) \end{cases} \tag{3.2.9}$$

式中，非线性函数 $f_2(k) = (1 + \Delta_t a_2(k))\psi_2(k) + a_1\Delta_t\psi_3(k) + a_3\Delta_t\psi_3(k)\psi_4(k) + a_4\Delta_t T_L - \psi_3(k)$。

根据引理 3.2.2，存在模糊逻辑系统 $f_2(k) = W_2^{\mathrm{T}}S_2(Z_2(k)) + \tau_2$，$\tau_2$ 是逼近误差且满足 $|\tau_2| \leqslant \varepsilon_2$，所以式 (3.2.9) 可以写为

$$\begin{cases} \psi_1(k+1) = \psi_1(k) + \Delta_t\psi_2(k) \\ \psi_2(k+1) = \psi_3(k) + W_2^{\mathrm{T}}S_2(Z_2(k)) + \tau_2 \\ y(k) = \psi_1(k) \end{cases} \tag{3.2.10}$$

降维观测器构造如下：

$$\begin{cases} \hat{\psi}_1(k+1) = \Delta_t\hat{\psi}_2(k) + \hat{\psi}_1(k) + g_1(y(k) - \hat{y}(k)) \\ \hat{\psi}_2(k+1) = \psi_3(k) + \hat{\chi}_2\|S_2(Z_2(k))\| + g_2(y(k) - \hat{y}(k)) \\ \hat{y}(k) = \hat{\psi}_1(k) \end{cases} \tag{3.2.11}$$

式中，$\|W_2^{\mathrm{T}}\| = \chi_2$，$\chi_2 > 0$；$\hat{\chi}_2 = \chi_2 - \tilde{\chi}_2$ 是 χ_2 的估计，$\tilde{\chi}_2$ 是 χ_2 的估计误差；设置 $Z_2(k) = [\hat{\psi}_1(k), \hat{\psi}_2(k), \psi_3(k), \psi_4(k), \psi_{1d}(k)]^{\mathrm{T}}$。式 (3.2.11) 可写为

$$\begin{cases} \hat{\psi}(k+1) = B\hat{\psi}(k) + Gy + C\psi_3(k) + \tilde{f} \\ \hat{y}(k) = D^{\mathrm{T}}\hat{\psi}(k) \end{cases} \tag{3.2.12}$$

式中，$B = \begin{bmatrix} -g_1+1 & \Delta_t \\ -g_2 & 0 \end{bmatrix}$；$G = [g_1, g_2]^{\mathrm{T}}$；$\hat{\psi}(k) = \left[\hat{\psi}_1(k), \hat{\psi}_2(k)\right]^{\mathrm{T}}$；$C = [0, 1]^{\mathrm{T}}$；$D = [1, 0]^{\mathrm{T}}$；$\tilde{f} = [0, \hat{\chi}_2\|S_2(Z_2(k))\|]^{\mathrm{T}}$。

选择合适的 G，可以使得 B 是一个严格的赫尔维茨 (Hurwitz) 矩阵。定义 $e(k) = [e_1(k), e_2(k)]^{\mathrm{T}}$，$e_h(k) = \psi_h(k) - \hat{\psi}_h(k)(h = 1, 2)$，然后定义降维观测器的

误差为

$$e(k+1) = Be(k) + \varepsilon + \tilde{f} \tag{3.2.13}$$

式中，$\varepsilon = [0, \tau_2]^T$。选择 $V_0(k) = e^T(k)Pe(k)$，并将式 (3.2.13) 替换为 $V_0(k)$ 的一阶差分，可以得到

$$\Delta V_0(k) = e^T(k+1)Pe(k+1) - e^T(k)Pe(k)$$

$$= (Be(k) + \varepsilon + \tilde{f})^T P(Be(k) + \varepsilon + \tilde{f}) - e^T(k)Pe(k)$$

$$\leqslant -e^T(k)Ye(k) + 3||P||^2\varepsilon_2^2 + 3||P||^2\tilde{\chi}_2^2(k)||S_2(Z_2(k))||^2 \tag{3.2.14}$$

式中，$P^T = P > 0$；$Y = P - 3B^TPB$。

　　下面介绍降维观测器的离散时间具有输入约束和负载干扰的永磁同步电动机的指令滤波控制方法设计，其框图如图 3.2.1 所示。

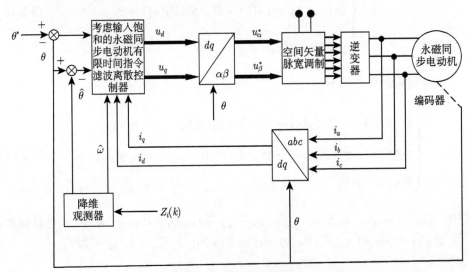

图 3.2.1　控制系统框图

　　假设 3.2.1　给定参考信号 $\psi_{1d}(k)$ 和 $\psi_{1d}(k+1)$ 是有界光滑函数。定义误差信号和补偿信号为

$$
\begin{cases}
e_1(k) = \psi_1(k) - \psi_{1d}(k) \\
e_2(k) = \hat{\psi}_2(k) - c_{1c}(k) \\
e_3(k) = \psi_3(k) - c_{2c}(k) \\
e_4(k) = \psi_4(k)
\end{cases},
\qquad
\begin{cases}
\varsigma_1(k) = e_1(k) - \xi_1(k) \\
\varsigma_2(k) = e_2(k) - \xi_2(k) \\
\varsigma_3(k) = e_3(k) - \xi_3(k) \\
\varsigma_4(k) = e_4(k) - \xi_4(k)
\end{cases}
$$

式中，$c_{1c}(k) = c_{1,1}(k)$、$c_{2c}(k) = c_{2,1}(k)$ 是输出信号。虚拟控制器 $\alpha_1(k)$ 和 $\alpha_2(k)$ 是指令滤波器的输入信号。

对于 $m = 1, 2, 3, 4$，定义补偿后的误差信号为 $\varsigma_m(k) = e_m(k) - \xi_m(k)$，其中 $e_m(k)$ 是未补偿的误差信号，$\xi_m(k)$ 是用于提高系统控制精度的滤波误差补偿信号。

第 1 步　选择 Lyapunov 函数 $V_1(k) = \frac{1}{2}\varsigma_1^2(k)$，其一阶差分方程为

$$\Delta V_1(k) = \frac{1}{2}(\psi_1(k) + \Delta_t\hat{\psi}_2(k) - \psi_{1d}(k+1) - \xi_1(k+1))^2 - \frac{1}{2}\varsigma_1^2(k) \quad (3.2.15)$$

构建虚拟控制器 $\alpha_1(k)$ 和补偿信号 $\xi_1(k+1)$ 为

$$\alpha_1(k) = \frac{1}{\Delta_t}(\psi_{1d}(k+1) - \psi_1(k)) + t_1\xi_1(k) \quad (3.2.16)$$

$$\xi_1(k+1) = \Delta_t(\xi_2(k) + c_{1c}(k) - \alpha_1(k) + t_1\xi_1(k)) \quad (3.2.17)$$

式中，$|t_1| \leqslant 1$。

评注 3.2.1　在反步法中选择虚拟控制器为 $\alpha_1(k) = \frac{1}{\Delta_t}(\psi_{1d}(k+1) - \psi_1(k))$，其中包含未来状态 $\psi_{1d}(k+1)$，因此在传统反步法中会出现因果问题。

第 2 步　选择 Lyapunov 函数 $V_2(k) = V_1(k) + \frac{1}{2}\varsigma_2^2(k)$，其一阶差分方程为

$$\Delta V_2(k) = \frac{1}{2}(\psi_3(k) + \hat{\chi}_2(k)\|S_2(Z_2(k))\| + g_2e_0(k)$$
$$- c_{1c}(k+1) - \xi_2(k+1))^2 + \Delta V_1(k) - \frac{1}{2}\varsigma_2^2(k) \quad (3.2.18)$$

构建虚拟控制器 $\alpha_2(k)$ 和补偿信号 $\xi_2(k+1)$ 为

$$\alpha_2(k) = c_{1c}(k+1) - \hat{\chi}_2(k)\|S_2(Z_2(k))\| - g_2e_0(k) + t_2\xi_2(k) \quad (3.2.19)$$

$$\xi_2(k+1) = \xi_3(k) + c_{2c}(k) - \alpha_2(k) + t_2\xi_2(k) \quad (3.2.20)$$

式中，$|t_2| \leqslant 1$。

将式 (3.2.19) 和式 (3.2.20) 代入式 (3.2.18) 可得

$$\Delta V_2(k) = \frac{1}{2}(\psi_3(k) - \xi_3(k) - c_{2c}(k))^2 + \Delta V_1(k) - \frac{1}{2}\varsigma_2^2(k)$$
$$= \frac{1}{2}\varsigma_3^2(k) + \Delta V_1(k) - \frac{1}{2}\varsigma_2^2(k) \quad (3.2.21)$$

评注 3.2.2　通过降维观测器，本节不需要直接测量转子角速度。此外，系统复杂性因使用物理传感器而增加。降维观测器降低了系统复杂性，在实际工程中应用广泛。

评注 3.2.3　在传统反步法中，虚拟控制器 $\alpha_1(k)$ 包含 $\psi_1(k)$ 和 $\psi_{1d}(k+1)$，通常表示为 $\alpha_1(k) = \dfrac{\psi_{1d}(k+1) - \psi_1(k)}{\Delta_t}$，虚拟控制器 $\alpha_2(k)$ 中包含 $\psi_2(k)$ 和 $\alpha_1(k+1)$，在这种情况下，有虚拟控制器 $\alpha_2(k) = \dfrac{-(1 + a_2\Delta_t)\psi_2(k) + \alpha_1(k+1)}{a_1\Delta_t}$，$\alpha_1(k+1) = \dfrac{\psi_{1d}(k+2) - \psi_1(k+1)}{\Delta_t}$。因此，当反复计算虚拟控制器的差分时，会出现计算复杂度过高的问题。随着系统阶数的增加，本节中提到的指令滤波控制方法可以有效解决这一问题。

第 3 步　选择 Lyapunov 函数 $V_3(k) = V_2(k) + \dfrac{1}{2}\varsigma_3^2(k)$，其一阶差分方程为

$$\Delta V_3(k) = \frac{1}{2}(b_4\Delta_t u_{qs}(k) + f_3(k))^2 + \Delta V_2(k) - \frac{1}{2}\varsigma_3^2(k) \tag{3.2.22}$$

式中，$f_3(k) = (1 + b_1\Delta_t)\psi_3(k) + b_2\Delta_t\psi_2(k) + b_3\Delta_t\psi_2(k)\psi_4(k) - c_{2c}(k+1) - \xi_3(k+1)$。

根据引理 3.2.2，存在模糊逻辑系统为

$$f_3(k) = W_3^{\mathrm{T}}S_3(Z_3(k)) + \tau_3 \tag{3.2.23}$$

式中，$Z_3(k) = [\hat{\psi}_1(k), \hat{\psi}_2(k), \psi_3(k), \psi_4(k), \psi_{1d}(k)]^{\mathrm{T}}$；$\tau_3$ 为逼近误差且满足 $|\tau_3| \leqslant \varepsilon_3(\varepsilon_3 > 0)$。

评注 3.2.4　存在模糊逻辑系统 $f_3(k) = W_3^{\mathrm{T}}S_3(Z_3(k)) + \tau_3$，$f_3(k)$ 是未知非线性函数。$f_3(k)$ 包含未来信号 $c_{2c}(k+1)$、$\xi_3(k+1)$ 和高阶非线性函数 $\psi_4(k)$，增加了算法的复杂度。因此，相较于传统的反步控制器设计，本节使用模糊逻辑系统构造的控制器更为简单。

当 $\xi_3(k) = 0$ 时，饱和非线性输入信号 $v_q(k)$ 和永磁同步电动机驱动系统的输入信号 $u_{qs}(k)$ 分别为

$$\begin{cases} v_q(k) = -\dfrac{1}{b_4\Delta_t}\hat{\chi}_3(k)\,\|S_3(Z_3(k))\| \\[2mm] u_{qs}(k) = g_{v_\lambda(k)}v_q(k) + Y(v_q(k)) \end{cases} \tag{3.2.24}$$

式中，$g_{v_\lambda(k)} = 1$；$\hat{\chi}_3(k)$ 是 $\chi_3(k)$ 的估计值，定义 $\|W_3^{\mathrm{T}}\| = \chi_3(\chi_3 > 0)$。$\tilde{\chi}_3(k) = \chi_3 - \hat{\chi}_3(k)$ 是估计误差。

自适应律 $\hat{\chi}_3(k+1)$ 为

$$\hat{\chi}_3(k+1) = \hat{\chi}_3(k) + \iota_3 \left\| S_3(Z_3(k)) \right\| \varsigma_3(k+1) - \eta_3 \hat{\chi}_3(k) \tag{3.2.25}$$

式中，ι_3 和 η_3 是大于 0 的正参数。

将式 (3.2.24) 和式 (3.2.25) 代入式 (3.2.22)，可得

$$\Delta V_3(k) = \frac{1}{2}(\tilde{W}_3(k) \left\| S_3(Z_3(k)) \right\| + \tau_3 + b_4 \Delta_t D)^2 + \Delta V_2(k) - \frac{1}{2}\varsigma_3^2(k)$$

$$\leqslant 2\tilde{\chi}_3^2(k)S_3^2(Z_3(k)) + 2b_4^2\Delta_t^2 D^2 + \varepsilon_3^2 n + \Delta V_2(k) - \frac{1}{2}\varsigma_3^2(k) \tag{3.2.26}$$

选择 Lyapunov 函数 $V_4(k) = V_3(k) + \dfrac{M}{2}\varsigma_4^2(k)$，$M > 0$，其一阶差分为

$$\Delta V_4(k) = \frac{M}{2}(c_3 \Delta_t u_{ds}(k) + f_4(k))^2 + \Delta V_3(k) - \frac{M}{2}\varsigma_4^2(k) \tag{3.2.27}$$

式中，$f_4(k) = (1 + c_1 \Delta_t)\psi_4(k) + c_2 \Delta_t \psi_2(k)\psi_3(k) - \xi_4(k+1)$。根据引理 3.2.2，存在如下模糊逻辑系统：

$$f_4(k) = W_4^{\mathrm{T}} S_4(Z_4(k)) + \tau_4 \tag{3.2.28}$$

式中，$Z_4(k) = [\hat{\psi}_1(k), \hat{\psi}_2(k), \psi_3(k), \psi_4(k), \psi_{1d}(k)]^{\mathrm{T}}$；$\tau_4$ 为逼近误差且满足 $|\tau_4| \leqslant \varepsilon_4(\varepsilon_4 > 0)$。

当 $\xi_4(k) = 0$ 时，饱和非线性输入信号 $v_d(k)$ 和永磁同步电动机驱动系统的输入信号 $u_{ds}(k)$ 分别为

$$\begin{cases} v_d(k) = -\dfrac{1}{c_3 \Delta_t} \hat{\chi}_4(k) \left\| S_4(Z_4(k)) \right\| \\ u_{ds}(k) = g_{v_\lambda(k)} v_d(k) + Y(v_d(k)) \end{cases} \tag{3.2.29}$$

式中，$g_{v_\lambda(k)} = 1$；定义 $\left\| W_4^{\mathrm{T}} \right\| = \chi_4(\chi_4 > 0)$。$\tilde{\chi}_4(k) = \chi_4 - \hat{\chi}_4(k)$ 为估计误差。

自适应律 $\hat{\chi}_4(k+1)$ 为

$$\hat{\chi}_4(k+1) = \hat{\chi}_4(k) + \iota_4 \left\| S_4(Z_4(k)) \right\| \varsigma_4(k+1) - \eta_4 \hat{\chi}_4(k) \tag{3.2.30}$$

式中，ι_4 和 η_4 是正参数。

将式 (3.2.29) 和式 (3.2.30) 代入式 (3.2.27)，可得

$$\Delta V_4(k) = \frac{M}{2}\left(\tilde{\chi}_4(k)\left\|S_4\left(Z_4(k)\right)\right\| + \tau_4 + c_3\Delta_t D\right)^2 + \Delta V_3(k) - \frac{M}{2}\varsigma_4^2(k)$$

$$\leqslant -\frac{M}{2}\varsigma_4^2(k) - \frac{1}{2}\left(1 - \Delta_t^2\right)\varsigma_2^2(k) - \frac{1}{2}\varsigma_1^2(k) + \varepsilon_3^2 n + 2M\tilde{\chi}_4^2(k)S_4^2(Z_4(k))$$

$$+ 2\tilde{\chi}_3^2(k)S_3^2(Z_3(k)) + 2M + c_3^2\Delta_t^2 D^2 + M\varepsilon_4^2 + 2b_4^2\Delta_t^2 D^2$$

$$(3.2.31)$$

接下来，通过 Lyapunov 稳定性分析证明闭环系统是半全局一致最终有界的。

定理 3.2.1　对于式 (3.2.2) 所示的离散时间系统和给定信号 ψ_{1d}，使用式 (3.2.12) 所示的降维观测器，式 (3.2.24) 和式 (3.2.29) 所示的饱和非线性输入信号，式 (3.2.16) 和式 (3.2.19) 所示的虚拟控制器，式 (3.2.17) 和式 (3.2.20) 所示的补偿信号，以及式 (3.2.25) 和式 (3.2.30) 所示的自适应律，可以保证位置跟踪误差收敛至原点的一个充分小的邻域内，并且所有闭环信号都是半全局一致最终有界的。

3.2.3　稳定性分析

为了验证本节提出的指令滤波离散时间控制方法的可行性，采用如下 Lyapunov 函数：

$$V(k) = V_0(k) + V_4(k) + \frac{1}{2\iota_2}\tilde{\chi}_2^2(k) + \frac{1}{2\iota_3}\tilde{\chi}_3^2(k) + \frac{M}{2\iota_4}\tilde{\chi}_4^2(k) \qquad (3.2.32)$$

$V(k)$ 的一阶差分可表示为

$$\Delta V(k) = \Delta V_0(k) + \Delta V_4(k) + \frac{1}{2\iota_2}\left(\tilde{\chi}_2^2(k+1) - \tilde{\chi}_2^2(k)\right)$$

$$+ \frac{1}{2\iota_3}\left(\tilde{\chi}_3^2(k+1) - \tilde{\chi}_3^2(k)\right) + \frac{M}{2\iota_4}\left(\tilde{\chi}_4^2(k+1) - \tilde{\chi}_4^2(k)\right) \qquad (3.2.33)$$

根据 $\tilde{\chi}_n(k+1) = \chi_n - \hat{\chi}_n(k+1)(n = 2, 3, 4)$，以及式 (3.2.25) 和式 (3.2.30) 所示的自适应律，可得

$$\tilde{\chi}_n^2(k+1) - \tilde{\chi}_n^2(k) = \chi_n^2 + (1-\eta_n)^2\hat{\chi}_n^2(k) + \iota_n^2 S_n^2(Z_n(k))\varsigma_n^2(k+1)$$

$$+ 2(1-\eta_n)\iota_n S_n(Z_n(k))\varsigma_n(k+1)\hat{\chi}_n(k) - \tilde{\chi}_n^2(k)$$

$$- 2\iota_n S_n(Z_n(k))\varsigma_n(k+1)\chi_n - 2(1-\eta_n)\chi_n\hat{\chi}_n(k) \quad (3.2.34)$$

通过 $S_n(Z_n(k)) \leqslant l_n$ 和杨氏不等式，可得

$$\begin{cases} 2\iota_n S_n(Z_n(k))\varsigma_n(k+1)\hat{\chi}_n(k) \leqslant \varsigma_n^2(k+1)l_n + \iota_n\hat{\chi}_n^2(k) \\ -2S_n(Z_n(k))\varsigma_n(k+1)\chi_n \leqslant \varsigma_n^2(k+1)l_n + \chi_n^2 \\ \iota_n^2 S_n(Z_n^2(k))\varsigma_n^2(k+1) \leqslant \iota_n^2\varsigma_n^2(k+1)l_n \\ -2\chi_n\hat{\chi}_n(k) \leqslant \hat{\chi}_n^2(k) + \chi_n^2 \end{cases} \tag{3.2.35}$$

根据 $\varsigma_p(k) = e_p(k) - \xi_p(k)(p=3,4)$、式 (3.2.1)、式 (3.2.24)、式 (3.2.29) 和杨氏不等式，补偿误差信号描述为

$$\begin{cases} \varsigma_3^2(k+1) \leqslant 4\tilde{\chi}_3^2 l_3 + 4b_4^2\Delta_t^2 D^2 + 2\varepsilon_3^2 \\ \varsigma_4^2(k+1) \leqslant 4\tilde{\chi}_4^2 l_4 + 4c_3^2\Delta_t^2 D^2 + 2\varepsilon_4^2 \end{cases} \tag{3.2.36}$$

$$\begin{aligned} \tilde{\chi}_2^2(k+1) - \tilde{\chi}_2^2(k) \leqslant &\ \hat{\chi}_2^2(k)\left[2+\eta_2^2-\eta_2(3+\iota_2)+\iota_2\right] \\ &+ \chi_2^2(\iota_2-\eta_2+2) - \tilde{\chi}_2^2(k) \\ &+ \varsigma_3(k)l_2(1-\eta_2+\iota_2) \end{aligned} \tag{3.2.37}$$

将式 (3.2.36) 和式 (3.2.37) 代入式 (3.2.34) 中，可得

$$\begin{aligned} \tilde{\chi}_3^2(k+1) - \tilde{\chi}_3^2(k) \leqslant &\ \hat{\chi}_3^2(k)\left[2+\eta_3^2-\eta_3(3+\iota_3)+\iota_3\right] \\ &+ \chi_3^2(\iota_3-\eta_3+2) \\ &+ 4b_4^2\Delta_t^2 D^2(l_3-l_3\eta_3+l_3\iota_3) \\ &+ \tilde{\chi}_3^2(k)(4l_3^2-4l_3^2\eta_3+4l_3^2\iota_3-1) \\ &+ 2\varepsilon_3^2(l_3-l_3\eta_3+l_3\iota_3) \end{aligned} \tag{3.2.38}$$

$$\begin{aligned} \tilde{\chi}_4^2(k+1) - \tilde{\chi}_4^2(k) \leqslant &\ \hat{\chi}_4^2(k)\left[2+\eta_4^2-\eta_4(3+\iota_4)+\iota_4\right] \\ &+ \chi_4^2(\iota_4-\eta_4+2) \\ &+ 4c_3^2\Delta_t^2 D^2(l_4-l_4\eta_4+l_4\iota_4) \\ &+ \tilde{\chi}_4^2(k)(4l_4^2-4l_4^2\eta_4+4l_4^2\iota_4-1) \\ &+ 2\varepsilon_4^2(l_4-l_4\eta_4+l_4\iota_4) \end{aligned} \tag{3.2.39}$$

将式 (3.2.37)、式 (3.2.38) 和式 (3.2.39) 代入式 (3.2.33)，可得

$$\Delta V \leqslant - e^{\mathrm{T}}(k)(Y - \Delta_t^2)e(k) - \frac{M}{2}\varsigma_4^2(k) - \frac{1}{2}\varsigma_1^2(k)$$

$$- \frac{1}{2\iota_2}\left(l_2\eta_2 - l_2 - l_2\iota_2\right)\varsigma_3^2(k) - \frac{1}{2}\left(1 - 2\Delta_t^2\right)\varsigma_2^2(k)$$

$$+ \frac{1}{2\iota_2}[(2 + \eta_2^2 - \eta_2(3 + \iota_2) + \iota_2)\hat{\chi}_2^2(k) + (6\iota_2\|P\|^2 - 1)\tilde{\chi}_2^2 + \beta_2]$$

$$+ \frac{1}{2\iota_3}[(2 + \eta_3^2 - \eta_3(3 + \iota_3) + \iota_3)\hat{\chi}_3^2(k) + \beta_3$$

$$+ (4l_3^2 - 4l_3^2\eta_3 + 4l_3^2\iota_3 + 4l_3\iota_3 - 1)\tilde{\chi}_3^2(k)]$$

$$+ \frac{M}{2\iota_4}[(2 + \eta_4^2 - \eta_4(3 + \iota_4) + \iota_4)\hat{\chi}_4^2(k) + \beta_4$$

$$+ (4l_4^2 - 4l_4^2\eta_4 + 4l_4^2\iota_4 + 4l_4\iota_4 - 1)\tilde{\chi}_4^2(k)] \tag{3.2.40}$$

式中,

$$\begin{cases} \beta_2 = (\iota_2 - \eta_2 + 2)\chi_2^2 + 6\iota_2\|P\|^2\varepsilon_2^2 \\ \beta_3 = (\iota_3 - \eta_3 + 2)\chi_3^2 + 2\varepsilon_3^2(l_3 - l_3\eta_3 + l_3\iota_3) + 4b_4^2\Delta_t^2 D^2(l_3 - l_3\eta_3 + l_3\iota_3 + \iota_3/2) \\ \beta_4 = (\iota_4 - \eta_4 + 2)\chi_4^2 + 2\varepsilon_4^2(l_4 - l_4\eta_4 + l_4\iota_4) + 4c_3^2\Delta_t^2 D^2(l_4 - l_4\eta_4 + l_4\iota_4 + M\iota_4/2) \end{cases}$$

通过选择适当的参数 M、ι_3、ι_4、η_3、η_4, 满足不等式 $1 - 2\Delta_t^2 > 0$, $l_2\eta_2 - l_2 - l_2\iota_2 > 0$, $4l_h^2 - 4l_h^2\eta_h + 4l_h^2\iota_h + 4l_h\iota_h - 1 < 0(h = 3, 4)$, $2 + \eta_j^2 - \eta_j(3 + \iota_j) + \iota_j < 0(j = 2, 3, 4)$, 以及 Y 是正定的。

如果误差 $|\varsigma_2(k)| > \sqrt{\dfrac{\beta_2}{2\iota_2(1 - 2\Delta_t^2)}}$、$|\varsigma_3(k)| > \sqrt{\dfrac{\beta_3\iota_2}{\iota_3 l_2(\eta_2 - 1 - \iota_2)}}$ 和 $|\varsigma_4(k)| > \sqrt{\dfrac{\beta_4}{M\iota_4}}$, 则 $\Delta V(k) \leqslant 0$, 这意味着 $\lim\limits_{k \to \infty} \varsigma_1(k) \leqslant \sigma$, 常量 $\sigma > 0$。

假设 $c_{ic}(k) - \alpha_i(k)$ 是有界的, 且 $|t_i| < 1$。因此, 补偿信号 $\xi_i(k)(i = 1, 2)$ 是有界的。由于 $\varsigma_1(k) = e_1(k) - \xi_1(k)$ 和 $\xi_1(k)$ 是有界的, 可以得到 $e_1(k)$ 是有界的。从式 (3.2.40) 来看, 结论总结如下:

$$\Delta V(k) \leqslant -aV(k) + b \tag{3.2.41}$$

式中, $a = \min\{l_2\eta_2 - l_2 - l_2\iota_2, 1 - 2\Delta_t^2, Y - \Delta_t^2\}$; $b = \dfrac{1}{2\iota_2}[(2 + \eta_2^2 - \eta_2(3 + \iota_2) +$ $\iota_2)\hat{\chi}_2^2(k) + (6\iota_2\|P\|^2 - 1)\tilde{\chi}_2^2 + \beta_2] + \dfrac{1}{2\iota_3}[(2 + \eta_3^2 - \eta_3(3 + \iota_3) + \iota_3)\hat{\chi}_3^2(k) + \beta_3 + (4l_3^2 -$

$$4l_3^2\eta_3 + 4l_3^2\iota_3 + 4l_3\iota_3 - 1)\tilde{\chi}_3^2(k)] + \frac{M}{2\iota_4}[(2 + \eta_4^2 - \eta_4(3 + \iota_4) + \iota_4)\hat{\chi}_4^2(k) + \beta_4 + (4l_4^2 - 4l_4^2\eta_4 + 4l_4^2\iota_4 + 4l_4\iota_4 - 1)\tilde{\chi}_4^2(k)].$$

根据文献 [1]，所设计的控制策略满足如下条件：

$$V(k) \leqslant \frac{\lambda_2}{\lambda_1}\|V(0)\|^2(1-a)^k + \frac{b}{\lambda_1 a}$$

式中，$V(0)$ 是 $V(k)$ 的初始值；$\lambda_1 > 0$，$\lambda_2 > 0$；$0 < a < 1$，$b \geqslant 0$。

最后，所有闭环信号都被证明是半全局一致最终有界的。

评注 3.2.5 从 a 和 b 的定义来看，参数 η_2、η_3、η_4、ι_2、ι_3、ι_4 的选择要保证 $0 < a < 1$ 且 $b \geqslant 0$。通过选择较大的控制参数 ι_2、ι_3、ι_4 和较小的控制参数 β_2、β_3、β_4 就能满足 $\left\{|\varsigma_2(k)| > \sqrt{\dfrac{\beta_2}{2\iota_2(1-2\Delta_t^2)}}, |\varsigma_3(k)| > \sqrt{\dfrac{\beta_3\iota_2}{\iota_3l_2(\eta_2 - 1 - \iota_2)}}, |\varsigma_4(k)| > \sqrt{\dfrac{\beta_4}{M\iota_4}}\right\}$。

3.2.4 实验验证及结果分析

这里对本节所提方法进行实验验证。基于 130MB150A 型非凸极永磁同步电动机进行实验。控制器是 LINKS-RT 快速成型系统。模拟器能够实现仿真模型。永磁同步电动机额定转速为 1000r/min，额定转矩为 14.5N·m，额定功率为 1.5kW，额定电流为 7.3A。实验平台由硬件和软件组成，如图 3.1.2 所示。

所提方法的仿真结果和对比如图 3.2.2 ~ 图 3.2.13 所示，实验结果如图 3.2.14 ~ 图 3.2.16 所示。当 $t < 10$s 时，负载扰动为 1 N·m。当 $t = 10$s 时，负载扰动迅速增加到 2N·m。给定的参考转速为 200r/min。图 3.2.14 显示了相应的转子角速度曲线。图 3.2.15 和图 3.2.16 分别为 d 轴和 q 轴电流曲线，由图可知，电流波动小，永磁同步电动机运行更加平稳。上述实验结果表明，所提出的控制方法具有转速波动小、抗干扰能力强等特点。

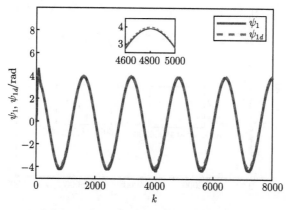

图 3.2.2　跟踪轨迹 (指令滤波控制)

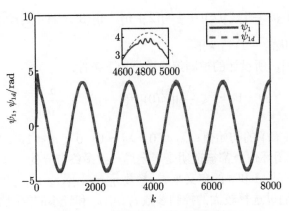

图 3.2.3　　跟踪轨迹 (动态面控制)

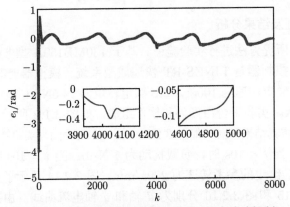

图 3.2.4　　转子角位置跟踪误差曲线 (指令滤波控制)

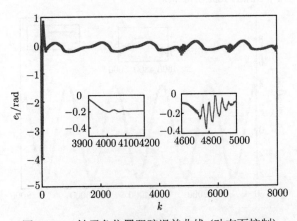

图 3.2.5　　转子角位置跟踪误差曲线 (动态面控制)

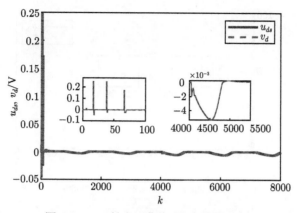

图 3.2.6　d 轴电压曲线 (指令滤波控制)

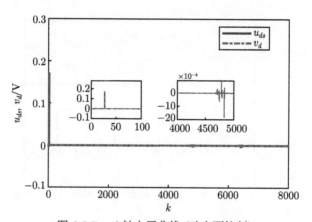

图 3.2.7　d 轴电压曲线 (动态面控制)

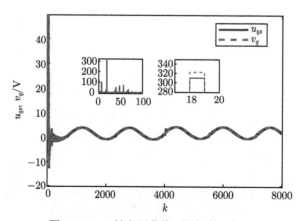

图 3.2.8　q 轴电压曲线 (指令滤波控制)

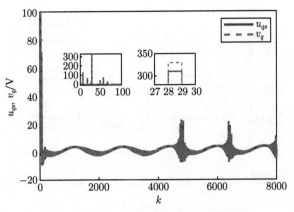

图 3.2.9　q 轴电压曲线 (动态面控制)

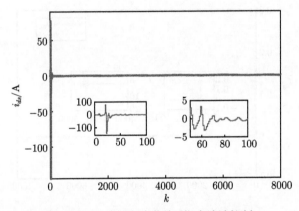

图 3.2.10　d 轴电流曲线 (指令滤波控制)

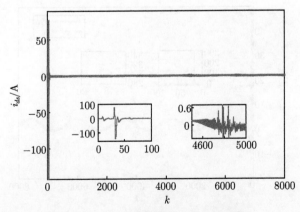

图 3.2.11　d 轴电流曲线 (动态面控制)

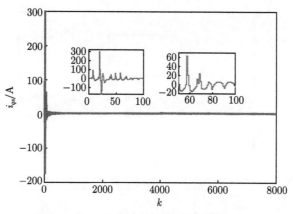

图 3.2.12 q 轴电流曲线 (指令滤波控制)

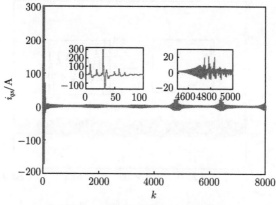

图 3.2.13 q 轴电流曲线 (动态面控制)

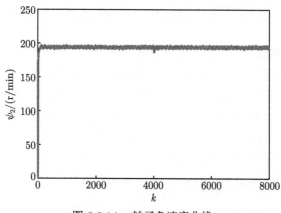

图 3.2.14 转子角速度曲线

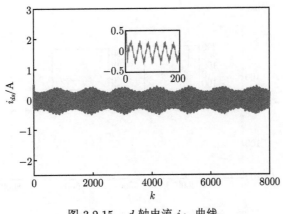

图 3.2.15　d 轴电流 i_{ds} 曲线

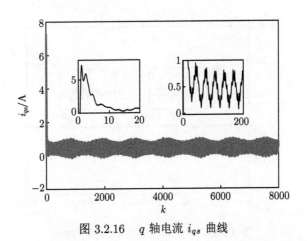

图 3.2.16　q 轴电流 i_{qs} 曲线

3.3　永磁同步电动机模糊自适应动态面控制

本节基于动态面技术和模糊逼近原理，结合自适应反步法设计永磁同步电动机的位置跟踪控制策略。利用模糊逻辑系统逼近永磁同步电动机系统中的非线性函数，通过引入一阶低通滤波技术来消除计算爆炸问题，采用反步法构造闭环系统的真实控制器，利用 Lyapunov 稳定性定理分析整个系统的稳定性。所设计的控制器能保证系统快速跟踪给定的信号，闭环系统所有的信号都是有界的，而且能够克服系统参数未知及负载扰动的影响。

3.3.1　系统模型及控制问题描述

在 d-q 旋转坐标系下，永磁同步电动机系统模型如下：

$$
\begin{cases}
\dfrac{\mathrm{d}\Theta}{\mathrm{d}t} = \omega \\[2mm]
J\dfrac{\mathrm{d}\omega}{\mathrm{d}t} = \dfrac{3}{2}n_p\left[(L_d - L_q)\,i_d i_q + \Phi i_q\right] - B\omega - T_L \\[2mm]
L_d\dfrac{\mathrm{d}i_d}{\mathrm{d}t} = -R_s i_d + n_p\omega L_q i_q + u_d \\[2mm]
L_q\dfrac{\mathrm{d}i_q}{\mathrm{d}t} = -R_s i_q - n_p\omega L_d i_d - n_p\omega\Phi + u_q
\end{cases}
\tag{3.3.1}
$$

式中，Θ 为转子角度；T_L 为外部负载转矩；ω 为转子角速度；i_d 和 i_q 为 d 轴电流和 q 轴电流；u_d 和 u_q 为 d 轴电压和 q 轴电压；n_p 为极对数；R_s 为定子电阻；L_d 和 L_q 为 d 轴和 q 轴定子电感；J 为转动惯量；Φ 为磁链；B 为摩擦系数。

为方便控制器设计，定义变量为

$$
\begin{cases}
x_1 = \Theta, \quad x_2 = \omega, \quad x_3 = i_q, \quad x_4 = i_d \\[2mm]
a_1 = \dfrac{3n_p\Phi}{2}, \quad a_2 = \dfrac{3n_p(L_d - L_q)}{2}, \quad b_1 = -\dfrac{R_s}{L_q}, \quad b_2 = -\dfrac{n_p L_d}{L_q} \\[2mm]
b_3 = -\dfrac{n_p\Phi}{L_q}, \quad b_4 = \dfrac{1}{L_q}, \quad c_1 = -\dfrac{R_s}{L_d}, \quad c_2 = \dfrac{n_p L_q}{L_d}, \quad c_3 = \dfrac{1}{L_d}
\end{cases}
\tag{3.3.2}
$$

根据定义的变量，永磁同步电动机系统的数学模型可以重新表示为

$$
\begin{cases}
\dot{x}_1 = x_2 \\[2mm]
\dot{x}_2 = \dfrac{a_1}{J}x_3 + \dfrac{a_2}{J}x_3 x_4 - \dfrac{B}{J}x_2 - \dfrac{T_L}{J} \\[2mm]
\dot{x}_3 = b_1 x_3 + b_2 x_2 x_4 + b_3 x_2 + b_4 u_q \\[2mm]
\dot{x}_4 = c_1 x_4 + c_2 x_2 x_3 + c_3 u_d
\end{cases}
\tag{3.3.3}
$$

定理 3.3.1[2]　若 $f(x)$ 是定义在紧集 Ω 上的连续光滑函数，并且对于任意小的正数 $\varepsilon > 0$，存在一个模糊逻辑系统 $W^{\mathrm{T}}S(x)$，从而可得 $\sup|f(x) - y(x)| \leqslant \varepsilon$。其中，$S(x) = [s_1(x), \cdots, s_N(x)]^{\mathrm{T}}\Big/\displaystyle\sum_{j=1}^{N} s_j(x)$，称为基向量函数，$N$ 为节点数；W 是权向量函数。本书选择高斯函数 $S_i(x) = \exp\left[\dfrac{-(x - \mu_i)^{\mathrm{T}}(x - \mu_i)}{\eta_i^2}\right]$ $(i = 1, 2, \cdots, N)$。通过选择合适的自适应参数来调整相应的估计值。

控制任务　对于式 (3.3.3) 所示的系统模型，基于动态面控制方法构造一种模糊自适应控制器，使得：

(1) 永磁同步电动机转子角位置 $x_1(k)$ 能够跟踪给定的参考信号 $x_d(k)$，跟踪误差收敛到原点的一个充分小的邻域内；

(2) 闭环系统的所有信号半全局一致最终有界。

3.3.2   模糊自适应动态面反步递推控制设计

基于动态面技术[3] 来构造模糊自适应控制器，具体步骤如下。

第 1 步   定义跟踪误差变量 $z_1 = x_1 - x_d$，x_d 为给定的参考信号，令 $\dot{z}_1 = x_2 - \dot{x}_d$。选取 Lyapunov 函数为

$$V_1 = \frac{1}{2} z_1^2 \tag{3.3.4}$$

对式 (3.3.4) 求导可得

$$\dot{V}_1 = z_1 \dot{z}_1 = z_1 (x_2 - \dot{x}_d) \tag{3.3.5}$$

选取虚拟控制器为

$$\alpha_1 = -k_1 z_1 + \dot{x}_d \tag{3.3.6}$$

式中，$k_1 > 0$。

定义新的变量 α_{1d}，用一阶低通滤波技术处理虚拟控制器可得

$$\xi_1 \dot{\alpha}_{1d} + \alpha_{1d} = \alpha_1, \quad \alpha_{1d}(0) = \alpha_1(0) \tag{3.3.7}$$

式中，$\xi_1 > 0$。将 x_2 看作第一个子系统的控制输入，定义误差变量 $z_2 = x_2 - \alpha_{1d}$，将式 (3.3.6) 和式 (3.3.7) 代入式 (3.3.5)，可得

$$\dot{V}_1 = z_1 \dot{z}_1 = z_1 (z_2 + \alpha_{1d} - \alpha_1 + \alpha_1 - \dot{x}_d)$$
$$= -k_1 z_1^2 + z_1 (\alpha_{1d} - \alpha_1) + z_1 z_2 \tag{3.3.8}$$

第 2 步 z_2 的导数为

$$\dot{z}_2 = \frac{a_1}{J} x_3 + \frac{a_2}{J} x_3 x_4 - \frac{B}{J} x_2 - \frac{T_L}{J} - \dot{\alpha}_{1d} \tag{3.3.9}$$

选取 Lyapunov 函数为

$$V_2 = V_1 + \frac{J}{2} z_2^2 \tag{3.3.10}$$

对式 (3.3.10) 求导，并将式 (3.3.8) 和式 (3.3.9) 代入可得

$$\dot{V}_2 = -k_1 z_1^2 + z_1 (\alpha_{1d} - \alpha_1)$$
$$+ z_2 (z_1 + a_1 x_3 + a_2 x_3 x_4 - B x_2 - T_L - J \dot{\alpha}_{1d}) \tag{3.3.11}$$

实际中，永磁同步电动机的负载转矩不是无限大的，假定存在一个正数 d，使得 $|T_L| \leqslant d$，利用杨氏不等式可得

$$-z_2 T_L \leqslant \frac{1}{2\varepsilon_1^2} z_2^2 + \frac{1}{2}\varepsilon_1^2 d^2 \tag{3.3.12}$$

式中，ε_1 为一个任意小的正数。

将式 (3.3.12) 代入式 (3.3.11)，可得

$$\dot{V}_2 \leqslant - k_1 z_1^2 + z_1 \left(\alpha_{1d} - \alpha_1 \right)$$

$$+ z_2 \left(z_1 + a_1 x_3 + a_2 x_3 x_4 - B x_2 + \frac{1}{2\varepsilon_1^2} z_2 - J\dot{\alpha}_{1d} \right) + \frac{1}{2}\varepsilon_1^2 d^2 \tag{3.3.13}$$

令非线性函数 $f_2(Z_2) = z_1 + a_1 x_3 + a_2 x_3 x_4 - B x_2 + \dfrac{1}{2\varepsilon_1^2} z_2 - J\dot{\alpha}_{1d}$，其中 $Z_2 = [x_1, x_2, x_3, x_4, x_d, \dot{x}_d]^{\mathrm{T}}$。根据定理 3.3.1，对于任意小的 $\varepsilon_2 < 0$，存在模糊逻辑系统 $W_2^{\mathrm{T}} S_2$，使得 $f_2 = W_2^{\mathrm{T}} S_2 + \delta_2$，$\delta_2$ 为逼近误差且满足 $|\delta_2| \leqslant \varepsilon_2$，从而可得

$$z_2 f_2 \leqslant \frac{1}{2l_2^2} z_2^2 \|W_2\|^2 S_2^{\mathrm{T}} S_2 + \frac{1}{2}l_2^2 + \frac{1}{2}z_2^2 + \frac{1}{2}\varepsilon_2^2 \tag{3.3.14}$$

式中，$\|W_2\|$ 为向量 W_2 的范数。

将式 (3.3.14) 代入式 (3.3.13)，可得

$$\dot{V}_2 \leqslant - k_1 z_1^2 + z_1 \left(\alpha_{1d} - \alpha_1 \right) + z_2 \left(a_1 x_3 + \frac{1}{2l_2^2} z_2 \|W_2\|^2 S_2^{\mathrm{T}} S_2 + \frac{1}{2}z_2 \right)$$

$$+ \frac{1}{2}\varepsilon_1^2 d^2 + \frac{1}{2}l_2^2 + \frac{1}{2}\varepsilon_2^2 \tag{3.3.15}$$

选取虚拟控制器 α_2 为

$$\alpha_2 = \frac{1}{a_1} \left(-k_2 z_2 - \frac{1}{2}z_2 - \frac{1}{2l_2^2} z_2 \hat{\theta} S_2^{\mathrm{T}} S_2 \right) \tag{3.3.16}$$

式中，$k_2 > 0$；$\hat{\theta}$ 为 θ 的估计值，θ 将在后面定义。

定义变量 α_{2d}，用一阶低通滤波技术处理 α_2，可得

$$\xi_2 \dot{\alpha}_{2d} + \varepsilon_{2d} = \alpha_2, \quad \alpha_{2d}(0) = \alpha_2(0) \tag{3.3.17}$$

式中，$\xi_2 = 0$。

定义误差变量 $z_3 = x_3 - x_{2d}$，将式 (3.3.17) 代入式 (3.3.15) 可得

$$\dot{V}_2 \leqslant - k_1 z_1^2 - k_2 z_2^2 + z_1 \left(\alpha_{1d} - \alpha_1 \right) + a_1 z_2 \left(\alpha_{2d} - \alpha_2 \right)$$

$$+ \frac{1}{2l_2^2} z_2^2 \left(\|W_2\|^2 - \hat{\theta} \right) S_2^{\mathrm{T}} S_2 + \frac{1}{2}\varepsilon_2^2 d^2 + \frac{1}{2}l_2^2 + \frac{1}{2}\varepsilon_2^2 + a_1 z_2 z_3 \tag{3.3.18}$$

第 3 步　z_3 的导数为

$$\dot{z}_3 = \dot{x}_3 - \dot{\alpha}_{2d} = b_1 x_3 + b_2 x_2 x_4 + b_3 x_2 + b_4 u_q - \dot{\alpha}_{2d} \tag{3.3.19}$$

选取 Lyapunov 函数为

$$V_3 = V_2 + \frac{1}{2} z_3^2 \tag{3.3.20}$$

对 V_3 求导并将式 (3.3.18) 和式 (3.3.19) 代入，可得

$$
\begin{aligned}
\dot{V}_3 &= \dot{V}_2 + z_3 \dot{z}_3 \\
&\leqslant - k_1 z_1^2 + z_1 \left(\alpha_{1d} - \alpha_1 \right) + a_1 z_2 \left(\alpha_{2d} - \alpha_2 \right) \\
&\quad + \frac{1}{2 l_2^2} z_2^2 \left(\|W_2\|^2 - \hat{\theta} \right) S_2^{\mathrm{T}} S_2 + \frac{1}{2} \varepsilon_2^2 d^2 + \frac{1}{2} l_2^2 + \frac{1}{2} \varepsilon_2^2 \\
&\quad + z_3 \left(a_1 z_2 + b_1 x_3 + b_2 x_2 x_4 + b_3 x_2 + b_4 u_q - \dot{\alpha}_{2d} \right)
\end{aligned} \tag{3.3.21}
$$

令 $f_3 (Z_3) = a_1 z_2 + b_1 x_3 + b_2 x_2 x_4 + b_3 x_2 - \dot{\alpha}_{2d}$，$Z_3 = Z_2$。同理，根据定理 3.3.1，可得

$$z_3 f_3 \leqslant \frac{1}{2 l_3^2} z_3^2 \|W_3\|^2 S_3^{\mathrm{T}} S_3 + \frac{1}{2} l_3^2 + \frac{1}{2} z_3^2 + \frac{1}{2} \varepsilon_3^2 \tag{3.3.22}$$

式中，$\|W_3\|$ 是向量 W_3 的范数。

将式 (3.3.22) 代入式 (3.3.21) 可得

$$
\begin{aligned}
\dot{V}_3 &\leqslant - k_1 z_1^2 - k_2 z_2^2 + z_1 \left(\alpha_{1d} - \alpha_1 \right) + a_1 z_2 \left(\alpha_{2d} - \alpha_2 \right) \\
&\quad + \frac{1}{2 l_2^2} z_2^2 \left(\|W_2\|^2 - \hat{\theta} \right) S_2^{\mathrm{T}} S_2 + \frac{1}{2} \varepsilon_2^2 d^2 + \frac{1}{2} l_2^2 + \frac{1}{2} \varepsilon_2^2 + \frac{1}{2} l_3^2 + \frac{1}{2} \varepsilon_3^2 \\
&\quad + z_3 \left(b_4 u_q + \frac{1}{2 l_3^2} z_3 \|W_3\|^2 S_3^{\mathrm{T}} S_3 + \frac{1}{2} z_3 \right)
\end{aligned} \tag{3.3.23}
$$

选取实际控制器 u_q 为

$$u_q = \frac{1}{b_4} \left(-k_3 z_3 - \frac{1}{2} z_3 - \frac{1}{2 l_3^2} z_3 \hat{\theta} S_3^{\mathrm{T}} S_3 \right) \tag{3.3.24}$$

式中，$k_3 > 0$。

将式 (3.3.24) 代入式 (3.3.23) 可得

$$
\begin{aligned}
\dot{V}_3 &\leqslant - k_1 z_1^2 - k_2 z_2^2 - k_3 z_3^2 + z_1 \left(\alpha_{1d} - \alpha_1 \right) + a_1 z_2 \left(\alpha_{2d} - \alpha_2 \right) \\
&\quad + \frac{1}{2 l_2^2} z_2^2 \left(\|W_2\|^2 - \hat{\theta} \right) S_2^{\mathrm{T}} S_2 + \frac{1}{2 l_3^2} z_3^2 \left(\|W_3\|^2 - \hat{\theta} \right) S_3^{\mathrm{T}} S_3
\end{aligned}
$$

$$+ \frac{1}{2}\varepsilon_2^2 d^2 + \frac{1}{2}l_2^2 + \frac{1}{2}\varepsilon_2^2 + \frac{1}{2}l_3^2 + \frac{1}{2}\varepsilon_3^2 \tag{3.3.25}$$

第 4 步 定义 $z_4 = x_4$，选取 Lyapunov 函数 $V_4 = V_3 + \frac{1}{2}z_4^2$，对 V_4 求导可得

$$\begin{aligned}
\dot{V}_4 = \dot{V}_3 + z_4 \dot{z}_4 \leqslant &-k_1 z_1^2 - k_2 z_2^2 - k_3 z_3^2 + z_1\left(\alpha_{1d} - \alpha_1\right) \\
&+ a_1 z_2 \left(\alpha_{2d} - \alpha_2\right) + \frac{1}{2l_2^2}z_2^2\left(\|W_2\|^2 - \hat{\theta}\right)S_2^{\mathrm{T}}S_2 \\
&+ \frac{1}{2l_3^2}z_3^2\left(\|W_3\|^2 - \hat{\theta}\right)S_3^{\mathrm{T}}S_3 + \frac{1}{2}\varepsilon_2^2 d^2 + \frac{1}{2}l_2^2 + \frac{1}{2}\varepsilon_2^2 \\
&+ \frac{1}{2}l_3^2 + \frac{1}{2}\varepsilon_3^2 + z_4\left(c_1 x_4 + c_2 x_2 x_3 + c_3 u_d\right)
\end{aligned} \tag{3.3.26}$$

令 $f_4\left(Z_4\right) = c_1 x_4 + c_2 x_2 x_3$，$Z_4 = Z_2$。同理，根据定理 3.3.1，可得

$$z_4 f_4 \leqslant \frac{1}{2l_4^2}z_4^2\|W_4\|^2 S_4^{\mathrm{T}}S_4 + \frac{1}{2}l_4^2 + \frac{1}{2}z_4^2 + \frac{1}{2}\varepsilon_4^2 \tag{3.3.27}$$

将式 (3.3.27) 代入式 (3.3.26)，可得

$$\begin{aligned}
\dot{V}_4 \leqslant &-k_1 z_1^2 - k_2 z_2^2 - k_3 z_3^2 + z_1\left(\alpha_{1d} - \alpha_1\right) + a_1 z_2\left(\alpha_{2d} - \alpha_2\right) \\
&+ \frac{1}{2l_2^2}z_2^2\left(\|W_2\|^2 - \hat{\theta}\right)S_2^{\mathrm{T}}S_2 + \frac{1}{2l_3^2}z_3^2\left(\|W_3\|^2 - \hat{\theta}\right)S_3^{\mathrm{T}}S_3 \\
&+ \frac{1}{2}\varepsilon_2^2 d^2 + \frac{1}{2}l_2^2 + \frac{1}{2}\varepsilon_2^2 + \frac{1}{2}l_3^2 + \frac{1}{2}\varepsilon_3^2 + \frac{1}{2}l_4^2 + \frac{1}{2}\varepsilon_4^2 \\
&+ z_4\left(c_3 u_d + \frac{1}{2l_4^2}z_4\|W_4\|^2 S_4^{\mathrm{T}}S_4 + \frac{1}{2}z_4\right)
\end{aligned} \tag{3.3.28}$$

选取实际控制器 u_d 为

$$u_d = \frac{1}{c_3}\left(-k_4 z_4 - \frac{1}{2}z_4 - \frac{1}{2l_4^2}z_4 \hat{\theta}S_4^{\mathrm{T}}S_4\right) \tag{3.3.29}$$

式中，$k_4 > 0$；$\hat{\theta}$ 为 θ 的估计，$\theta = \max\left\{\|W_2\|^2, \|W_3\|^2, \|W_4\|^2\right\}$。

结合式 (3.3.29)，则式 (3.3.28) 可表示为

$$\begin{aligned}
\dot{V}_4 \leqslant &-k_1 z_1^2 - k_2 z_2^2 - k_3 z_3^2 - k_4 z_4^2 + \frac{1}{2}\varepsilon_2^2 d^2 + z_1\left(\alpha_{1d} - \alpha_1\right) \\
&+ a_1 z_2\left(\alpha_{2d} - \alpha_2\right) + \frac{1}{2l_2^2}z_2^2\left(\theta - \hat{\theta}\right)S_2^{\mathrm{T}}S_2 + \frac{1}{2l_3^2}z_3^2\left(\theta - \hat{\theta}\right)S_3^{\mathrm{T}}S_3
\end{aligned}$$

$$+ \frac{1}{2l_4^2} z_4^2 \left(\theta - \hat{\theta} \right) S_4^{\mathrm{T}} S_4 + \frac{1}{2} l_2^2 + \frac{1}{2} \varepsilon_2^2 + \frac{1}{2} l_3^2 + \frac{1}{2} \varepsilon_3^2 + \frac{1}{2} l_4^2 + \frac{1}{2} \varepsilon_4^2 \quad (3.3.30)$$

定义 $y_1 = \alpha_{1d} - \alpha_1$，$y_2 = \alpha_{2d} - \alpha_2$，$\tilde{\theta} = \hat{\theta} - \theta$，有

$$\dot{y}_1 = \dot{\alpha}_{1d} - \dot{\alpha}_1 = -\frac{\alpha_{1d} - \alpha_1}{\xi_1} - \dot{\alpha}_1 = \frac{y_1}{\xi_1} + k_1 \dot{z}_1 - \ddot{x}_d = -\frac{y_1}{\xi_1} + D_1$$

$$\dot{y}_2 = \dot{\alpha}_{2d} - \dot{\alpha}_2 = -\frac{\alpha_{2d} - \alpha_2}{\xi_2} - \dot{\alpha}_2 = \frac{y_2}{\xi_2} + D_2 \qquad (3.3.31)$$

式中，

$$D_2 = -\frac{1}{a_1} \left(-k_2 \dot{z}_2 - \frac{1}{2} \dot{z}_2 - \frac{1}{2l_2^2} \dot{z}_2 \hat{\theta} S_2^{\mathrm{T}} S_2 - \frac{1}{2l_2^2} z_2 \dot{\hat{\theta}} S_2^{\mathrm{T}} S_2 - \frac{1}{l_2^2} z_2 \hat{\theta} \frac{\partial S_2 \left(Z_2 \right)}{\partial Z_2} \dot{Z}_2 S_2 \left(Z_2 \right) \right)$$

选取整个系统的 Lyapunov 函数为 $V = V_4 + \frac{1}{2} y_1^2 + \frac{1}{2} y_2^2 + \frac{1}{2r} \tilde{\theta}^2$，$r$ 为正数，则 V 的导数为

$$\dot{V} \leqslant -k_1 z_1^2 - k_2 z_2^2 - k_3 z_3^2 - k_4 z_4^2 + \frac{1}{2} l_2^2 + \frac{1}{2} \varepsilon_2^2 + \frac{1}{2} l_3^2$$

$$+ \frac{1}{2} \varepsilon_3^2 + \frac{1}{2} l_4^2 + \frac{1}{2} \varepsilon_4^2 + \frac{1}{2} \varepsilon_2^2 d^2 + z_1 y_1 + a_1 z_2 y_2 + y_1 \dot{y}_1 + y_2 \dot{y}_2$$

$$+ \frac{1}{r} \tilde{\theta} \left(\dot{\hat{\theta}} - \frac{r}{2l_2^2} z_2^2 \tilde{\theta} S_2^{\mathrm{T}} S_2 - \frac{r}{2l_3^2} z_3^2 \tilde{\theta} S_3^{\mathrm{T}} S_3 - \frac{r}{2l_4^2} z_4^2 \tilde{\theta} S_4^{\mathrm{T}} S_4 \right) \qquad (3.3.32)$$

由式 (3.3.32) 可得相应的自适应律为

$$\dot{\hat{\theta}} = \frac{r}{2l_2^2} z_2^2 \tilde{\theta} S_2^{\mathrm{T}} S_2 + \frac{r}{2l_3^2} z_3^2 \tilde{\theta} S_3^{\mathrm{T}} S_3 + \frac{r}{2l_4^2} z_4^2 \tilde{\theta} S_4^{\mathrm{T}} S_4 - m\hat{\theta} \qquad (3.3.33)$$

式中，m 和 $l_i \, (i = 2, 3, 4)$ 皆为正数。

3.3.3　稳定性分析

将自适应律代入式 (3.3.32)，可得

$$\dot{V} \leqslant -k_1 z_1^2 - k_2 z_2^2 - k_3 z_3^2 - k_4 z_4^2 + \frac{1}{2} l_2^2 + \frac{1}{2} \varepsilon_2^2 + \frac{1}{2} l_3^2 + \frac{1}{2} \varepsilon_3^2 + \frac{1}{2} l_4^2$$

$$+ \frac{1}{2} \varepsilon_4^2 + \frac{1}{2} \varepsilon_2^2 d^2 + z_1 y_1 + a_1 z_2 y_2 + y_1 \dot{y}_1 + y_2 \dot{y}_2 - \frac{m}{r} \tilde{\theta} \hat{\theta} \qquad (3.3.34)$$

根据文献 [4] 和 [5]，在紧集 $\{|\Omega_i| \, (i = 1, 2), |D_i| \leqslant D_{iM}\}$ 内，可得到如下不等式：

$$y_1 \dot{y}_1 \leqslant -\frac{y_1^2}{\xi_1} + |D_{1M}| \, |y_1| \leqslant -\frac{y_1^2}{\xi_1} + \frac{1}{2\tau} D_{1M}^2 y_1^2 + \frac{\tau}{2}$$

$$y_2 \dot{y}_2 \leqslant -\frac{y_2^2}{\xi_2} + |D_{2M}| \, |y_2| \leqslant -\frac{y_2^2}{\xi_2} + \frac{1}{2\tau} D_{2M}^2 y_2^2 + \frac{\tau}{2} \tag{3.3.35}$$

式中，$\tau > 0$。

对于 $\tilde{\theta}\dot{\hat{\theta}}$，有

$$-\tilde{\theta}\dot{\hat{\theta}} = -\tilde{\theta}\left(\tilde{\theta} + \theta\right) \leqslant -\frac{\tilde{\theta}^2}{2} + \frac{\theta^2}{2} \tag{3.3.36}$$

同理可得如下不等式：

$$z_1 y_1 \leqslant \frac{1}{4}y_1^2 + z_1^2, \quad a_1 z_2 y_2 \leqslant \frac{a_1^2}{4}y_2^2 + z_2^2 \tag{3.3.37}$$

利用上述不等式，可得

$$\dot{V} \leqslant -\left(k_1 - 1\right)z_1^2 - \left(k_1 - 1\right)z_2^2 - k_3 z_3^2 - k_4 z_4^2 - \frac{m}{2r}\tilde{\theta}^2$$

$$-\left[\frac{1}{\xi_1} - \left(\frac{1}{4} + \frac{1}{2\tau}D_{1M}^2\right)\right]y_1^2 - \left[\frac{1}{\xi_2} - \left(\frac{a_1^2}{4} + \frac{1}{2\tau}D_{2M}^2\right)\right]y_2^2 + \frac{m}{2r}\theta^2$$

$$+\frac{1}{2}\varepsilon_2^2 d^2 + \sum_{i=2}^{4}\left(\frac{1}{2}l_i^2 + \frac{1}{2}\varepsilon_i^2\right) + \tau \leqslant a_0 V + b_0 \tag{3.3.38}$$

式中，

$$a_0 = \min\left\{2\left(k_1 - 1\right), \frac{2\left(k_2 - 1\right)}{J}, 2k_3, 2k_4, m,\right.$$

$$\left. 2\left[\frac{1}{\xi_1} - \left(\frac{1}{4} + \frac{1}{2\tau}D_{1M}^2\right)\right], 2\left[\frac{1}{\xi_2} - \left(\frac{a_1^2}{4} + \frac{1}{2\tau}D_{2M}^2\right)\right]\right\} \tag{3.3.39}$$

$$b_0 = \frac{m}{2r}\theta^2 + \frac{1}{2}\varepsilon_2^2 d^2 + \sum_{i=2}^{4}\left(\frac{1}{2}l_i^2 + \frac{1}{2}\varepsilon_i^2\right) + \tau$$

由式 (3.3.38) 可得

$$V \leqslant \left(V\left(t_0\right) - \frac{b_0}{a_0}\right)e^{-a_0(t-t_0)} + \frac{b_0}{a_0} \leqslant V\left(t_0\right) + \frac{b_0}{a_0}, \quad \forall t \geqslant t_0 \tag{3.3.40}$$

式 (3.3.40) 表明 $z_i\,(i = 1,2,3,4)$ 和 $\tilde{\theta}$ 属于紧集

$$\Omega = \left\{\left(z_i, \tilde{\theta}\right) \Big| V \leqslant V\left(t_0\right) + \frac{b_0}{a_0}, \forall t \geqslant 0\right\} \tag{3.3.41}$$

并且有

$$\lim_{t \to \infty} z_1^2 \leqslant \frac{2b_0}{a_0} \tag{3.3.42}$$

3.3.4　仿真验证及结果分析

在 MATLAB 环境下进行仿真，验证所提方法的有效性。永磁同步电动机参数选取为

$$J = 0.00379\text{kg·m}^2, \quad B = 0.001158\text{N·m/(rad/s)}$$
$$R_s = 0.68\Omega, \quad n_p = 3$$
$$L_q = 0.00285\text{H}, \quad \Phi = 0.1245\text{Wb}$$

负载转矩为 $T_L = \begin{cases} 1.5\text{N·m}, & 0\text{s} \leqslant t \leqslant 20\text{s} \\ 3\text{N·m}, & t > 20\text{s} \end{cases}$

选取的模糊集为

$$\mu_{F_i^l} = \exp\left[\frac{-(x+l)^2}{2}\right], \quad l \in N, \, l \in [-5, 5]$$

选择控制参数为

$$k_1 = 60, \quad k_2 = 20, \quad k_3 = 35, \quad k_4 = 20, \quad k_5 = 25, \quad r = 0.01$$
$$l_2 = l_3 = l_4 = 0.5, \quad \xi_1 = \xi_2 = 0.05, \quad m = 0.05$$

跟踪信号为 $x_d = 0.5\sin(t) + \sin(0.5t)(\text{rad})$，仿真结果如图 3.3.1 ~ 图 3.3.4 所示。图 3.3.1 为位置跟踪误差曲线，图 3.3.2 为 q 轴电压 u_q 的曲线，图 3.3.3 为 d 轴电压 u_d 的曲线，图 3.3.4 为定子电流 i_q 和 i_d 的曲线。

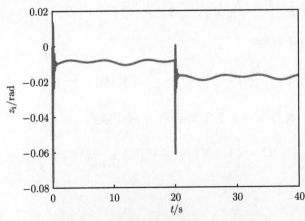

图 3.3.1　转子角位置跟踪误差 z_1 曲线

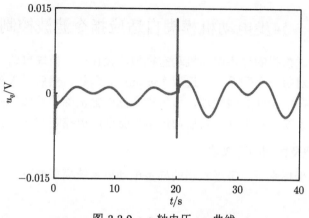

图 3.3.2　q 轴电压 u_q 曲线

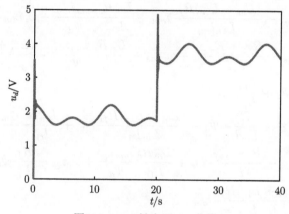

图 3.3.3　d 轴电压 u_d 曲线

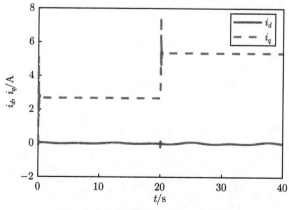

图 3.3.4　定子电流 i_d 和 i_q 曲线

3.4　异步电动机模糊自适应指令滤波控制

本节基于考虑铁损的异步电动机动态模型，设计一种模糊自适应指令滤波控制器。首先，针对每一个子系统，选取 Lyapunov 函数。然后引入模糊逻辑系统来处理系统中存在的未知非线性项，引入指令滤波器消除计算爆炸问题给系统带来的影响，证明系统的稳定性。最后通过仿真验证所提控制方法的有效性。

3.4.1　系统模型及控制问题描述

在 d-q 旋转坐标系下，考虑铁损的异步电动机系统模型如下：

$$
\begin{cases}
\dot{\Theta} = \omega_r \\
\dot{\omega}_r = \dfrac{n_p^2 L_m}{J L_{1r}} i_{qm} \Psi_d - \dfrac{n_p T_L}{J} \\
\dot{i}_{qm} = \dfrac{R_{fe}}{L_m} i_{qs} - \dfrac{(L_m + L_{1r})R_{fe}}{L_{1r}L_m} i_{qm} + \dfrac{L_m R_r}{L_{1r}} \dfrac{i_{qm} i_{dm}}{\Psi_d} + \omega_r i_{dm} \\
\dot{i}_{qs} = \dfrac{1}{L_{1r}} u_{qs} - \dfrac{R_{fe}+R_s}{L_{1s}} i_{qs} + \omega_r i_{ds} + \dfrac{L_m R_r}{L_{1r}} \dfrac{i_{qm} i_{ds}}{\Psi_d} + \dfrac{(L_m + L_{1r})R_{fe}}{L_{1r}L_{1s}} i_{qm} \\
\dot{\Psi}_d = -\dfrac{R_r}{L_{1r}} \Psi_d + \dfrac{L_m}{L_{1r}} i_{dm} \\
\dot{i}_{dm} = \dfrac{R_{fe}}{L_m} i_{ds} + \dfrac{R_{fe}}{L_m L_{1r}} \Psi_d - \dfrac{(L_m + L_{1r})R_{fe}}{L_m L_{1r}} i_{dm} + \dfrac{L_m R_r}{L_{1r}} \dfrac{i_{qm}^2}{\Psi_d} + \omega_r i_{qm} \\
\dot{i}_{ds} = \dfrac{1}{L_{1s}} u_{ds} - \dfrac{R_s + R_{fe}}{L_{1s}} i_{ds} + \dfrac{L_m R_r}{L_{1r}} \dfrac{i_{qm} i_{qs}}{\Psi_d} + \omega_r i_{qs} - \dfrac{R_{fe}}{L_{1s}^2} \Psi_d \\
\qquad + \dfrac{(L_m + L_{1r})R_{fe}}{L_{1r}L_{1s}} i_{dm}
\end{cases}
\tag{3.4.1}
$$

为便于控制器设计，定义变量为

$$
\begin{cases}
x_1 = \Theta, \quad x_2 = \omega_r, \quad x_3 = i_{qm}, \quad x_4 = i_{qs}, \quad x_5 = \Psi_d, \quad x_6 = i_{dm}, \quad x_7 = i_{ds} \\
a_1 = \dfrac{n_p^2 L_m}{L_{1r}}, \quad b_1 = \dfrac{R_{fe}}{L_m}, \quad b_2 = \dfrac{(L_m + L_{1r})R_{fe}}{L_{1r}L_m}, \quad b_3 = \dfrac{L_m R_r}{L_{1r}} \\
c_1 = \dfrac{1}{L_{1r}}, \quad c_2 = \dfrac{R_{fe}+R_s}{L_{1s}}, \quad c_3 = \dfrac{L_m R_r}{L_{1r}}, \quad c_4 = \dfrac{(L_m + L_{1r})R_{fe}}{L_{1r}L_{1s}} \\
d_1 = -\dfrac{R_r}{L_{1r}}, \quad d_2 = \dfrac{L_m}{L_{1r}}, \quad e_1 = \dfrac{R_{fe}}{L_m}, \quad e_2 = \dfrac{R_{fe}}{L_m L_{1r}} \\
e_3 = \dfrac{(L_m + L_{1r})R_{fe}}{L_m L_{1r}}, \quad e_4 = \dfrac{L_m R_r}{L_{1r}}, \quad f_1 = \dfrac{1}{L_{1s}}, \quad f_2 = \dfrac{R_s + R_{fe}}{L_{1s}} \\
f_3 = \dfrac{L_m R_r}{L_{1r}}, \quad f_4 = \dfrac{R_{fe}}{L_{1s}^2}, \quad f_5 = \dfrac{(L_m + L_{1r})R_{fe}}{L_{1r}L_{1s}}
\end{cases}
\tag{3.4.2}
$$

可以将考虑铁损的异步电动机系统模型表示为

$$
\begin{cases}
\dot{x}_1 = x_2 \\
\dot{x}_2 = \dfrac{1}{J}a_1 x_3 x_5 - \dfrac{n_p T_L}{J} \\
\dot{x}_3 = b_1 x_4 - b_2 x_3 + b_3 \dfrac{x_3 x_6}{x_5} + x_2 x_6 \\
\dot{x}_4 = c_1 u_{qs} - c_2 x_4 + x_2 x_7 + c_3 \dfrac{x_3 x_7}{x_5} + c_4 x_3 \\
\dot{x}_5 = d_1 x_5 + d_2 x_6 \\
\dot{x}_6 = e_1 x_7 + e_2 x_5 - e_3 x_6 + e_4 \dfrac{x_3^2}{x_5} + x_2 x_3 \\
\dot{x}_7 = f_1 u_{ds} - f_2 x_7 + f_3 \dfrac{x_3 x_4}{x_5} + x_2 x_4 - f_4 x_5 + f_5 x_6
\end{cases}
\tag{3.4.3}
$$

定理 3.4.1[6] 对于指令滤波器 $\dot{z} = -\omega(z - q)$，若存在正常数 β 和 γ，使指令滤波器的输入信号 q 满足 $|q| < \beta$，$|\dot{q}| < \gamma$，则存在一个 ω_0，对于任意的 $\omega > \omega_0$，指令滤波器的输出 z 满足：

$$
|z - q| \leqslant \frac{\gamma}{\omega} < \frac{\gamma}{\omega_0}
$$

$$
\dot{z} < \gamma \tag{3.4.4}
$$

$$
\ddot{z} < 2\gamma\omega
$$

定理 3.4.1 只是证明了一阶指令滤波器的滤波能力，对于其他阶数的指令滤波器，也可以使用相似的方式来证明。对于一个光滑有界的指令滤波器输入信号，总能找到一组满足条件的滤波器参数，使得指令滤波器的滤波误差在一个很小的邻域内。从式 (3.4.4) 可以看出，参数 ω 越大，滤波误差越小，然而过大的滤波参数将增加指令滤波器的计算量，并且会在指令滤波器的初始化阶段产生大量的干扰。同时，随着指令滤波器阶数的增加，滤波效果逐渐变好，抗干扰能力也越来越强。但是随着指令滤波器阶数的增加，相应的计算量也在增加，对控制器的性能会产生严重的影响。因此在指令滤波器参数以及结构的选择上，需要充分考虑滤波信号以及被控系统的结构特性。在实际应用中，对于一阶指令滤波器，会将参数选择在一个较小的范围内，然后根据具体的实验数据对其进行调整。

控制任务 对于式 (3.4.3) 所示的考虑铁损的异步电动机数学模型，基于指令滤波反步控制方法构造一种指令滤波控制器，使得：

(1) 异步电动机转子角位置 x_1 可以跟踪给定的参考信号 x_d，跟踪误差收敛到原点的一个充分小的邻域内；

(2) 闭环系统的所有信号半全局一致最终有界。

3.4.2　模糊自适应指令滤波反步递推控制设计

基于指令滤波反步控制方法，考虑铁损的异步电动机指令滤波控制器设计步骤如下。

第 1 步　对于第一个子系统，定义误差为 $z_1 = x_1 - x_d$，x_d 为系统的参考信号。选取 Lyapunov 函数如下：

$$V_1 = \frac{1}{2}z_1^2 \tag{3.4.5}$$

对 V_1 求导可得

$$\dot{V}_1 = z_1 \dot{z}_1 = z_1(\dot{x}_1 - \dot{x}_d) = z_1(x_2 - \dot{x}_d) \tag{3.4.6}$$

将 x_2 视为第一个子系统的控制输入，选取虚拟控制器 $\alpha_1 = -k_1 z_1 + \dot{x}_d$，同样地，将 α_1 通过如下形式的指令滤波器：

$$\dot{e}_1 = -\omega_1(e_1 - \alpha_1) \tag{3.4.7}$$

式中，指令滤波器的输出为 e_1。

定义 $x_{1d} = e_1$，跟踪误差为 $z_2 = x_2 - x_{1d}$，可将式 (3.4.6) 化为

$$
\begin{aligned}
\dot{V}_1 &= z_1(z_2 + x_{1d} - \alpha_1 + \alpha_1 - \dot{x}_d) \\
&= z_1(z_2 + x_{1d} - \alpha_1 - k_1 z_1 + \dot{x}_d - \dot{x}_d) \\
&= -k_1 z_1^2 + z_1 z_2 + z_1(x_{1d} - \alpha_1)
\end{aligned}
\tag{3.4.8}
$$

第 2 步　对于第二个子系统，选取 Lyapunov 函数为

$$V_2 = V_1 + \frac{J}{2}z_2^2 \tag{3.4.9}$$

对 V_2 求导可得

$$
\begin{aligned}
\dot{V}_2 &= -k_1 z_1^2 + z_1 z_2 + z_1(x_{1d} - \alpha_1) + J z_2 \dot{z}_2 \\
&= -k_1 z_1^2 + z_1 z_2 + z_1(x_{1d} - \alpha_1) + z_2(a_1 x_3 x_5 - n_p T_L - J \dot{x}_{1d})
\end{aligned}
\tag{3.4.10}
$$

注意到实际的异步电动机驱动系统中负载转矩总是有界的，假定存在一个正常数 d，使得 $0 \leqslant n_p T_L \leqslant d$ 是合理的。利用杨氏不等式可得

$$z_2 n_p T_L \leqslant \frac{1}{2\varepsilon_2^2}z_2^2 + \frac{1}{2}\varepsilon_2^2 d^2 \tag{3.4.11}$$

式中，ε_2 是一个任意的正数。

将式 (3.4.11) 代入式 (3.4.10)，可得

$$\dot{V}_2 \leqslant -k_1 z_1^2 + z_1 z_2 + z_1(x_{1d} - \alpha_1) + z_2\left(a_1 x_3 x_5 - J\dot{x}_{1d} + \frac{1}{2\varepsilon_2^2}z_2\right) + \frac{1}{2}\varepsilon_2^2 d^2 \tag{3.4.12}$$

根据式 (3.4.12) 的形式，构造虚拟控制器如下：

$$\alpha_2 = \frac{-k_2 z_2 - z_1 + J\dot{x}_{1d} - \dfrac{1}{2\varepsilon_2^2}z_2}{a_1 x_5} \tag{3.4.13}$$

式中，$k_2 > 0$。

将 α_2 通过如下形式的指令滤波器，可得

$$\dot{e}_2 = -\omega_2(e_2 - \alpha_2) \tag{3.4.14}$$

式中，指令滤波器的输出为 $x_{2d} = e_2$。

定义跟踪误差为 $z_3 = x_3 - x_{2d}$，则式 (3.4.12) 可化为

$$\begin{aligned}
\dot{V}_2 \leqslant\ & -k_1 z_1^2 + z_2\left[a_1 x_5(z_3 + x_{2d} - \alpha_2 + \alpha_2) - J\dot{x}_{1d} + \frac{1}{2\varepsilon_2^2}z_2\right] \\
& + z_1(x_{1d} - \alpha_1) + \frac{1}{2}\varepsilon_2^2 d^2 + z_1 z_2 \\
\leqslant\ & -k_1 z_1^2 + z_1(x_{1d} - \alpha_1) + \frac{1}{2}\varepsilon_2^2 d^2 \\
& + z_2(a_1 x_5 z_3 - k_2 z_2) + a_1 x_5 z_2(x_{2d} - \alpha_2)
\end{aligned} \tag{3.4.15}$$

第 3 步 选取 Lyapunov 函数如下：

$$V_3 = V_2 + \frac{1}{2}z_3^2 \tag{3.4.16}$$

对 V_3 求导可得

$$\begin{aligned}
\dot{V}_3 \leqslant\ & -k_1 z_1^2 - k_2 z_2^2 + z_1(x_{1d} - \alpha_1) \\
& + \frac{1}{2}\varepsilon_2^2 d^2 + a_1 x_5 z_2 z_3 + a_1 x_5 z_2(x_{2d} - \alpha_2) \\
& + z_3\left(b_1 x_4 - b_2 x_3 + b_3\frac{x_3 x_6}{x_5} + x_2 x_6 - \dot{x}_{2d}\right)
\end{aligned} \tag{3.4.17}$$

利用万能逼近定理, 对于任意小的正数 ε_3, 存在模糊逻辑系统 $W_3^{\mathrm{T}}S_3$, 使得 $g_3 = W_3^{\mathrm{T}}S_3 + \delta_3$, δ_3 表示近似误差, 并存在不等式 $|\delta_3| \leqslant \varepsilon_3$, 从而有

$$
\begin{aligned}
z_3 g_3 &= z_3 W_3^{\mathrm{T}} S_3 + z_3 \delta_3 \\
&\leqslant \frac{1}{2l_3^2} z_3^2 \|W_3\|^2 S_3^{\mathrm{T}} S_3 + \frac{1}{2} l_3^2 + \frac{1}{2} z_3^2 + \frac{1}{2} \varepsilon_3^2
\end{aligned}
\tag{3.4.18}
$$

式中, $\|W_3\|$ 是向量 W_3 的范数。

将式 (3.4.18) 代入式 (3.4.17), 可得

$$
\begin{aligned}
\dot{V}_3 \leqslant &- k_1 z_1^2 - k_2 z_2^2 + z_1(x_{1d} - \alpha_1) + \frac{1}{2}\varepsilon_2^2 d^2 + a_1 x_5 z_2(x_{2d} - \alpha_2) \\
&+ z_3(b_1 x_4 - \dot{\alpha}_{2d}) + \frac{1}{2l_3^2} z_3^2 \|W_3\|^2 S_3^{\mathrm{T}} S_3 + \frac{1}{2} l_3^2 + \frac{1}{2} z_3^2 + \frac{1}{2} \varepsilon_3^2
\end{aligned}
\tag{3.4.19}
$$

基于式 (3.4.19) 的结构, 设计如下形式的虚拟控制器:

$$
\alpha_3 = \frac{1}{b_1} \left(-k_3 z_3 - \frac{1}{2} z_3 - \frac{1}{2l_3^2} z_3 \hat{\theta} S_3^{\mathrm{T}} S_3 + \dot{\alpha}_{2d} \right)
\tag{3.4.20}
$$

式中, $k_3 > 0$; $\hat{\theta}$ 为 θ 的估计值, θ 在后面定义。

将 α_3 通过如下形式的指令滤波器:

$$
\dot{e}_3 = -\omega_3(e_3 - \alpha_3)
\tag{3.4.21}
$$

式中, 指令滤波器的输出为 $x_{3d} = e_3$。

定义跟踪误差为 $z_4 = x_4 - x_{3d}$, 式 (3.4.19) 可化为

$$
\begin{aligned}
\dot{V}_3 \leqslant &- k_1 z_1^2 - k_2 z_2^2 + z_1(x_{1d} - \alpha_1) + \frac{1}{2}\varepsilon_2^2 d^2 + a_1 x_5 z_2(x_{2d} - \alpha_2) - z_3 \dot{\alpha}_{2d} \\
&+ z_3 b_1(z_4 + x_{3d} - \alpha_3 + \alpha_3) + \frac{1}{2l_3^2} z_3^2 \|W_3\|^2 S_3^{\mathrm{T}} S_3 + \frac{1}{2} l_3^2 + \frac{1}{2} z_3^2 + \frac{1}{2} \varepsilon_3^2 \\
\leqslant &- k_1 z_1^2 - k_2 z_2^2 - k_3 z_3^2 + z_1(x_{1d} - \alpha_1) + a_1 x_5 z_2(x_{2d} - \alpha_2) \\
&+ z_3 b_1(x_{3d} - \alpha_3) + b_1 z_3 z_4 + \frac{1}{2l_3^2} z_3^2 \|W_3\|^2 S_3^{\mathrm{T}} S_3 - \frac{1}{2l_3^2} z_3^2 \hat{\theta} S_3^{\mathrm{T}} S_3 \\
&+ \frac{1}{2} l_3^2 + \frac{1}{2} \varepsilon_3^2 + \frac{1}{2} \varepsilon_2^2 d^2
\end{aligned}
\tag{3.4.22}
$$

第 4 步 选取 Lyapunov 函数 $V_4 = V_3 + \dfrac{1}{2}z_4^2$。对 V_4 求导得

$$
\begin{aligned}
\dot{V}_4 \leqslant & -k_1 z_1^2 - k_2 z_2^2 - k_3 z_3^2 + z_1(x_{1d} - \alpha_1) + a_1 x_5 z_2(x_{2d} - \alpha_2) \\
& + z_3 b_1(x_{3d} - \alpha_3) + b_1 z_3 z_4 + \frac{1}{2l_3^2}z_3^2\|W_3\|^2 S_3^{\mathrm{T}}S_3 - \frac{1}{2l_3^2}z_3^2\hat{\theta}S_3^{\mathrm{T}}S_3 \\
& + z_4\left(c_1 u_{qs} - c_2 x_4 + x_2 x_7 + c_3\frac{x_3 x_7}{x_5} + c_4 x_3 - \dot{x}_{3d}\right) \\
& + \frac{1}{2}l_3^2 + \frac{1}{2}\varepsilon_3^2 + \frac{1}{2}\varepsilon_2^2 d^2
\end{aligned}
\tag{3.4.23}
$$

注意到非线性函数 g_4 含有未知的非线性项，由万能逼近定理可以得到，存在一个模糊逻辑系统 $W_4^{\mathrm{T}}S_4$，使得 $g_4 = W_4^{\mathrm{T}}S_4 + \delta_4$，$\delta_4$ 表示近似误差，并存在不等式 $|\delta_4| \leqslant \varepsilon_4$，可得如下不等式：

$$
z_4 g_4 = z_4 W_4^{\mathrm{T}}S_4 + z_4\delta_4 \leqslant \frac{1}{2l_4^2}z_4^2\|W_4\|^2 S_4^{\mathrm{T}}S_4 + \frac{1}{2}l_4^2 + \frac{1}{2}z_4^2 + \frac{1}{2}\varepsilon_4^2
\tag{3.4.24}
$$

将式 (3.4.24) 代入式 (3.4.23)，可得

$$
\begin{aligned}
\dot{V}_4 \leqslant & -k_1 z_1^2 - k_2 z_2^2 - k_3 z_3^2 + z_1(x_{1d} - \alpha_1) + a_1 x_5 z_2(x_{2d} - \alpha_2) \\
& + z_3 b_1(x_{3d} - \alpha_3) + \frac{1}{2l_3^2}z_3^2\|W_3\|^2 S_3^{\mathrm{T}}S_3 - \frac{1}{2l_3^2}z_3^2\hat{\theta}S_3^{\mathrm{T}}S_3 + \frac{1}{2}l_3^2 + \frac{1}{2}\varepsilon_3^2 \\
& + \frac{1}{2}\varepsilon_2^2 d^2 + z_4(c_1 u_{qs} - \dot{x}_{3d}) + \frac{1}{2l_4^2}z_4^2\|W_4\|^2 S_4^{\mathrm{T}}S_4 + \frac{1}{2}l_4^2 \\
& + \frac{1}{2}z_4^2 + \frac{1}{2}\varepsilon_4^2
\end{aligned}
\tag{3.4.25}
$$

设计控制器 u_{qs} 为

$$
u_{qs} = \left(-k_4 z_4 - \frac{1}{2}z_4 - \frac{1}{2l_4^2}z_4\hat{\theta}S_4^{\mathrm{T}}S_4 + \dot{x}_{3d}\right)\Big/c_1
\tag{3.4.26}
$$

式中，$k_4 > 0$。

把式 (3.4.26) 代入式 (3.4.25)，可得

$$
\begin{aligned}
\dot{V}_4 \leqslant & -k_1 z_1^2 - k_2 z_2^2 - k_3 z_3^2 - k_4 z_4^2 + z_1(x_{1d} - \alpha_1) \\
& + a_1 x_5 z_2(x_{2d} - \alpha_2) + z_3 b_1(x_{3d} - \alpha_3) + \frac{1}{2l_3^2}z_3^2\|W_3\|^2 S_3^{\mathrm{T}}S_3
\end{aligned}
$$

$$-\frac{1}{2l_3^2}z_3^2\hat{\theta}S_3^{\mathrm{T}}S_3 + \frac{1}{2}l_3^2 + \frac{1}{2}\varepsilon_3^2 + \frac{1}{2}\varepsilon_2^2 d^2 - \frac{1}{2l_4^2}z_4^2\hat{\theta}S_4^{\mathrm{T}}S_4$$

$$+\frac{1}{2l_4^2}z_4^2\|W_4\|^2 S_4^{\mathrm{T}}S_4 + \frac{1}{2}l_4^2 + \frac{1}{2}\varepsilon_4^2 \tag{3.4.27}$$

第 5 步　定义误差为 $z_5 = x_5 - x_{4d}$，x_{4d} 为系统的跟踪信号。选取 Lyapunov 函数 $V_5 = V_4 + \dfrac{1}{2}z_5^2$。对 V_5 求导得

$$\dot{V}_5 = \dot{V}_4 + z_5(d_1 x_5 + d_2 x_6 - \dot{x}_{4d}) \tag{3.4.28}$$

构造虚拟控制器为

$$\alpha_5 = \frac{-k_5 z_5 + \dot{x}_{4d} - d_1 x_5}{d_2} \tag{3.4.29}$$

式中，$k_5 > 0$。

将虚拟控制器 α_5 通过如下形式的指令滤波器：

$$\dot{e}_5 = -\omega_5(e_5 - \alpha_5) \tag{3.4.30}$$

式中，指令滤波器的输出为 $x_{5d} = e_5$。

定义跟踪误差为 $z_6 = x_6 - x_{5d}$，式 (3.4.28) 可化为

$$\dot{V}_5 \leqslant \dot{V}_4 - k_5 z_5^2 + z_5(x_{5d} - \alpha_5) + z_5 d_2 z_6 \tag{3.4.31}$$

第 6 步　选取 Lyapunov 函数 $V_6 = V_5 + \dfrac{1}{2}z_6^2$。对 V_6 求导得

$$\dot{V}_6 \leqslant \dot{V}_4 - k_5 z_5^2 + z_5(x_{5d} - \alpha_5) + z_5 d_2 z_6$$

$$+ z_6\left(e_1 x_7 + e_2 x_5 - e_3 x_6 + e_4 \frac{x_3^2}{x_5} + x_2 x_3 - \dot{x}_{5d}\right) \tag{3.4.32}$$

与第 4 步相同，存在一个模糊逻辑系统可以有效地逼近非线性函数 g_6，使得 $g_6 = W_6^{\mathrm{T}}S_6 + \delta_6$，$\delta_6$ 表示近似误差，并存在不等式 $|\delta_6| \leqslant \varepsilon_6$，可得

$$z_6 g_6 = z_6 W_6^{\mathrm{T}}S_6 + z_6\delta_6 \leqslant \frac{1}{2l_6^2}z_6^2\|W_6\|^2 S_6^{\mathrm{T}}S_6 + \frac{1}{2}l_6^2 + \frac{1}{2}z_6^2 + \frac{1}{2}\varepsilon_6^2 \tag{3.4.33}$$

将式 (3.4.33) 代入式 (3.4.32)，可得

$$\dot{V}_6 \leqslant \dot{V}_4 - k_5 z_5^2 + z_5(x_{5d} - \alpha_5) + z_6(e_1 x_7 - \dot{x}_{5d})$$

$$+ \frac{1}{2l_6^2} z_6^2 \|W_6\|^2 S_6^{\mathrm{T}} S_6 + \frac{1}{2} l_6^2 + \frac{1}{2} z_6^2 + \frac{1}{2} \varepsilon_6^2 \tag{3.4.34}$$

取虚拟控制器为

$$\alpha_6 = \frac{1}{e_1} \left(-k_6 z_6 - \frac{1}{2} z_6 - \frac{1}{2l_6^2} z_6 \hat{\theta} S_6^{\mathrm{T}} S_6 + \dot{x}_{5d} \right) \tag{3.4.35}$$

式中，$k_6 > 0$。

将虚拟控制器 α_6 通过如下形式的指令滤波器：

$$\dot{e}_6 = -\omega_6 (e_6 - \alpha_6) \tag{3.4.36}$$

式中，指令滤波器的输出为 $x_{6d} = e_6$。

定义跟踪误差为 $z_7 = x_7 - x_{6d}$，式 (3.4.34) 可化为

$$\dot{V}_6 \leqslant \dot{V}_4 - k_5 z_5^2 - k_6 z_6^2 + z_5(x_{5d} - \alpha_5) + z_6 e_1 z_7 + z_6 e_1 (x_{6d} - \alpha_6)$$

$$+ \frac{1}{2l_6^2} z_6^2 \|W_6\|^2 S_6^{\mathrm{T}} S_6 - \frac{1}{2l_6^2} z_6^2 \hat{\theta} S_6^{\mathrm{T}} S_6 + \frac{1}{2} l_6^2 + \frac{1}{2} \varepsilon_6^2 \tag{3.4.37}$$

第 7 步 选取 Lyapunov 函数 $V_7 = V_6 + \frac{1}{2} z_7^2$。对 V_7 求导可得

$$\dot{V}_7 = \dot{V}_4 - k_5 z_5^2 - k_6 z_6^2 + z_5(x_{5d} - \alpha_5) + z_6 e_1 z_7 + z_6 e_1 (x_{6d} - \alpha_6)$$

$$+ \frac{1}{2l_6^2} z_6^2 \|W_6\|^2 S_6^{\mathrm{T}} S_6 - \frac{1}{2l_6^2} z_6^2 \hat{\theta} S_6^{\mathrm{T}} S_6 + \frac{1}{2} l_6^2 + \frac{1}{2} \varepsilon_6^2$$

$$+ z_7 \left(f_1 u_{ds} - f_2 x_7 + f_3 \frac{x_3 x_4}{x_5} + x_2 x_4 - f_4 x_5 + f_5 x_6 - \dot{x}_{6d} \right) \tag{3.4.38}$$

同理，存在一个模糊逻辑系统 $W_7^{\mathrm{T}} S_7$，有

$$z_7 g_7 = z_7 W_7^{\mathrm{T}} S_7 + z_7 \delta_7 \leqslant \frac{1}{2l_7^2} z_7^2 \|W_7\|^2 S_7^{\mathrm{T}} S_7 + \frac{1}{2} l_7^2 + \frac{1}{2} z_7^2 + \frac{1}{2} \varepsilon_7^2 \tag{3.4.39}$$

将式 (3.4.39) 代入式 (3.4.38)，可得

$$\dot{V}_7 = \dot{V}_4 - k_5 z_5^2 - k_6 z_6^2 + z_5(x_{5d} - \alpha_5) + z_6 e_1 (x_{6d} - \alpha_6)$$

$$+ \frac{1}{2l_6^2} z_6^2 \|W_6\|^2 S_6^{\mathrm{T}} S_6 - \frac{1}{2l_6^2} z_6^2 \hat{\theta} S_6^{\mathrm{T}} S_6 + \frac{1}{2} l_6^2 + \frac{1}{2} \varepsilon_6^2$$

$$+ z_7(f_1 u_{ds} - \dot{x}_{6d}) + \frac{1}{2l_7^2} z_7^2 \|W_7\|^2 S_7^{\mathrm{T}} S_7 + \frac{1}{2} l_7^2 + \frac{1}{2} z_7^2 + \frac{1}{2} \varepsilon_7^2 \qquad (3.4.40)$$

取控制器 u_{ds} 为

$$u_{ds} = \frac{1}{f_1} \left(-k_7 z_7 - \frac{1}{2} z_7 - \frac{1}{2l_7^2} z_7 \hat{\theta} S_7^{\mathrm{T}} S_7 + \dot{x}_{6d} \right) \qquad (3.4.41)$$

式中, $k_7 > 0$。

将式 (3.4.41) 代入式 (3.4.40), 可得

$$
\begin{aligned}
\dot{V}_7 \leqslant {} & \dot{V}_4 - k_5 z_5^2 - k_6 z_6^2 - k_7 z_7^2 + z_5(x_{5d} - \alpha_5) + z_6 e_1(x_{6d} - \alpha_6) \\
& + \frac{1}{2l_6^2} z_6^2 \|W_6\|^2 S_6^{\mathrm{T}} S_6 - \frac{1}{2l_6^2} z_6^2 \hat{\theta} S_6^{\mathrm{T}} S_6 + \frac{1}{2l_7^2} z_7^2 \|W_7\|^2 S_7^{\mathrm{T}} S_7 \\
& - \frac{1}{2l_7^2} z_7^2 \hat{\theta} S_7^{\mathrm{T}} S_7 + \frac{1}{2} l_6^2 + \frac{1}{2} \varepsilon_6^2 + \frac{1}{2} l_7^2 + \frac{1}{2} \varepsilon_7^2
\end{aligned}
\qquad (3.4.42)
$$

定义 $\theta = \max \left\{ \|W_3\|^2, \|W_4\|^2, \|W_6\|^2, \|W_7\|^2 \right\}$, $\hat{\theta}$ 为 θ 的估计值, 式 (3.4.42) 可写为

$$
\begin{aligned}
\dot{V}_7 \leqslant {} & -\sum_{i=1}^{7} k_i z_i^2 + z_1(x_{1d} - \alpha_1) + a_1 x_5 z_2(x_{2d} - \alpha_2) \\
& + z_3 b_1(x_{3d} - \alpha_3) + z_5(x_{5d} - \alpha_5) + z_6 e_1(x_{6d} - \alpha_6) \\
& + \frac{1}{2l_3^2} z_3^2 \theta S_3^{\mathrm{T}} S_3 - \frac{1}{2l_3^2} z_3^2 \hat{\theta} S_3^{\mathrm{T}} S_3 - \frac{1}{2l_4^2} z_4^2 \hat{\theta} S_4^{\mathrm{T}} S_4 \\
& + \frac{1}{2l_4^2} z_4^2 \theta S_4^{\mathrm{T}} S_4 + \frac{1}{2l_6^2} z_6^2 \theta S_6^{\mathrm{T}} S_6 - \frac{1}{2l_6^2} z_6 \hat{\theta} S_6^{\mathrm{T}} S_6 \\
& + \frac{1}{2l_7^2} z_7^2 \theta S_7^{\mathrm{T}} S_7 - \frac{1}{2l_7^2} z_7^2 \hat{\theta} S_7^{\mathrm{T}} S_7 + \frac{1}{2} \varepsilon_2^2 d^2 + \frac{1}{2} l_3^2 + \frac{1}{2} \varepsilon_3^2 \\
& + \frac{1}{2} l_4^2 + \frac{1}{2} \varepsilon_4^2 + \frac{1}{2} l_6^2 + \frac{1}{2} \varepsilon_6^2 + \frac{1}{2} l_7^2 + \frac{1}{2} \varepsilon_7^2
\end{aligned}
\qquad (3.4.43)
$$

选取 Lyapunov 函数为

$$V = V_7 + \frac{1}{2r_1} \tilde{\theta}^2 \qquad (3.4.44)$$

式中, r_1 是正数。

对 V 求导可得

$$\dot{V} \leqslant -\sum_{i=1}^{7} k_i z_i^2 + z_1(x_{1d} - \alpha_1) + a_1 x_5 z_2(x_{2d} - \alpha_2)$$

$$+ z_3 b_1(x_{3d} - \alpha_3) + z_5(x_{5d} - \alpha_5) + z_6 e_1(x_{6d} - \alpha_6)$$

$$+ \frac{1}{2}\varepsilon_2^2 d^2 + \frac{1}{2}l_3^2 + \frac{1}{2}\varepsilon_3^2 + \frac{1}{2}l_4^2 + \frac{1}{2}\varepsilon_4^2 + \frac{1}{2}l_6^2 + \frac{1}{2}\varepsilon_6^2$$

$$+ \frac{1}{2}l_7^2 + \frac{1}{2}\varepsilon_7^2 + \frac{\tilde{\theta}}{r_1}\left(\dot{\hat{\theta}} - \frac{r_1}{2l_3^2}z_3^2 S_3^{\mathrm{T}} S_3 - \frac{r_1}{2l_4^2}z_4^2 S_4^{\mathrm{T}} S_4\right.$$

$$\left. - \frac{r_1}{2l_6^2}z_6^2 S_6^{\mathrm{T}} S_6 - \frac{r_1}{2l_7^2}z_7^2 S_7^{\mathrm{T}} S_7\right) \tag{3.4.45}$$

由式 (3.4.45) 可得相应的自适应律为

$$\dot{\hat{\theta}} = \frac{r_1}{2l_3^2}z_3^2 S_3^{\mathrm{T}} S_3 + \frac{r_1}{2l_4^2}z_4^2 S_4^{\mathrm{T}} S_4 + \frac{r_1}{2l_6^2}z_6^2 S_6^{\mathrm{T}} S_6 + \frac{r_1}{2l_7^2}z_7^2 S_7^{\mathrm{T}} S_7 - m_1\hat{\theta} \tag{3.4.46}$$

式中, m_1 为正常数。

将式 (3.4.46) 代入式 (3.4.45), 可得

$$\dot{V} \leqslant -\sum_{i=1}^{7} k_i z_i^2 + z_1(x_{1d} - \alpha_1) + a_1 x_5 z_2(x_{2d} - \alpha_2)$$

$$+ z_3 b_1(x_{3d} - \alpha_3) + z_5(x_{5d} - \alpha_5) + z_6 e_1(x_{6d} - \alpha_6)$$

$$+ \frac{1}{2}\varepsilon_2^2 d^2 + \frac{1}{2}l_3^2 + \frac{1}{2}\varepsilon_3^2 + \frac{1}{2}l_4^2 + \frac{1}{2}\varepsilon_4^2 + \frac{1}{2}l_6^2 + \frac{1}{2}\varepsilon_6^2$$

$$+ \frac{1}{2}l_7^2 + \frac{1}{2}\varepsilon_7^2 - \frac{m_1}{r_1}\tilde{\theta}\hat{\theta} \tag{3.4.47}$$

3.4.3 稳定性分析

对于 $-\tilde{\theta}\hat{\theta}$, 有不等式 $-\tilde{\theta}\hat{\theta} = -\tilde{\theta}(\tilde{\theta} + \theta) \leqslant -\frac{1}{2}\tilde{\theta}^2 + \frac{1}{2}\theta^2$。定义 $|x_{id} - \alpha_i| < \mu(i = 1, 2, 3, 5, 6)$, 由此可以得到 $g_i(\bar{x}_i)z_i(x_{id} - \alpha_i) < \frac{1}{2}z_i^2 + \frac{1}{2}\mu^2\rho^2$。同时注意到在控制策略中, 异步电动机磁链信号是趋于某个设定值的。因此假设存在一个足够大的常数 M, 使得不等式 $x_5 \leqslant M$ 成立。

将上述不等式代入式 (3.4.47)，可得

$$\dot{V} \leqslant -\sum_{i=1}^{7} k_i z_i^2 - \frac{m_1}{2r_1}\tilde{\theta}^2 + \frac{1}{2}\varepsilon_2^2 d^2 + \frac{1}{2}l_3^2 + \frac{1}{2}\varepsilon_3^2 + \frac{1}{2}l_4^2 + \frac{1}{2}\varepsilon_4^2$$

$$+ \frac{1}{2}z_1^2 + \frac{1}{2}\mu^2\rho^2 + \frac{1}{2}z_2^2 + \frac{1}{2}a_1^2 M^2\rho^2 + \frac{1}{2}z_3^2 + \frac{1}{2}b_1^2\rho^2 + \frac{1}{2}z_5^2$$

$$+ \frac{1}{2}\rho^2 + \frac{1}{2}z_6^2 + \frac{1}{2}e_1^2\rho^2 + \frac{1}{2}l_6^2 + \frac{1}{2}\varepsilon_6^2 + \frac{1}{2}l_7^2 + \frac{1}{2}\varepsilon_7^2 + \frac{m_1}{2r_1}\theta^2$$

$$\leqslant -a_0 V + b_0 \tag{3.4.48}$$

式中，

$$a_0 = \min\left\{2k_1 - 1, \frac{2k_2 - 1}{J}, 2k_3 - 1, 2k_4, 2k_5 - 1, 2k_6 - 1, 2k_7, m_1\right\}$$

$$b_0 = \frac{1}{2}\varepsilon_2^2 d^2 + \frac{1}{2}l_3^2 + \frac{1}{2}\varepsilon_3^2 + \frac{1}{2}l_4^2 + \frac{1}{2}\varepsilon_4^2 + \frac{1}{2}l_6^2 + \frac{1}{2}\varepsilon_6^2 + \frac{1}{2}l_7^2 + \frac{1}{2}\varepsilon_7^2$$

$$+ \frac{m_2}{2r_2}\theta^2 + \frac{1}{2}\mu^2\rho^2 + \frac{1}{2}a_1^2 M^2\rho^2 + \frac{1}{2}b_1^2\rho^2 + \frac{1}{2}\rho^2 + \frac{1}{2}e_1^2\rho^2 \tag{3.4.49}$$

由式 (3.4.48) 可得

$$V \leqslant \left(V(t_0) - \frac{b_0}{a_0}\right)\mathrm{e}^{-a_0(t-t_0)} + \frac{b_0}{a_0} \leqslant V(t_0) + \frac{b_0}{a_0}, \quad \forall t \geqslant t_0 \tag{3.4.50}$$

式 (3.2.50) 表明变量 $z_i(i = 1, 2, \cdots, 7)$ 和 $\tilde{\theta}$ 属于紧集

$$\Omega = \left\{(z_i, \tilde{\theta}) \,\middle|\, V \leqslant V(t_0) + \frac{b_0}{a_0}, \forall t \geqslant t_0\right\} \tag{3.4.51}$$

并显然有

$$\lim_{t \to \infty} z_1^2 \leqslant \frac{2b_0}{a_0} \tag{3.4.52}$$

由以上分析可知在控制器 u_q、u_d 的作用下，系统的跟踪误差可以收敛到原点的一个充分小的邻域内，进而可得系统中的其他信号是有界的，结合式 (3.4.26)、式 (3.4.41)、式 (3.4.46) 可得该系统的控制器以及自适应律都是有界的。

3.4.4 仿真验证及结果分析

在 MATLAB 环境下进行仿真研究，说明本节提出的异步电动机指令滤波控制方法的有效性。

异步电动机参数为

$$J = 0.00035 \text{kg·m}^2, \quad B = 0.001158 \text{N·m/(rad/s)}$$

$$R_s = 8\Omega, \quad R_r = 2\Omega, \quad R_{fe} = 3000\Omega$$

$$L_m = 0.97 \text{H}, \quad L_{1s} = 0.1 \text{H}, \quad L_{1r} = 0.1 \text{H}, \quad L_r = 1.07 \text{H}, \quad n_p = 1$$

负载转矩为

$$T_L = \begin{cases} 0.68 \text{N·m}, & t \leqslant 15 \text{s} \\ 0.69 \text{N·m}, & t > 15 \text{s} \end{cases}$$

选取的模糊集为

$$\mu_{F_i^l} = \exp\left[\frac{-(x+l)^2}{2}\right], \quad l \in \mathbf{N}, \, l \in [-5, 5]$$

选择控制参数为 $k_1 = 72, k_2 = 60, k_3 = 31.2, k_4 = 34.8, k_5 = 34.8, k_6 = 32.4,$ $k_7 = 48, \, l_3 = 0.1, \, l_4 = 0.1, \, l_6 = 0.1, \, l_7 = 0.1, \, m_1 = 0.2, \, r = 0.05$。

指令滤波器的参数选择为 $\omega_1 = 300, \omega_2 = 600, \omega_3 = 600, \omega_5 = 600, \omega_6 = 1000$。

跟踪信号为 $x_d = 0.5\sin(t) + 0.3\sin(0.5t)(\text{rad})$, $x_{4d} = 1 \text{Wb}$。

相应的仿真结果如图 3.4.1 ~ 图 3.4.9 所示。图 3.4.1 为异步电动机的转子角位置和给定的跟踪信号曲线，图 3.4.2 为异步电动机转子磁链信号曲线和期望

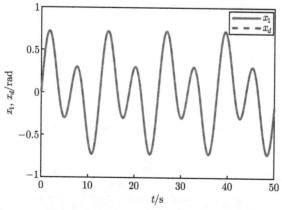

图 3.4.1　异步电动机的转子角位置和期望的跟踪信号曲线

磁链信号曲线，图 3.4.3 为指令滤波控制器输出 u_q 的曲线，图 3.4.4 为指令滤波控制器输出 u_d 的曲线，图 3.4.5～图 3.4.9 为指令滤波器的输入和输出曲线。图 3.4.1 和图 3.4.2 表明在该控制器的作用下，系统的输出信号可以有效地跟踪给定信号；图 3.4.3 和图 3.4.4 表明指令滤波控制器的输出变化平滑；图 3.4.5～图 3.4.9 表明在经过一定时间调整后，指令滤波器的输出可以有效地跟踪输入，减小了滤波误差对系统性能的影响。

在 15s 时，系统的负载转矩发生了变化，用来模拟现实中的负载力矩扰动现象，从图 3.4.1～图 3.4.4 中可以看出，该扰动没有对系统造成影响，这说明该控制器具有较强的抗干扰能力。因此，从仿真结果可以看出在异步电动机部分参数未知以及存在负载力矩扰动的情况下，该控制器可以对异步电动机进行有效的位置跟踪控制。

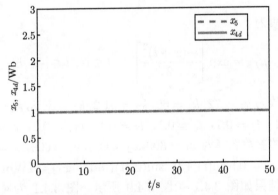

图 3.4.2　异步电动机转子磁链信号 x_5 和期望磁链信号 x_{4d} 曲线

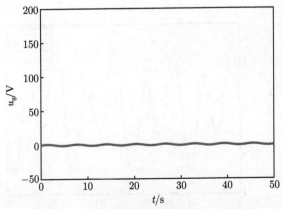

图 3.4.3　指令滤波控制器输出 u_q 的曲线

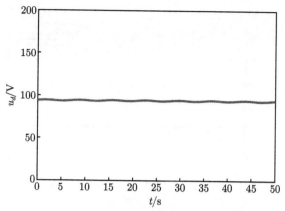

图 3.4.4　指令滤波控制器输出 u_d 的曲线

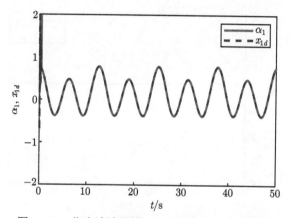

图 3.4.5　指令滤波器输入 α_1 和输出 x_{1d} 的曲线

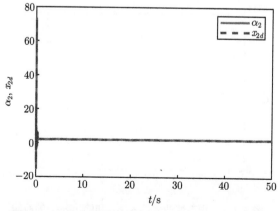

图 3.4.6　指令滤波器输入 α_2 和输出 x_{2d} 的曲线

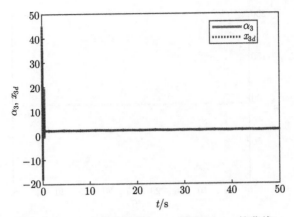

图 3.4.7　指令滤波器输入 α_3 和输出 x_{3d} 的曲线

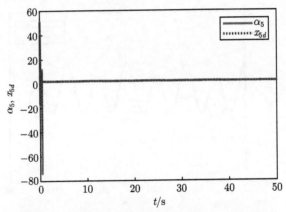

图 3.4.8　指令滤波器输入 α_5 和输出 x_{5d} 的曲线

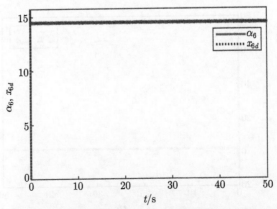

图 3.4.9　指令滤波器输入 α_6 和输出 x_{6d} 的曲线

3.5　基于观测器的永磁同步电动机模糊
自适应指令滤波控制

3.5.1　系统模型及控制问题描述

在 d-q 旋转坐标系下，永磁同步电动机动态模型为

$$
\begin{cases}
\dfrac{\mathrm{d}\Theta}{\mathrm{d}t} = \omega \\[2mm]
\dfrac{\mathrm{d}\omega}{\mathrm{d}t} = \dfrac{3n_p}{2J}[(L_d - L_q)i_d i_q + \Phi i_q] - \dfrac{B\omega}{J} - \dfrac{T_L}{J} \\[2mm]
\dfrac{\mathrm{d}i_q}{\mathrm{d}t} = \dfrac{-R_s i_q - n_p \omega L_d i_d - n_p \omega \Phi + u_q}{L_q} \\[2mm]
\dfrac{\mathrm{d}i_d}{\mathrm{d}t} = \dfrac{-R_s i_d + n_p \omega L_q i_q + u_d}{L_d}
\end{cases}
\tag{3.5.1}
$$

式中，Θ、ω、n_p、J、B、T_L、R_s 和 Φ 分别为转子角位置、转子角速度、极对数、转动惯量、摩擦系数、负载转矩、定子电阻、永磁体磁链；i_d、i_q 分别是 d 轴定子电流、q 轴定子电流；u_d、u_q 分别是 d 轴定子电压、q 轴定子电压；L_d、L_q 分别是 d 轴定子电感、q 轴定子电感。

为便于控制器设计，定义变量如下：

$$
\begin{cases}
x_1 = \Theta, \quad x_2 = \omega, \quad x_3 = i_q, \quad x_4 = i_d \\[2mm]
a_1 = \dfrac{3n_p\Phi}{2}, \quad a_2 = \dfrac{3n_p(L_d - L_q)}{2} \\[2mm]
b_1 = -\dfrac{R_s}{L_q}, \quad b_2 = -\dfrac{n_p L_d}{L_q}, \quad b_3 = -\dfrac{n_p\Phi}{L_q}, \quad b_4 = \dfrac{1}{L_q} \\[2mm]
c_1 = -\dfrac{R_s}{L_d}, \quad c_2 = \dfrac{n_p L_q}{L_d}, \quad c_3 = \dfrac{1}{L_d}
\end{cases}
\tag{3.5.2}
$$

永磁同步电动机系统模型可表示为

$$
\begin{cases}
\dot{x}_1 = x_2 \\[2mm]
\dot{x}_2 = \dfrac{a_1 x_3 + a_2 x_3 x_4 - B x_2 - T_L}{J} \\[2mm]
\dot{x}_3 = b_1 x_3 + b_2 x_2 x_4 + b_3 x_2 + b_4 u_q \\[2mm]
\dot{x}_4 = c_1 x_4 + c_2 x_2 x_3 + c_3 u_d \\[2mm]
y = x_1
\end{cases}
\tag{3.5.3}
$$

控制任务　基于模糊逻辑系统设计一种模糊自适应控制器及降维观测器，使得：

(1) 系统输出 y 能很好地跟踪给定信号 x_{1d}；

(2) 模糊状态观测器能很好地估计永磁同步电动机系统转子角速度；

(3) 永磁同步电动机系统的所有信号半全局一致最终有界。

3.5.2　降维观测器设计

本节中，降维观测器将被设计用来估计永磁同步电动机的转子角位置和角速度。所设计的观测器如下：

$$\begin{cases} \dot{\hat{x}}_1 = \hat{x}_2 + g_1(y - \hat{x}_1) \\ \dot{\hat{x}}_2 = \hat{\Gamma}_2^{\mathrm{T}} \varphi_2(Z_2) + g_2(y - \hat{x}_1) + x_3 \\ \hat{y} = \hat{x}_1 \end{cases} \tag{3.5.4}$$

式中，$\hat{\Gamma}_2 = \Gamma_2 - \tilde{\Gamma}_2$ 是 Γ_2 的估计值。

由式 (3.5.3) 可知，$\dot{x}_2 = f_2(Z_2) + x_3$，$f_2(Z_2) = \dfrac{a_1 x_3 + a_2 x_3 x_4 - B x_2 - T_L}{J} - x_3$，$Z_2 = [\hat{x}_2, x_3, x_4]^{\mathrm{T}}$。由文献 [7] 可知，对于 $\varepsilon_2 > 0$，总有一个模糊逻辑系统 $\Gamma_2^{\mathrm{T}} \varphi_2(Z_2)$ 满足 $f_2(Z_2) = \Gamma_2^{\mathrm{T}} \varphi_2(Z_2) + \delta_2(Z_2)$，$\delta_2(Z_2) \leqslant |\varepsilon_2|$。因此可得 $\dot{x}_2 = \Gamma_2^{\mathrm{T}} \varphi_2(Z_2) + \delta_2(Z_2) + x_3$。

定义观测器误差为 $e_i = x_i - \hat{x}_i (i = 1, 2)$，因此可得

$$\dot{e} = Ae + \varsigma + \tilde{\sigma} \tag{3.5.5}$$

式中，$A = \begin{bmatrix} -g_1 & 1 \\ -g_2 & 0 \end{bmatrix}$；$\varsigma = [0, \delta_2(Z_2)]$；$\tilde{\sigma} = [0, \tilde{\Gamma}_2^{\mathrm{T}} \varphi_2(Z_2)]^{\mathrm{T}}$。

假设存在一个对称矩阵 $Q = Q^{\mathrm{T}} > 0$，则总存在一个对称矩阵 $P = P^{\mathrm{T}} > 0$ 满足：

$$A^{\mathrm{T}} P + P A = -Q$$

3.5.3　基于观测器的模糊自适应指令滤波反步递推控制设计

第 1 步　选取 Lyapunov 函数为 $V_0 = e^{\mathrm{T}} P e$，对 V_0 求导可得

$$\dot{V}_0 = \dot{e}^{\mathrm{T}} P e + e^{\mathrm{T}} P \dot{e}$$

$$= -e^{\mathrm{T}} Q e + 2 e^{\mathrm{T}} P (\varsigma + \tilde{\sigma}) \tag{3.5.6}$$

由杨氏不等式可得

$$2e^{\mathrm{T}}P\varsigma \leqslant \|e\|^2 + \|P\|^2\varepsilon_2^2 \tag{3.5.7}$$

$$2e^{\mathrm{T}}P\tilde{\sigma} \leqslant \|e\|^2 + \|P\|^2\tilde{\Gamma}_2^{\mathrm{T}}\tilde{\Gamma}_2 \tag{3.5.8}$$

将式 (3.5.7) 和式 (3.5.8) 代入式 (3.5.6)，可得

$$\dot{V}_0 \leqslant -\lambda_{\min}(Q)e^{\mathrm{T}}e + 2\|e\|^2 + \|P\|^2\varepsilon_2^2 + \|P\|^2\tilde{\Gamma}_2^{\mathrm{T}}\tilde{\Gamma}_2 \tag{3.5.9}$$

式中，$\lambda_{\min}(Q)$ 是 Q 的最小特征值。

评注 3.5.1 通过使用所设计的降维观测器，不仅可以估计永磁同步电动机的转子角速度，而且避免了由于使用物理传感器所带来的额外成本。根据反步法控制来定义误差变量：$z_1 = x_1 - x_{1d}$, $z_2 = \hat{x}_2 - x_{1,c}$, $z_3 = x_3 - x_{2,c}$, $z_4 = x_4$。x_{1d} 是给定的参考信号；$x_{i,c}(i=1,2)$ 是滤波器的输出信号。虚拟控制器 $\alpha_i(i=1,2)$ 是滤波器的输入信号，其具体定义将在后面给出。设计误差补偿信号为 $\zeta_i = z_i - v_i(i=1,2,3,4)$，$v_i$ 为补偿后的跟踪误差变量。

第 2 步 选取 Lyapunov 函数如下：

$$V_1 = V_0 + \frac{1}{2}v_1^2 \tag{3.5.10}$$

对 V_1 求导可得

$$\begin{aligned}\dot{V}_1 &= \dot{V}_0 + v_1\dot{v}_1 = \dot{V}_0 + v_1(\dot{z}_1 - \dot{\zeta}_1) \\ &= \dot{V}_0 + v_1(x_2 - \dot{x}_{1d} - \dot{\zeta}_1)\end{aligned} \tag{3.5.11}$$

利用杨氏不等式，有 $v_1 e_2 \leqslant \frac{1}{2}v_1^2 + \frac{1}{2}\|e\|^2$。选取虚拟控制器 α_1 以及误差补偿信号的导数 $\dot{\zeta}_1$ 分别为

$$\alpha_1 = -k_1 z_1 - \frac{1}{2}v_1 + \dot{x}_{1d} \tag{3.5.12}$$

$$\dot{\zeta}_1 = -k_1\zeta_1 + \zeta_2 + (x_{1,c} - \alpha_1) \tag{3.5.13}$$

式中，虚拟控制器增益 $k_i > 0(i=1,2,3,4)$，k_2, k_3, k_4 将在后面介绍；$\zeta_i(0) = 0(i=1,2)$。

由文献 [8] 中的引理 3 可知，$\|\zeta_1\|$ 有界，同时当 $t \to \infty$ 时，存在 $\lim\limits_{t\to\infty}\|\xi_1\| \leqslant \dfrac{\mu}{2k_0}$，常量 $\mu > 0$，$k_0 = \dfrac{1}{2}\min(k_i)$。

将式 (3.5.12) 和式 (3.5.13) 代入式 (3.5.11)，可得

$$\dot{V}_1 = \dot{V}_0 - k_1 v_1^2 + v_1 v_2 + \frac{1}{2} \|e\|^2 \tag{3.5.14}$$

第 3 步 选取 Lyapunov 函数如下：

$$V_2 = V_1 + \frac{1}{2} v_2^2 + \frac{1}{2r_1} \tilde{\Gamma}_2^{\mathrm{T}} \tilde{\Gamma}_2 \tag{3.5.15}$$

式中，常数 $r_1 > 0$。

对 V_2 求导可得

$$\begin{aligned}
\dot{V}_2 &= \dot{V}_1 + v_2(\hat{x}_2 - \dot{x}_{1,c} - \dot{\zeta}_2) \\
&\leqslant v_2 \left[v_1 + z_3 + (x_{2,c} - \alpha_2) + \alpha_2 - \dot{x}_{1,c} \right. \\
&\quad \left. + \hat{\Gamma}_2^{\mathrm{T}} \varphi_2(Z_2) - \tilde{\Gamma}_2^{\mathrm{T}} \varphi_2(Z_2) + g_2 e_1 - \dot{\zeta}_2 \right] \\
&\quad - k_1 v_1^2 + \frac{1}{2} \|e\|^2 + \frac{\tilde{\Gamma}_2^{\mathrm{T}}}{r_1} (r_1 v_2 \varphi_2(Z_2) - \dot{\hat{\Gamma}}_2) + \dot{V}_0
\end{aligned} \tag{3.5.16}$$

由杨氏不等式可得

$$-v_2 \tilde{\Gamma}_2^{\mathrm{T}} \varphi_2(Z_2) \leqslant \frac{1}{2} v_2^2 + \frac{1}{2} \tilde{\Gamma}_2^{\mathrm{T}} \tilde{\Gamma}_2 \tag{3.5.17}$$

选取虚拟控制器 α_2、误差补偿信号 ζ_2 的导数以及自适应律分别如下：

$$\alpha_2 = -k_2 z_2 - v_1 - \frac{1}{2} v_2 + \dot{x}_{1,c} - g_2 e_1 - \hat{\Gamma}_2^{\mathrm{T}} \varphi_2(Z_2) \tag{3.5.18}$$

$$\dot{\zeta}_2 = -k_2 \zeta_2 + \zeta_3 + (x_{2,c} - \alpha_2) \tag{3.5.19}$$

$$\dot{\hat{\Gamma}}_2 = r_1 v_2 \varphi_2(Z_2) - m_1 \hat{\Gamma}_2 \tag{3.5.20}$$

式中，常数 $m_1 > 0$。

将式 (3.5.18)、式 (3.5.19) 和式 (3.5.20) 代入式 (3.5.16)，可得

$$\dot{V}_2 \leqslant \dot{V}_0 - k_1 v_1^2 - k_2 v_2^2 + v_2 v_3 + \frac{m_1}{r_1} \tilde{\Gamma}_2^{\mathrm{T}} \hat{\Gamma}_2 + \frac{1}{2} \tilde{\Gamma}_2^{\mathrm{T}} \tilde{\Gamma}_2 + \frac{1}{2} \|e\|^2 \tag{3.5.21}$$

第 4 步 选取 Lyapunov 函数如下：

$$V_3 = V_2 + \frac{1}{2} v_3^2 \tag{3.5.22}$$

对 V_3 求导可得

$$\dot{V}_3 \leqslant \dot{V}_0 - \sum_{i=1}^{2} k_i v_i^2 + v_4 \left(f_3(Z_3) + b_4 u_q - \dot{x}_{2,c} - \dot{\zeta}_3 \right)$$

$$+ \frac{m_1}{r_1} \tilde{\Gamma}_2^{\mathrm{T}} \hat{\Gamma}_2 + \frac{1}{2} \tilde{\Gamma}_2^{\mathrm{T}} \tilde{\Gamma}_2 + \frac{1}{2} \|e\|^2 \tag{3.5.23}$$

式中，$f_3(Z_3) = v_2 + b_1 x_3 + b_2 x_2 x_4 + b_3 x_2$，$Z_3 = [v_2, \hat{x}_2, x_3, x_4]^{\mathrm{T}}$。由文献 [7] 可知，给定 $\varepsilon_3 > 0$，存在模糊逻辑系统 $\phi_3^{\mathrm{T}} P_3$，使得 $f_3 = \phi_3^{\mathrm{T}} P_3 + \delta_3$，逼近误差满足 $|\delta_3| \leqslant \varepsilon_3$，从而可得

$$v_3 f_3 \leqslant \frac{1}{2l_3^2} v_3^2 \|\phi_3\|^2 P_3^{\mathrm{T}} P_3 + \frac{1}{2} l_3^2 + \frac{1}{2} v_3^2 + \frac{1}{2} \varepsilon_3^2 \tag{3.5.24}$$

选取真实控制器 u_q 和误差补偿信号 ζ_3 的导数分别为

$$u_q = \frac{1}{b_4} \left(-k_3 z_3 - \frac{1}{2} v_3 + \dot{x}_{2,c} - \frac{1}{2l_3^2} v_3 \hat{\Psi} P_3^{\mathrm{T}} P_3 \right) \tag{3.5.25}$$

$$\dot{\zeta}_3 = -k_3 \zeta_3 \tag{3.5.26}$$

将式 (3.5.24)、式 (3.5.25) 和式 (3.5.26) 代入式 (3.5.23) 可得

$$\dot{V}_3 \leqslant \dot{V}_0 - \sum_{i=1}^{3} k_i v_i^2 + \frac{1}{2l_3^2} v_3^2 (\|\phi_3\|^2 - \hat{\Phi}) P_3^{\mathrm{T}} P_3 + \frac{l_3^2 + \varepsilon_3^2}{2}$$

$$+ \frac{m_1}{r_1} \tilde{\Gamma}_2^{\mathrm{T}} \hat{\Gamma}_2 + \frac{1}{2} \tilde{\Gamma}_2^{\mathrm{T}} \tilde{\Gamma}_2 + \frac{1}{2} \|e\|^2 \tag{3.5.27}$$

第 5 步 选取 Lyapunov 函数如下：

$$V_4 = V_3 + \frac{1}{2} v_4^2 \tag{3.5.28}$$

对 V_4 求导得

$$\dot{V}_4 \leqslant \dot{V}_0 - \sum_{i=1}^{3} k_i v_i^2 + v_4 \left(f_4(Z_4) + c_3 u_d - \dot{\zeta}_4 \right)$$

$$+ \frac{1}{2l_3^2} v_3^2 (\|\phi_3\|^2 - \hat{\Phi}) P_3^{\mathrm{T}} P_3 + \frac{l_3^2 + \varepsilon_3^2}{2}$$

$$+ \frac{m_1}{r_1} \tilde{\varGamma}_2^{\mathrm{T}} \hat{\varGamma}_2 + \frac{1}{2} \tilde{\varGamma}_2^{\mathrm{T}} \tilde{\varGamma}_2 + \frac{1}{2} \|e\|^2 \tag{3.5.29}$$

式中，$f_4(Z_4) = c_1 x_4 + c_2 x_2 x_3, Z_4 = [\hat{x}_2, x_3, x_4]^{\mathrm{T}}$。

同理可知，给定参数 $\varepsilon_4 > 0$，总有 $\phi_4^{\mathrm{T}} P_4$，使得函数 $f_4 = \phi_4^{\mathrm{T}} P_4 + \delta_4$，逼近误差满足 $|\delta_4| \leqslant \varepsilon_4$，从而可得

$$v_4 f_4 \leqslant \frac{1}{2l_4^2} v_4^2 \|\phi_4\|^2 P_4^{\mathrm{T}} P_4 + \frac{1}{2} l_4^2 + \frac{1}{2} v_4^2 + \frac{1}{2} \varepsilon_4^2 \tag{3.5.30}$$

选取真实控制器 u_d 和补偿信号 ζ_4 的导数分别为

$$u_d = \frac{1}{c_3} \left(-k_4 z_4 - \frac{1}{2} v_4 - \frac{1}{2l_4^2} v_4 \hat{\varPhi} P_4^{\mathrm{T}} P_4 \right) \tag{3.5.31}$$

$$\dot{\zeta}_4 = -k_4 \zeta_4 \tag{3.5.32}$$

将式 (3.5.30)、式 (3.5.31) 和式 (3.5.32) 代入式 (3.5.29)，可得

$$\dot{V}_4 \leqslant \dot{V}_0 - \sum_{i=1}^{4} k_i v_i^2 + \sum_{i=3}^{4} \frac{1}{2l_i^2} v_i^2 (\|\phi_i\|^2 - \hat{\varPhi}) P_i^{\mathrm{T}} P_i$$

$$+ \sum_{i=3}^{4} \frac{l_i^2 + \varepsilon_i^2}{2} + \frac{m_1}{r_1} \tilde{\varGamma}_2^{\mathrm{T}} \hat{\varGamma}_2 + \frac{1}{2} \tilde{\varGamma}_2^{\mathrm{T}} \tilde{\varGamma}_2 + \frac{1}{2} \|e\|^2 \tag{3.5.33}$$

定义 $\varPhi = \max\{\|\phi_3\|^2, \|\phi_4\|^2\}$，$\tilde{\varPhi} = \varPhi - \hat{\varPhi}$，$\hat{\varPhi}$ 为 $\varPhi$ 的估计值。选取 Lyapunov 函数为

$$V = V_4 + \frac{1}{2r_2} \tilde{\varPhi}^{\mathrm{T}} \tilde{\varPhi} \tag{3.5.34}$$

式中，常数 $r_2 > 0$。

对 V 求导可得

$$\dot{V} \leqslant \dot{V}_0 - \sum_{i=1}^{4} k_i v_i^2 + \sum_{i=3}^{4} \frac{l_i^2 + \varepsilon_i^2}{2} + \frac{m_1}{r_1} \tilde{\varGamma}_2^{\mathrm{T}} \hat{\varGamma}_2 + \frac{1}{2} \tilde{\varGamma}_2^{\mathrm{T}} \tilde{\varGamma}_2 + \frac{1}{2} \|e\|^2$$

$$+ \frac{1}{r_2} \tilde{\varPhi} \left(\sum_{i=3}^{4} \frac{r_2}{2l_i^2} v_i^2 P_i^{\mathrm{T}} P_i - \dot{\hat{\varPhi}} \right) \tag{3.5.35}$$

由式 (3.5.35) 可得相应的自适应律为

$$\dot{\Phi} = \sum_{i=3}^{4} \frac{r_2}{2l_i^2} v_i^2 P_i^{\mathrm{T}} P_i - m_2 \hat{\Phi} \tag{3.5.36}$$

式中，m_2 和 $l_i(i = 3, 4)$ 是正常数。

将式 (3.5.36) 代入式 (3.5.35)，可得

$$\dot{V} \leqslant \dot{V}_0 - \sum_{i=1}^{4} k_i v_i^2 + \sum_{i=3}^{4} \frac{l_i^2 + \varepsilon_i^2}{2} + \frac{m_1}{r_1} \tilde{\Gamma}_2^{\mathrm{T}} \hat{\Gamma}_2$$
$$+ \frac{1}{2} \tilde{\Gamma}_2^{\mathrm{T}} \tilde{\Gamma}_2 + \frac{1}{2} \|e\|^2 + \frac{m_2}{r_2} \tilde{\Phi} \hat{\Phi} \tag{3.5.37}$$

定理 3.5.1 对于式 (3.5.3) 所示的永磁同步电动机系统以及期望跟踪信号 x_{1d}，设计式 (3.5.4) 所示的降维观测器，式 (3.5.25)、式 (3.5.31) 所示的模糊自适应指令滤波控制器以及式 (3.5.20)、式 (3.5.36) 所示的自适应律，可以确保跟踪误差收敛到原点的一个足够小的邻域内。同时，控制系统的所有闭环信号都是有界的。

3.5.4 稳定性分析

由杨氏不等式可知

$$\tilde{\Gamma}_2^{\mathrm{T}} \hat{\Gamma}_2 \leqslant -\frac{1}{2} \tilde{\Gamma}_2^{\mathrm{T}} \tilde{\Gamma}_2 + \frac{1}{2} \Gamma_2^{\mathrm{T}} \Gamma_2, \quad \tilde{\Phi}^{\mathrm{T}} \hat{\Phi} \leqslant -\frac{1}{2} \tilde{\Phi}^{\mathrm{T}} \tilde{\Phi} + \frac{1}{2} \Phi^{\mathrm{T}} \Phi \tag{3.5.38}$$

将式 (3.5.38) 代入式 (3.5.37)，可得

$$\dot{V} \leqslant -\left(\lambda_{\min}(Q) - \frac{5}{2} \right) e^{\mathrm{T}} e - \sum_{i=1}^{4} k_i v_i^2 - \left(\frac{m_1}{2r_1} - \|P\|^2 - \frac{1}{2} \right) \tilde{\Gamma}_2^{\mathrm{T}} \tilde{\Gamma}_2$$
$$+ \sum_{i=3}^{4} \frac{l_i^2 + \varepsilon_i^2}{2} - \frac{m_2}{2r_2} \tilde{\Phi}^{\mathrm{T}} \tilde{\Phi} + \frac{m_1}{2r_1} \Gamma_2^{\mathrm{T}} \Gamma_2 + \frac{m_2}{2r_2} \Phi^{\mathrm{T}} \Phi + \|P\|^2 \varepsilon_2^2$$
$$\leqslant -a_0 V + b_0 \tag{3.5.39}$$

式中，$\lambda_{\min}(Q) - \dfrac{5}{2} > 0$；$\dfrac{m_1}{2r_1} - \|P\|^2 - \dfrac{1}{2} > 0$；$a_0 = \min \left\{ \dfrac{\lambda_{\min}(Q) - 5/2}{\lambda_{\max}(P)}, 2k_1, 2k_2, \right.$

$\left. 2k_3, 2k_4, 2r_1 \left(\dfrac{m_1}{2r_1} - \|P\|^2 - \dfrac{1}{2} \right), 2r_2 \dfrac{m_2}{2r_2} \right\}$；$b_0 = \|P\|^2 \varepsilon_2^2 + \displaystyle\sum_{i=3}^{4} \dfrac{l_i^2 + \varepsilon_i^2}{2} + \dfrac{m_1}{2r_1} \Gamma_2^{\mathrm{T}} \Gamma_2 +$

$\dfrac{m_2}{2r_2} \Phi^{\mathrm{T}} \Phi$。

将式 (3.5.39) 两边同乘 $e^{a_0 t}$, 则可得 $d(Ve^{a_0 t})/dt \leqslant b_0 e^{a_0 t}$, 因而可得

$$V(t) \leqslant \left(V(0) - \frac{b_0}{a_0} \right) e^{-a_0 t} + \frac{b_0}{a_0}$$

$$\leqslant V(0) + \frac{b_0}{a_0}, \quad \forall t \geqslant 0 \tag{3.5.40}$$

因为 $v_i (i = 1, 2, 3, 4)$、$\tilde{\varGamma}_2$、$\tilde{\varPhi}$ 和 $\varPhi$ 都是有界的, $\hat{\varGamma}_2$ 和 $\hat{\varPhi}$ 总是有界的。此外, 由于 $z_i = v_i + \zeta_i$ 且误差信号 z_i 是有界的, $\|\zeta_i\|$ 是有界的。因此, 闭环系统的所有信号在任意时刻都是有界的。

由式 (3.5.40) 可知, $\lim\limits_{t \to \infty} |z_1| \leqslant \sqrt{\dfrac{2b_0}{a_0}} + \dfrac{\mu}{2k_0}$。

3.5.5　仿真验证及结果分析

为了验证本节所提方法的有效性, 永磁同步电动机的仿真在以下参数下进行:

$J = 0.0003798 \text{kg·m}^2$, $\quad B = 0.001158 \text{N·m/(rad/s)}$

$R_s = 0.68\Omega$, $\quad L_d = 0.00285 \text{H}$, $\quad L_q = 0.00315 \text{H}$

$\varPhi = 0.1245 \text{Wb}$, $\quad n_p = 3$

设定仿真初始状态为 $[0, 0, 0, 0]^{\mathrm{T}}$。选择期望的参考跟踪信号为 $x_{1d} = 0.2\sin(2t) + 0.5\sin(t) (\text{rad})$。选择负载转矩为 $T_L = \begin{cases} 0.5 \text{N·m}, & 0\text{s} \leqslant t \leqslant 15\text{s} \\ 1.0 \text{N·m}, & t > 15\text{s} \end{cases}$。模糊集函数选

为 $\mu_{F_i^j} = \exp\left[\dfrac{-(\hat{x}_i + l)^2}{2} \right] (i = 1, 2)$, $\mu_{F_i^j} = \exp\left[\dfrac{-(x_i + l)^2}{2} \right] (i = 3, 4, 5, 6)$, 整数 $j \in [1, 11]$, 整数 $l \in [-5, 5]$。

选取控制器参数为 $k_1 = k_2 = k_3 = 100$, $k_4 = 300$, $r_1 = 0.07$, $r_2 = 0.05$, $m_1 = m_2 = 0.05$, $l_3 = l_4 = 0.5$, $\zeta = 0.5$, $\omega_n = 380$。

选取观测器增益为 $G = [g_1, g_2]^{\mathrm{T}} = [10, 100]^{\mathrm{T}}$, 所以矩阵 A 是一个严格的 Hurwitz 矩阵。假定正定矩阵 $Q = \text{diag}\{1, 1\}$, 可得 $\lambda_{\min}(Q) - 5/2 > 0$ 以及

$$P = \begin{bmatrix} 5.05 & -0.5 \\ -0.5 & 1.005 \end{bmatrix}。$$

仿真结果如图 3.5.1 ~ 图 3.5.6 所示。从图 3.5.1 和图 3.5.2 可以看出, 所设计的控制算法具有良好的跟踪效果。所构建的观测器的性能如图 3.5.3 和图 3.5.4 所示。图 3.5.5 和图 3.5.6 绘制了控制器 u_q 和 u_d 的曲线。

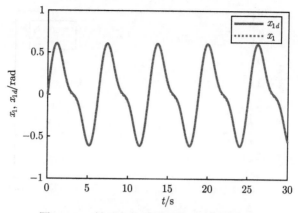

图 3.5.1 转子角位置和期望位置信号曲线

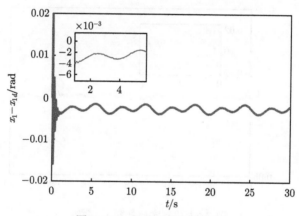

图 3.5.2 跟踪误差信号曲线

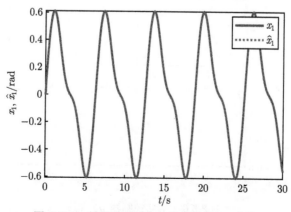

图 3.5.3 转子角位置 x_1 和观测值 $\hat{x}_1$ 曲线

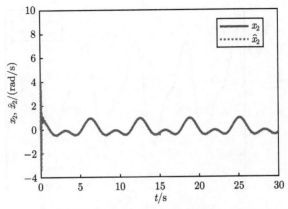

图 3.5.4 转子角速度 x_2 和观测值 $\hat{x}_2$ 曲线

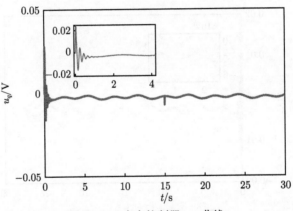

图 3.5.5 真实控制器 u_q 曲线

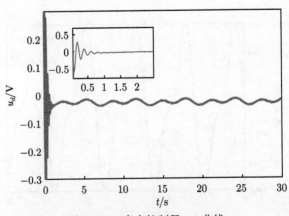

图 3.5.6 真实控制器 u_d 曲线

3.6 基于观测器和考虑铁损的永磁同步电动机模糊 自适应指令滤波控制

3.6.1 系统模型及控制问题描述

在 d-q 旋转坐标系下，永磁同步电动机动态系统模型[9] 为

$$\begin{cases}
\dfrac{\mathrm{d}\Theta}{\mathrm{d}t} = \omega \\[2mm]
\dfrac{\mathrm{d}\omega}{\mathrm{d}t} = \dfrac{n_p \lambda_{PM}}{J} i_{oq} + \dfrac{n_p(L_{md} - L_{mq}) i_{oq} i_{od}}{J} - \dfrac{T_L}{J} \\[2mm]
\dfrac{\mathrm{d}i_{oq}}{\mathrm{d}t} = \dfrac{R_c}{L_{mq}} i_q - \dfrac{R_c}{L_{mq}} i_{oq} - \dfrac{n_p L_d}{L_{mq}} \omega i_{od} - \dfrac{n_p \lambda_{PM}}{L_{mq}} \omega \\[2mm]
\dfrac{\mathrm{d}i_q}{\mathrm{d}t} = -\dfrac{R_1}{L_{lq}} i_q + \dfrac{R_c}{L_{lq}} i_{oq} + \dfrac{1}{L_{lq}} u_q \\[2mm]
\dfrac{\mathrm{d}i_{od}}{\mathrm{d}t} = \dfrac{R_c}{L_{md}} i_d - \dfrac{R_c}{L_{md}} i_{od} + \dfrac{n_p L_q}{L_{md}} \omega i_{oq} \\[2mm]
\dfrac{\mathrm{d}i_d}{\mathrm{d}t} = -\dfrac{R_1}{L_{ld}} i_d + \dfrac{R_c}{L_{ld}} i_{od} + \dfrac{1}{L_{ld}} u_d
\end{cases} \tag{3.6.1}$$

式中，u_d 和 u_q 是定子电压；Θ 是转子角度；ω 是转子角速度；i_d 和 i_q 是定子电流；i_{od} 和 i_{oq} 是励磁电流；J 为转动惯量；n_p 是极对数；L_d 和 L_q 是定子电感；L_{ld}、L_{lq} 是定子漏感；L_{md} 和 L_{mq} 是励磁电感；R_1 和 R_c 是定子电阻和铁损电阻；T_L 为负载转矩；λ_{PM} 为永磁同步电动机转子永磁体励磁磁通。

为简化计算过程，定义变量如下：

$$\begin{cases}
x_1 = \Theta, \quad x_2 = \omega, \quad x_3 = i_{oq}, \quad x_4 = i_q, \quad x_5 = i_{od}, \quad x_6 = i_d \\[2mm]
a_1 = n_p \lambda_{PM}, \quad a_2 = n_p(L_{md} - L_{mq}), \quad b_1 = \dfrac{R_c}{L_{mq}} \\[2mm]
b_2 = -\dfrac{n_p L_d}{L_{mq}}, \quad b_3 = -\dfrac{n_p \lambda_{PM}}{L_{mq}}, \quad b_4 = -\dfrac{R_1}{L_{lq}}, \quad b_5 = \dfrac{R_c}{L_{lq}} \\[2mm]
c_1 = \dfrac{R_c}{L_{md}}, \quad c_2 = -\dfrac{n_p L_q}{L_{md}}, \quad c_3 = -\dfrac{R_1}{L_{ld}}, \quad c_4 = \dfrac{R_c}{L_{ld}} \\[2mm]
d_1 = \dfrac{1}{L_{lq}}, \quad d_2 = \dfrac{1}{L_{ld}}
\end{cases} \tag{3.6.2}$$

对于给定的参考输入信号 x_{1d}，控制目标是设计控制器来实现轨迹跟踪。根据以上变量以及系统的输出 y，可将考虑铁损的永磁同步电动机的动态系统模型转

化为

$$
\begin{cases}
\dot{x}_1 = x_2 \\
\dot{x}_2 = \dfrac{a_1}{J}x_3 + \dfrac{a_2 x_3 x_5}{J} - \dfrac{T_L}{J} \\
\dot{x}_3 = b_1 x_4 - b_1 x_3 + b_2 x_2 x_5 + b_3 x_2 \\
\dot{x}_4 = b_4 x_4 + b_5 x_3 + d_1 u_q \\
\dot{x}_5 = c_1 x_6 - c_1 x_5 - c_2 x_2 x_3 \\
\dot{x}_6 = c_3 x_6 + c_4 x_5 + d_2 u_d \\
y = x_1
\end{cases}
\tag{3.6.3}
$$

控制任务　基于模糊逻辑系统设计一种模糊自适应控制器及降维观测器, 使得:

(1) 系统输出 y 能很好地跟踪给定的参考输入信号 x_{1d};

(2) 降维观测器能很好地估计永磁同步电动机系统转子角速度;

(3) 永磁同步电动机系统的所有信号半全局一致最终有界。

3.6.2　降维观测器设计

由式 (3.6.3) 可得

$$
\begin{cases}
\dot{x}_1 = x_2 \\
\dot{x}_2 = f_2(Z_2) + x_3 \\
y = x_1
\end{cases}
\tag{3.6.4}
$$

式中, 未知的非线性函数 $f_2(Z_2) = \dfrac{a_1}{J}x_3 + \dfrac{a_2 x_3 x_5}{J} - \dfrac{T_L}{J} - x_3, Z_2 = [\hat{x}_1, \hat{x}_2, x_3, x_4, x_5,$
$x_6, x_{1d}, \dot{x}_{1d}]$。随后, 利用模糊逻辑系统逼近未知的非线性函数 f_2, 对于任意的 $\varepsilon_2 > 0$, 总存在一个模糊逻辑系统 $\varGamma_2^{\mathrm{T}} \varphi_2$, 使得 $f_2 = \varGamma_2^{\mathrm{T}} \varphi_2 + \delta_2$ 成立, 逼近误差 δ_2 满足 $\delta_2 \leqslant |\varepsilon_2|$。因此式 (3.6.4) 可改写为

$$
\begin{cases}
\dot{x}_1 = x_2 \\
\dot{x}_2 = \varGamma_2^{\mathrm{T}} \varphi_2 + \delta_2 + x_3 \\
y = x_1
\end{cases}
\tag{3.6.5}
$$

然后设计降维观测器为

$$
\begin{cases}
\dot{\hat{x}}_1 = \hat{x}_2 + g_1(y - \hat{x}_1) \\
\dot{\hat{x}}_2 = \hat{\Gamma}_2^{\mathrm{T}} \varphi_2 + g_2(y - \hat{y}) + x_3 \\
\hat{y} = \hat{x}_1
\end{cases}
\tag{3.6.6}
$$

式中，$\hat{\Gamma}_2 = \Gamma_2 - \tilde{\Gamma}_2$ 是 Γ_2 的观测值。

为简化所设计的降维观测器，将式 (3.6.6) 改写为

$$
\begin{cases}
\dot{\hat{x}} = A\hat{x} + Gy + Bx_3 + \hat{\omega} \\
\hat{y} = C^{\mathrm{T}}\hat{x}
\end{cases}
\tag{3.6.7}
$$

式中，$A = \begin{bmatrix} -g_1 & 1 \\ -g_2 & 0 \end{bmatrix}$，$\hat{x} = [\hat{x}_1, \hat{x}_2]^{\mathrm{T}}$，$B = [0,1]^{\mathrm{T}}$，$\hat{\omega} = [0, \hat{\Gamma}_2^{\mathrm{T}}\varphi_2]^{\mathrm{T}}$，$C = [1,0]^{\mathrm{T}}$。
选择观测器增益 $G = [g_1, g_2]^{\mathrm{T}}$ 来确保 A 是一个严格的 Hurwitz 矩阵。因此，给定 $Q^{\mathrm{T}} = Q > 0$，则总存在 $P^{\mathrm{T}} = P > 0$ 满足

$$
A^{\mathrm{T}}P + PA = -Q
\tag{3.6.8}
$$

定义模糊降维观测器误差 $e = [e_1, e_2]^{\mathrm{T}}$，有

$$
\begin{cases}
e_1 = x_1 - \hat{x}_1 \\
e_2 = x_2 - \hat{x}_2
\end{cases}
\tag{3.6.9}
$$

由式 (3.6.9) 可知模糊降维观测器误差的动态方程为

$$
\dot{e} = Ae + \varepsilon + \tilde{\omega}
\tag{3.6.10}
$$

式中，$\varepsilon = [0, \delta_2]^{\mathrm{T}}$；$\tilde{\omega} = [0, \tilde{\Gamma}_2^{\mathrm{T}}\varphi_2]^{\mathrm{T}}$。
选取 Lyapunov 函数为 $V_0 = e^{\mathrm{T}}Pe$，对其求导可得

$$
\begin{aligned}
\dot{V}_0 &= \dot{e}Pe + e^{\mathrm{T}}P\dot{e} \\
&= -e^{\mathrm{T}}Qe + 2e^{\mathrm{T}}P(\varepsilon + \tilde{\omega})
\end{aligned}
\tag{3.6.11}
$$

由杨氏不等式可知

$$
\begin{aligned}
2e^{\mathrm{T}}P\varepsilon &\leqslant \|e\|^2 + \|P\|^2 \varepsilon_2^2 \\
2e^{\mathrm{T}}P\tilde{\omega} &\leqslant \|e\|^2 + \|P\|^2 \tilde{\Gamma}_2^{\mathrm{T}}\tilde{\Gamma}_2
\end{aligned}
\tag{3.6.12}
$$

将式 (3.6.12) 代入式 (3.6.11)，可得

$$\dot{V}_0 \leqslant -\lambda_{\min}(Q)e^{\mathrm{T}}e + 2\|e\|^2 + \|P\|^2\varepsilon_2^2 + \|P\|^2\tilde{\Gamma}_2^{\mathrm{T}}\tilde{\Gamma}_2 \tag{3.6.13}$$

式中，$\lambda_{\min}(Q)$ 为 Q 的最小特征值。

3.6.3　基于观测器的模糊自适应指令滤波反步递推控制设计

在本节，设计考虑铁损的永磁同步电动机的模糊自适应指令滤波控制器。在反步法的设计过程中，定义误差变量为

$$\begin{cases} z_1 = x_1 - x_d, \quad z_2 = \hat{x}_2 - x_{1,c} \\ z_3 = x_3 - x_{2,c}, \quad z_4 = x_4 - x_{3,c} \\ z_5 = x_5, \quad z_6 = x_6 - x_{5,c} \end{cases} \tag{3.6.14}$$

式中，x_d 是期望信号；$x_{i,c}(i=1,2,3,5)$ 是指令滤波器的输出信号。α_i 是指令滤波器的输入信号，其具体定义将在后面设计过程中给出。

评注 3.6.1　指令滤波器产生的滤波误差将影响跟踪控制性能。为减小滤波误差 $(x_{i,c}-\alpha_i)$，在反步法设计过程中的每一步引入误差补偿信号 $\xi_i(i=1,2,\cdots,6)$。

定义误差补偿信号的导数 $\dot{\xi}_i$ 为

$$\begin{cases} \dot{\xi}_1 = -k_1\xi_1 + \xi_2 + (x_{1,c} - \alpha_1) \\ \dot{\xi}_2 = -k_2\xi_2 + \xi_3 + (x_{2,c} - \alpha_2) \\ \dot{\xi}_3 = -k_3\xi_3 + b_1\xi_4 + b_1(x_{3,c} - \alpha_3) \\ \dot{\xi}_4 = -k_4\xi_4 \\ \dot{\xi}_5 = -k_5\xi_5 + b_1\xi_6 + c_1(x_{5,c} - \alpha_5) \\ \dot{\xi}_6 = -k_6\xi_6 \end{cases} \tag{3.6.15}$$

式中，控制器增益 $k_i > 0$ $(i = 1, 2, \cdots, 6)$；$\xi_i(0) = 0$。

由文献 [8] 中的引理 3 可知，$\|\xi_1\|$ 有界，同时当 $t \to \infty$ 时，存在 $\lim\limits_{t\to\infty} \|\xi_1\| \leqslant \dfrac{\mu}{2k_0}$，常量 $\mu > 0$，$k_0 = \dfrac{1}{2}\min(k_i)$。

根据引入的误差补偿信号，定义补偿后的跟踪误差为

$$\begin{cases} v_1 = z_1 - \xi_1 \\ v_i = z_i - \xi_i \end{cases} \tag{3.6.16}$$

在指令滤波器的设计过程中，引入虚拟控制器和真实控制器如下：

$$
\begin{cases}
\alpha_1 = -k_1 z_1 - \dfrac{1}{2} v_1 + \dot{x}_d \\[2mm]
\alpha_2 = -k_2 z_2 - v_1 - \dfrac{1}{2} v_2 + \dot{x}_{i,c} - \hat{\Gamma}_2 \varphi_2 - g_2 e_1 \\[2mm]
\alpha_3 = \dfrac{1}{b_1}\left(-k_3 z_3 - \dfrac{1}{2} v_3 + \dot{x}_{2,c} - \dfrac{1}{2l_3^2} v_3 \hat{\chi} S_3^{\mathrm{T}} S_3\right) \\[2mm]
\alpha_5 = \dfrac{1}{c_1}\left(-k_5 z_5 - \dfrac{1}{2} v_5 - \dfrac{1}{2l_5^2} v_5 \hat{\chi} S_5^{\mathrm{T}} S_5\right) \\[2mm]
u_q = \dfrac{1}{d_1}\left(-k_4 z_4 - \dfrac{1}{2} v_4 + \dot{x}_{3,c} - \dfrac{1}{2l_4^2} v_4 \hat{\chi} S_4^{\mathrm{T}} S_4\right) \\[2mm]
u_d = \dfrac{1}{d_2}\left(-k_6 z_6 - \dfrac{1}{2} v_6 + \dot{x}_{4,c} - \dfrac{1}{2l_6^2} v_6 \hat{\chi} S_6^{\mathrm{T}} S_6\right)
\end{cases}
\tag{3.6.17}
$$

式中，常数 $l_i > 0 (i = 3, 4, 5, 6)$；$\hat{\Gamma}_2$ 和 $\hat{\chi}$ 分别是 Γ_2 和 χ 的估计值。Γ_2 和 χ 将在后面给出具体定义。

第 1 步　选取 Lyapunov 函数如下：

$$
V_1 = V_0 + \frac{1}{2} v_1^2
\tag{3.6.18}
$$

对 V_1 求导可得

$$
\dot{V}_1 = V_0 + v_1\left[z_2 + (x_{1,c} - \alpha_1) + \alpha_1 + e_2 - \dot{x}_d - \dot{\xi}_1\right]
\tag{3.6.19}
$$

利用杨氏不等式，可得

$$
v_1 e_2 \leqslant \frac{1}{2}\|e\|^2 + \frac{1}{2} v_1^2
\tag{3.6.20}
$$

将式 (3.6.15)、式 (3.6.17) 和式 (3.6.20) 代入式 (3.6.19) 可得

$$
\dot{V}_1 \leqslant \dot{V}_0 - k_1 v_1^2 + v_1 v_2 + \frac{1}{2}\|e\|^2
\tag{3.6.21}
$$

第 2 步　选取 Lyapunov 函数如下：

$$
V_2 = V_1 + \frac{1}{2} v_2^2 + \frac{1}{2r_1} \tilde{\Gamma}_2^{\mathrm{T}} \tilde{\Gamma}_2
\tag{3.6.22}
$$

式中，$r_1 > 0$。

对 V_2 求导可得

$$\dot{V}_2 \leqslant \dot{V}_0 - k_1 v_1^2 + v_2 \left[v_1 + z_3 + (x_{2,c} - \alpha_2) + \alpha_2 - \dot{x}_{1,c} + \hat{\Gamma}_2^{\mathrm{T}} \varphi_2 \right.$$
$$\left. - \tilde{\Gamma}_2^{\mathrm{T}} \varphi_2 + g_2 e_1 - \dot{\xi}_2 \right] + \frac{1}{2} \|e\|^2 + \frac{\tilde{\Gamma}_2^{\mathrm{T}}}{r_1} \left(r_1 v_2 \varphi_2 - \dot{\hat{\Gamma}}_2 \right) \tag{3.6.23}$$

由杨氏不等式可得

$$v_2 \tilde{\Gamma}_2^{\mathrm{T}} \varphi_2 \leqslant \frac{1}{2} v_2^2 + \frac{1}{2} \tilde{\Gamma}_2^{\mathrm{T}} \tilde{\Gamma}_2 \tag{3.6.24}$$

设计自适应律为

$$\dot{\hat{\Gamma}}_2 = r_1 v_2 \varphi_2 - m_1 \hat{\Gamma}_2 \tag{3.6.25}$$

将式 (3.6.15)、式 (3.6.17)、式 (3.6.24)、式 (3.6.25) 代入式 (3.6.23)，可得

$$\dot{V}_2 \leqslant \dot{V}_0 - k_1 v_1^2 - k_2 v_2^2 + v_2 v_3 + \frac{m_1}{r_1} \tilde{\Gamma}_2^{\mathrm{T}} \hat{\Gamma}_2 + \frac{1}{2} \tilde{\Gamma}_2^{\mathrm{T}} \tilde{\Gamma}_2 + \frac{1}{2} \|e\|^2 \tag{3.6.26}$$

第 3 步　选取 Lyapunov 函数如下：

$$V_3 = V_2 + \frac{1}{2} v_3^2 \tag{3.6.27}$$

对 V_3 求导可得

$$\dot{V}_3 \leqslant \dot{V}_0 - k_1 v_1^2 - k_2 v_2^2 + v_3 \left[f_3 + b_1 z_4 + b_1 (x_{3,c} - \alpha_3) \right.$$
$$\left. + b_1 \alpha_3 - \dot{x}_{2,c} - \dot{\xi}_3 \right] + \frac{m_1}{r_1} \tilde{\Gamma}_2^{\mathrm{T}} \hat{\Gamma}_2 + \frac{1}{2} \tilde{\Gamma}_2^{\mathrm{T}} \tilde{\Gamma}_2 + \frac{1}{2} \|e\|^2 \tag{3.6.28}$$

式中，$f_3 = v_2 - b_1 x_3 + b_2 x_2 x_5 + b_3 x_2$。

由文献 [7] 可知，对于给定的 $\varepsilon_3 > 0$，存在模糊逻辑系统 $W_3^{\mathrm{T}} S_3$，使得非线性函数 $f_3 = W_3^{\mathrm{T}} S_3 + \delta_3$ 成立，逼近误差满足 $|\delta_3| \leqslant \varepsilon_3$。由杨氏不等式得

$$v_3 f_3 \leqslant \frac{1}{2 l_3^2} v_3^2 \|W_3\|^2 S_3^{\mathrm{T}} S_3 + \frac{1}{2} l_3^2 + \frac{1}{2} v_3^2 + \frac{1}{2} \varepsilon_3^2 \tag{3.6.29}$$

由式 (3.6.15)、式 (3.6.17) 和式 (3.6.29) 可得

$$\dot{V}_3 \leqslant \dot{V}_0 - \sum_{i=1}^{3} k_i v_i^2 + b_1 v_3 v_4 + \frac{1}{2 l_3^2} v_3^2 (\|W_3\|^2 - \hat{\chi}) S_3^{\mathrm{T}} S_3$$
$$+ \frac{l_3^2}{2} + \frac{\varepsilon_3^2}{2} + \frac{m_1}{r_1} \tilde{\Gamma}_2^{\mathrm{T}} \hat{\Gamma}_2 + \frac{1}{2} \tilde{\Gamma}_2^{\mathrm{T}} \tilde{\Gamma}_2 + \frac{1}{2} \|e\|^2 \tag{3.6.30}$$

第 4 步 选取 Lyapunov 函数如下：

$$V_4 = V_3 + \frac{1}{2}v_4^2 \tag{3.6.31}$$

对 V_4 求导可得

$$\dot{V}_4 \leqslant \dot{V}_0 - \sum_{i=1}^{3} k_i v_i^2 + v_4 \left(f_4 + d_1 u_q - \dot{x}_{3,c} - \dot{\xi}_4 \right)$$

$$+ \frac{1}{2l_3^2}v_3^2(\|W_3\|^2 - \hat{\chi})S_3^{\mathrm{T}}S_3 + \frac{1}{2}l_3^2$$

$$+ \frac{1}{2}\varepsilon_3^2 + \frac{m_1}{r_1}\tilde{\Gamma}_2^{\mathrm{T}}\hat{\Gamma}_2 + \frac{1}{2}\tilde{\Gamma}_2^{\mathrm{T}}\tilde{\Gamma}_2 + \frac{1}{2}\|e\|^2 \tag{3.6.32}$$

式中，$f_4 = b_1 v_3 + b_4 x_4 + b_5 x_3$。

对于给定的 $\varepsilon_4 > 0$，存在模糊逻辑系统 $W_4^{\mathrm{T}}S_4$，使得 $f_4 = W_4^{\mathrm{T}}S_4 + \delta_4$ 成立，逼近误差满足 $|\delta_4| \leqslant \varepsilon_4$。通过杨氏不等式可得

$$v_4 f_4 \leqslant \frac{1}{2l_4^2}v_4^2\|W_4\|^2 S_4^{\mathrm{T}}S_4 + \frac{1}{2}l_4^2 + \frac{1}{2}v_4^2 + \frac{1}{2}\varepsilon_4^2 \tag{3.6.33}$$

由式 (3.6.15)、式 (3.6.17) 和式 (3.6.33)，可得

$$\dot{V}_4 \leqslant \dot{V}_0 - \sum_{i=1}^{4} k_i v_i^2 + \sum_{i=3}^{4} \frac{1}{2l_i^2}v_i^2(\|W_i\|^2 - \hat{\chi})S_i^{\mathrm{T}}S_i$$

$$+ \sum_{i=3}^{4} \frac{l_i^2 + \varepsilon_i^2}{2} + \frac{m_1}{r_1}\tilde{\Gamma}_2^{\mathrm{T}}\hat{\Gamma}_2 + \frac{1}{2}\tilde{\Gamma}_2^{\mathrm{T}}\tilde{\Gamma}_2 + \frac{1}{2}\|e\|^2 \tag{3.6.34}$$

第 5 步 选取 Lyapunov 函数如下：

$$V_5 = V_4 + \frac{1}{2}v_5^2 \tag{3.6.35}$$

对 V_5 求导得

$$\dot{V}_5 \leqslant \dot{V}_0 - \sum_{i=1}^{4} k_i v_i^2 + \sum_{i=3}^{4} \frac{1}{2l_i^2}v_i^2(\|W_i\|^2 - \hat{\chi})S_i^{\mathrm{T}}S_i$$

$$+ v_5 \left[f_5 + c_1 z_6 + c_1(x_{5,c} - \alpha_5) + c_1 \alpha_5 - \dot{\xi}_5 \right]$$

$$+ \sum_{i=3}^{4} \frac{l_i^2 + \varepsilon_i^2}{2} + \frac{m_1}{r_1}\tilde{\Gamma}_2^{\mathrm{T}}\hat{\Gamma}_2 + \frac{1}{2}\tilde{\Gamma}_2^{\mathrm{T}}\tilde{\Gamma}_2 + \frac{1}{2}\|e\|^2 \tag{3.6.36}$$

式中，$f_5 = -c_1 x_5 - c_2 x_2 x_3$。

对于给定的 $\varepsilon_5 > 0$，存在模糊逻辑系统 $W_5^{\mathrm{T}} S_5$，使得 $f_5 = W_5^{\mathrm{T}} S_5 + \delta_5$ 成立，逼近误差满足 $|\delta_5| \leqslant \varepsilon_5$，从而可得

$$v_5 f_5 \leqslant \frac{1}{2l_5^2} v_5^2 \|W_5\|^2 S_5^{\mathrm{T}} S_5 + \frac{1}{2} l_5^2 + \frac{1}{2} v_5^2 + \frac{1}{2} \varepsilon_5^2 \tag{3.6.37}$$

将式 (3.6.15)、式 (3.6.17) 和式 (3.6.37) 代入式 (3.6.36)，可得

$$\dot{V}_5 \leqslant \dot{V}_0 - \sum_{i=1}^{5} k_i v_i^2 + c_1 v_5 v_6 + \sum_{i=3}^{5} \frac{1}{2l_i^2} v_i^2 (\|W_i\|^2 - \hat{\chi}) S_i^{\mathrm{T}} S_i$$

$$+ \sum_{i=3}^{5} \frac{l_i^2 + \varepsilon_i^2}{2} + \frac{m_1}{r_1} \tilde{\Gamma}_2^{\mathrm{T}} \hat{\Gamma}_2 + \frac{1}{2} \tilde{\Gamma}_2^{\mathrm{T}} \tilde{\Gamma}_2 + \frac{1}{2} \|e\|^2 \tag{3.6.38}$$

第 6 步 选取 Lyapunov 函数如下：

$$V_6 = V_5 + \frac{1}{2} v_6^2 \tag{3.6.39}$$

对 V_6 求导得

$$\dot{V}_6 \leqslant \dot{V}_0 - \sum_{i=1}^{5} k_i v_i^2 + \sum_{i=3}^{5} \frac{1}{2l_i^2} v_i^2 (\|W_i\|^2 - \hat{\chi}) S_i^{\mathrm{T}} S_i$$

$$+ v_6 \left(f_6 + d_2 u_d - \dot{x}_{4,c} - \dot{\xi}_6 \right)$$

$$+ \sum_{i=3}^{5} \frac{l_i^2 + \varepsilon_i^2}{2} + \frac{m_1}{r_1} \tilde{\Gamma}_2^{\mathrm{T}} \hat{\Gamma}_2 + \frac{1}{2} \tilde{\Gamma}_2^{\mathrm{T}} \tilde{\Gamma}_2 + \frac{1}{2} \|e\|^2 \tag{3.6.40}$$

式中，$f_6 = c_1 v_5 + c_3 x_6 + c_4 x_5$。

同理，给定 $\varepsilon_6 > 0$，存在模糊逻辑系统 $W_6^{\mathrm{T}} S_6$，使得 $f_6 = W_6^{\mathrm{T}} S_6 + \delta_6$ 成立，逼近误差满足 $|\delta_6| \leqslant \varepsilon_6$，从而可得

$$v_6 f_6 \leqslant \frac{1}{2l_6^2} v_6^2 \|W_6\|^2 S_6^{\mathrm{T}} S_6 + \frac{1}{2} l_6^2 + \frac{1}{2} v_6^2 + \frac{1}{2} \varepsilon_6^2 \tag{3.6.41}$$

将式 (3.6.15)、式 (3.6.17) 和式 (3.6.41) 代入式 (3.6.40)，可得

$$\dot{V}_6 \leqslant \dot{V}_0 - \sum_{i=1}^{6} k_i v_i^2 + \sum_{i=3}^{6} \frac{1}{2l_i^2} v_i^2 (\|W_i\|^2 - \hat{\chi}) S_i^{\mathrm{T}} S_i$$

$$+ \sum_{i=3}^{6} \frac{l_i^2 + \varepsilon_i^2}{2} + \frac{m_1}{r_1} \tilde{\Gamma}_2^{\mathrm{T}} \hat{\Gamma}_2 + \frac{1}{2} \tilde{\Gamma}_2^{\mathrm{T}} \tilde{\Gamma}_2 + \frac{1}{2} \|e\|^2 \tag{3.6.42}$$

定义 $\chi = \max\{\|W_3\|^2, \|W_4\|^2, \|W_5\|^2, \|W_6\|^2\}$，$\tilde{\chi} = \chi - \hat{\chi}$，$\hat{\chi}$ 是 χ 的估计值。选取 Lyapunov 函数为

$$V = V_6 + \frac{1}{2r_2} \tilde{\chi}^{\mathrm{T}} \tilde{\chi} \tag{3.6.43}$$

式中，常数 $r_2 > 0$。

对 V 求导可得

$$\dot{V} \leqslant \dot{V}_0 - \sum_{i=1}^{6} k_i v_i^2 + \sum_{i=3}^{6} \frac{l_i^2 + \varepsilon_i^2}{2} + \frac{m_1}{r_1} \tilde{\Gamma}_2^{\mathrm{T}} \hat{\Gamma}_2 + \frac{1}{2} \tilde{\Gamma}_2^{\mathrm{T}} \tilde{\Gamma}_2 + \frac{1}{2} \|e\|^2$$

$$+ \frac{1}{r_2} \tilde{\chi} \left(\sum_{i=3}^{6} \frac{1}{2l_i^2} r_2 v_i^2 S_i^{\mathrm{T}} S_i - \dot{\hat{\chi}} \right) \tag{3.6.44}$$

选取自适应律为

$$\dot{\hat{\chi}} = \sum_{i=3}^{6} \frac{1}{2l_i^2} r_2 v_i^2 S_i^{\mathrm{T}} S_i - m_2 \hat{\chi} \tag{3.6.45}$$

式中，常数 $m_2 > 0$，常数 $l_i > 0 (i = 3, 4, 5, 6)$。

将式 (3.6.45) 代入式 (3.6.44)，可得

$$\dot{V} \leqslant \dot{V}_0 - \sum_{i=1}^{6} k_i v_i^2 + \sum_{i=3}^{6} \frac{l_i^2 + \varepsilon_i^2}{2} + \frac{m_1}{r_1} \tilde{\Gamma}_2^{\mathrm{T}} \hat{\Gamma}_2 + \frac{1}{2} \tilde{\Gamma}_2^{\mathrm{T}} \tilde{\Gamma}_2 + \frac{1}{2} \|e\|^2 + \frac{m_2}{r_2} \tilde{\chi}^{\mathrm{T}} \hat{\chi} \tag{3.6.46}$$

3.6.4 稳定性分析

由杨氏不等式可得

$$\frac{m_1}{r_1} \tilde{\Gamma}_2^{\mathrm{T}} \hat{\Gamma}_2 \leqslant -\frac{m_1}{2r_1} \tilde{\Gamma}_2^{\mathrm{T}} \tilde{\Gamma}_2 + \frac{m_1}{2r_1} \Gamma_2^{\mathrm{T}} \Gamma_2$$

$$\frac{m_2}{r_2} \tilde{\chi}^{\mathrm{T}} \hat{\chi} \leqslant -\frac{m_2}{2r_2} \tilde{\chi}^{\mathrm{T}} \tilde{\chi} + \frac{m_2}{2r_2} \chi^{\mathrm{T}} \chi \tag{3.6.47}$$

将式 (3.6.47) 代入式 (3.6.46) 得

$$\dot{V} \leqslant -\left(\lambda_{\min}(Q) - \frac{5}{2} \right) e^{\mathrm{T}} e + \|P\|^2 \varepsilon_2^2 - \left(\frac{m_1}{2r_1} - \|P\|^2 - \frac{1}{2} \right) \tilde{\Gamma}_2^{\mathrm{T}} \hat{\Gamma}_2$$

$$-\sum_{i=1}^{6} k_i v_i^2 + \sum_{i=3}^{6} \frac{l_i^2 + \varepsilon_i^2}{2} + \frac{m_1}{2r_1}\tilde{\Gamma}_2^{\mathrm{T}}\hat{\Gamma}_2 - \frac{m_2}{2r_2}\tilde{\chi}^{\mathrm{T}}\tilde{\chi} + \frac{m_2}{2r_2}\chi^{\mathrm{T}}\chi$$

$$\leqslant -a_0 V + b_0 \tag{3.6.48}$$

式中，

$$\lambda_{\min}(Q) - \frac{5}{2} > 0, \quad \frac{m_1}{2r_1} - \|P\|^2 - \frac{1}{2} > 0$$

$$a_0 = \min\left\{ \frac{\lambda_{\min}(Q) - \dfrac{5}{2}}{\lambda_{\max}(P)}, 2k_1, 2k_2, 2k_3, 2k_4, 2k_5, 2k_6, 2r_1\left(\frac{m_1}{2r_1} - \|P\|^2 - \frac{1}{2}\right), m_2 \right\}$$

$$b_0 = \|P\|^2 \varepsilon_2^2 + \sum_{i=3}^{6} \frac{1}{2}(l_i^2 + \varepsilon_i^2) + \frac{m_1}{2r_1}\Gamma_2^{\mathrm{T}}\Gamma_2 + \frac{m_2}{2r_2}\chi^{\mathrm{T}}\chi$$

将式 (3.6.48) 两边同乘 $e^{a_0 t}$，则可得 $\mathrm{d}(Ve^{a_0 t})/\mathrm{d}t \leqslant b_0 e^{a_0 t}$。因而可得

$$V(t) \leqslant \left(V(0) - \frac{b_0}{a_0} \right) e^{-a_0 t} + \frac{b_0}{a_0}$$

$$\leqslant V(0) + \frac{b_0}{a_0}, \quad \forall t \geqslant 0 \tag{3.6.49}$$

因为 $v_i(i = 1, 2, 3, 4)$、$\tilde{\Gamma}_2$、Γ_2、$\tilde{\chi}$ 和 χ 都是有界的，所以 $\hat{\Gamma}_2$ 和 $\hat{\chi}$ 总是有界的。此外，由于 $z_i = v_i + \xi_i$ 且误差信号 z_i 是有界的，所以 $\|\xi_i\|$ 是有界的。因此，在任意时间段内，永磁同步电动机内的全部变量都能够稳定在一个无限接近于原点的邻域内。由式 (3.6.49) 可知，$\lim\limits_{t \to \infty} |z_1| \leqslant \sqrt{\dfrac{2b_0}{a_0}} + \mu/(2k_0)$。

3.6.5　仿真验证及结果分析

在此处，通过 MATLAB 软件对永磁同步电动机驱动系统进行仿真。

选择永磁同步电动机参数为 $J = 0.00379\mathrm{kg \cdot m}^2$，$\lambda_{PM} = 0.0844\mathrm{Wb}$，$R_1 = 2.21\Omega$，$R_c = 200\Omega$，$L_q = L_d = 9.77\mathrm{mH}$，$L_{mq} = L_{md} = 8\mathrm{mH}$，$L_{lq} = L_{ld} = 1.77\mathrm{mH}$，$n_p = 3$。

设定仿真的初始状态为 $x_1(0) = x_2(0) = x_3(0) = x_4(0) = x_5(0) = x_6(0) = 0$。选取期望的跟踪信号为 $x_d = 0.8\sin(t) + 0.4\sin(0.5t)\mathrm{(rad)}$，同时选择负载转矩为 $T_L = \begin{cases} 1.5\mathrm{N \cdot m}, & 0\mathrm{s} \leqslant t < 15\mathrm{s} \\ 2.0\mathrm{N \cdot m}, & t \geqslant 15\mathrm{s} \end{cases}$。通过模糊逻辑系统处理永磁同步电动机未知的非线性项，选取模糊集为 $\mu_{F_i^j} = \exp\left[\dfrac{-(\hat{x}_i + l)^2}{2}\right] (i = 1, 2)$、$\mu_{F_i^j} = $

$$\exp\left[\frac{-(x_i + l)^2}{2}\right] (i = 3, 4, 5, 6);\ 整数\ j \in [1, 11];\ 整数\ l \in [-5, 5]。$$

选取控制器参数为 $k_1 = 300$，$k_2 = 210$，$k_3 = 100$，$k_4 = 200$，$k_5 = k_6 = 60$，$r_1 = r_2 = 5$，$m_1 = m_2 = 50$，$l_3 = l_4 = l_5 = l_6 = 12.5$，$\xi = 0.9$，$\omega_n = 3800$。

选择观测器增益为 $G = [g_1, g_2]^{\mathrm{T}} = [1000, 100000]^{\mathrm{T}}$，所以矩阵 A 是一个严格的 Hurwitz 矩阵。假定正定矩阵 $Q = \mathrm{diag}\{100, 100\}$，所以可得 $\lambda_{\min}(Q) - 5/2 > 0$ 以及 $P = \begin{bmatrix} 499.95 & -50 \\ -50 & 0.55 \end{bmatrix}$。

仿真结果如图 3.6.1 ~ 图 3.6.6 所示。图 3.6.1 和图 3.6.2 说明所设计的控制器能够使转子角位置 x_1 跟踪上期望位置信号 x_{1d}，且跟踪误差很小。图 3.6.3 和图 3.6.4 显示了所设计的状态观测器的效果。图 3.6.5 和图 3.6.6 给出了控制器 u_q 和 u_d 的曲线。

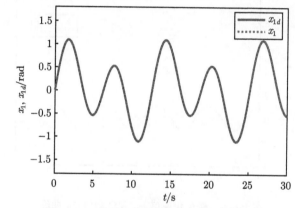

图 3.6.1 转子角位置和期望位置信号曲线

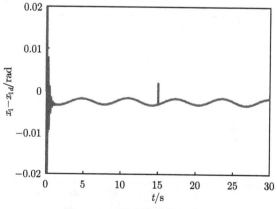

图 3.6.2 跟踪误差信号曲线

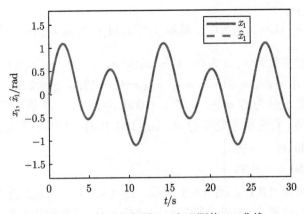

图 3.6.3　转子角位置 x_1 和观测值 $\hat{x}_1$ 曲线

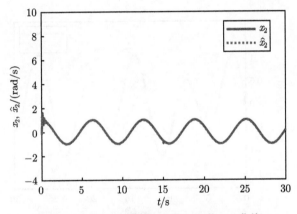

图 3.6.4　转子角速度 x_2 和观测值 $\hat{x}_2$ 曲线

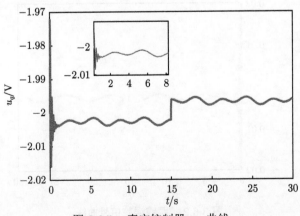

图 3.6.5　真实控制器 u_q 曲线

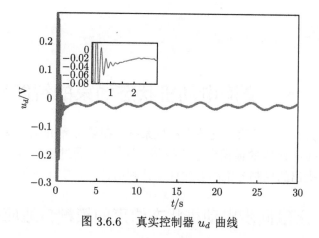

图 3.6.6   真实控制器 u_d 曲线

参 考 文 献

[1] Ge S S, Zhang J, Lee T H. Adaptive neural network control for a class of MIMO nonlinear systems with disturbances in discrete-time[J]. IEEE Transactions on Systems, Man, and Cybernetics, Part B, Cybernetics, 2004, 34(4): 1630-1645.

[2] Wang L X, Mendel J M. Fuzzy basis functions, universal approximation, and orthogonal least-squares learning[J]. IEEE Transactions on Neural Networks, 1992, 3(5): 807-814.

[3] Yu J P, Shi P, Dong W J, et al. Neural network-based adaptive dynamic surface control for permanent magnet synchronous motors[J]. IEEE Transactions on Neural Networks and Learning Systems, 2015, 26(3): 640-645.

[4] Tong S C, Li Y M, Feng G, et al. Observer-based adaptive fuzzy backstepping dynamic surface control for a class of MIMO nonlinear systems[J]. IEEE Transactions on Systems, Man, and Cybernetics, Part B, Cybernetics, 2011, 41(4): 1124-1135.

[5] Wang D, Huang J. Neural network-based adaptive dynamic surface control for a class of uncertain nonlinear systems in strict-feedback form[J]. IEEE Transactions on Neural Networks, 2005, 16(1): 195-202.

[6] Dong W J, Farrel J A, Polycarpou M M, et al. Command filtered adaptive backstepping[J]. IEEE Transactions on Control Systems Technology, 2012, 20(3): 566-580.

[7] Wang L X. Adaptive Fuzzy Systems and Control[M]. New Jersey: Prentice Hall, 1994.

[8] Yu J P, Shi P, Dong W J, et al. Observer and command-filter-based adaptive fuzzy output feedback control of uncertain nonlinear systems[J]. IEEE Transactions on Industrial Electronics, 2015, 62(9): 5962-5970.

[9] 孙静, 张承慧, 裴文卉, 等. 考虑铁损的电动汽车用永磁同步电机 Hamilton 镇定控制[J]. 控制与决策, 2012, 27(12): 1899-1902, 1906.

第 4 章　考虑交流电动机状态约束的智能反步控制

本章针对具有状态约束的交流电动机系统，在第 1 章介绍的基础上研究了基于障碍 Lyapunov 函数的模糊自适应控制方法[1-4]。通过控制器设计和稳定性分析，说明了所提出的控制方案的有效性，并利用仿真、实验进行了验证。

4.1　永磁同步电动机状态约束的模糊自适应控制

本节针对永磁同步电动机系统，设计一种基于障碍 Lyapunov 函数的模糊自适应控制方法。首先根据反步法构造障碍 Lyapunov 函数。然后用模糊逻辑系统逼近系统中的未知非线性函数，基于模糊自适应反步递推设计虚拟控制器、真实控制器和自适应律。最后通过 MATLAB 进行对比仿真验证。

4.1.1　系统模型及控制问题描述

在 d-q 旋转坐标系下，永磁同步电动机的动态系统模型可表示为

$$
\begin{cases}
\dfrac{\mathrm{d}\Theta}{\mathrm{d}t} = \omega \\[2mm]
J\dfrac{\mathrm{d}\omega}{\mathrm{d}t} = T - T_L - B\omega = \dfrac{3}{2}n_p\left[(L_d - L_q)\,i_d i_q + \Phi i_q\right] - B\omega - T_L \\[2mm]
L_q\dfrac{\mathrm{d}i_q}{\mathrm{d}t} = -R_s i_q - n_p\omega L_d i_d - n_p\omega\Phi + u_q \\[2mm]
L_d\dfrac{\mathrm{d}i_d}{\mathrm{d}t} = -R_s i_d + n_p\omega L_q i_q + u_d
\end{cases}
\tag{4.1.1}
$$

式中，i_d 和 i_q 为定子电流；u_d 和 u_q 为系统控制输入；Θ、ω、J、T_L、B、n_p、Φ 和 R_s 分别为转子角度、转子角速度、转动惯量、负载转矩、摩擦系数、极对数、磁链和定子电阻；L_d 和 L_q 为定子电感。

为了便于控制器设计，定义变量为

$$
x_1 = \Theta, \quad x_2 = \omega, \quad x_3 = i_q, \quad x_4 = i_d
$$

$$
a_1 = \frac{3n_p\Phi}{2}, \quad a_2 = \frac{3n_p(L_d - L_q)}{2}
$$

$$
b_1 = -\frac{R_s}{L_q}, \quad b_2 = -\frac{n_p L_d}{L_q}, \quad b_3 = -\frac{n_p\Phi}{L_q}, \quad b_4 = \frac{1}{L_q}
$$

$$c_1 = -\frac{R_s}{L_d}, \quad c_2 = \frac{n_p L_q}{L_d}, \quad c_3 = \frac{1}{L_d}$$

则永磁同步电动机动态系统模型可改写为

$$\begin{cases} \dot{x}_1 = x_2 \\ \dot{x}_2 = \dfrac{a_1}{J}x_3 + \dfrac{a_2}{J}x_3 x_4 - \dfrac{B}{J}x_2 - \dfrac{T_L}{J} \\ \dot{x}_3 = b_1 x_3 + b_2 x_2 x_4 + b_3 x_2 + b_4 u_q \\ \dot{x}_4 = c_1 x_4 + c_2 x_2 x_3 + c_3 u_d \end{cases} \tag{4.1.2}$$

控制任务 针对具有状态约束的永磁同步电动机设计一种自适应模糊控制器，使得：

(1) 状态变量 x_1 能跟踪参考信号 x_d；

(2) 所有状态被约束在紧集内，即 $|x_i| < k_{c_i}$，其中 $k_{c_i} > 0$ $(i = 1, 2, 3, 4)$ 是一个常数。

4.1.2 模糊自适应反步递推控制设计

定义误差变量如下：

$$z_1 = x_1 - x_d, \quad z_2 = x_2 - \alpha_1, \quad z_3 = x_3 - \alpha_2, \quad z_4 = x_4$$

式中，x_d 是参考信号；$\alpha_i (i = 1, 2)$ 是虚拟控制器。

定义紧集 $\Omega_z := \{|z_i| < k_{b_i}, \ i = 1, 2, 3, 4\}$，$k_{b_i}$ 为正常数且 $k_{b_1} = k_{c_1} - Y_0$。

永磁同步电动机控制器的设计如下。

第 1 步 选取障碍 Lyapunov 函数如下：

$$V_1 = \frac{1}{2}\log\left(\frac{k_{b_1}^2}{k_{b_1}^2 - z_1^2}\right) \tag{4.1.3}$$

V_1 的导数为

$$\dot{V}_1 = K_{z_1}\dot{z}_1 = K_{z_1}\left(z_2 + \alpha_1 - \dot{x}_d\right) \tag{4.1.4}$$

$K_{z_i} = z_i/\left(k_{b_i}^2 - z_i^2\right)$ $(i = 1, 2, 3, 4)$ 将在后面的设计过程中应用。

构建虚拟控制器 $\alpha_1 = -k_1 z_1 + \dot{x}_d$，则式 (4.1.4) 为

$$\dot{V}_1 = K_{z_1}\left(z_2 + \alpha_1 - \dot{x}_d\right) = K_{z_1}\left(-k_1 z_1 + z_2\right) \tag{4.1.5}$$

第 2 步 选取障碍 Lyapunov 函数如下：

$$V_2 = V_1 + \frac{J}{2}\log\left(\frac{k_{b_2}^2}{k_{b_2}^2 - z_2^2}\right) \tag{4.1.6}$$

对式 (4.1.6) 求导可得

$$\dot{V}_2 = \dot{V}_1 + JK_{z_2}\dot{z}_2 = K_{z_1}(-k_1z_1 + z_2) + JK_{z_2}(\dot{x}_2 - \dot{\alpha}_1)$$

$$= -k_1K_{z_1}z_1 + K_{z_1}z_2 + K_{z_2}(a_1x_3 + a_2x_3x_4 - Bx_2 - T_L - J\dot{\alpha}_1) \qquad (4.1.7)$$

在实际系统中，负载未知但通常是有界的。假设 $0 < |T_L| < d$, $d > 0$。由杨氏不等式可得 $-K_{z_2}T_L \leqslant \dfrac{1}{2\varepsilon_1^2}K_{z_2}^2 + \dfrac{1}{2}\varepsilon_1^2 d^2$，其中 ε_1 为一个任意小的正常数，则式 (4.1.7) 可进一步改写为

$$\dot{V}_2 \leqslant -k_1K_{z_1}z_1 + K_{z_2}\left[a_1(z_3 + \alpha_2) + f_2(Z_2)\right] + \frac{1}{2}\varepsilon_1^2 d^2 \qquad (4.1.8)$$

式中，$f_2(Z_2) = a_2x_3x_4 - Bx_2 - J\dot{\alpha}_1 + \left(k_{b_2}^2 - z_2^2\right)K_{z_1} + K_{z_2}/(2\varepsilon_1^2)$, $Z_2 = [x_1, x_2, x_3, x_4, x_d, \dot{x}_d, \ddot{x}_d]$。

根据模糊逼近理论，对于任意小的 $\varepsilon_2 > 0$，存在模糊逻辑系统 $W_2^{\mathrm{T}}S_2$，使得 $f_2 = W_2^{\mathrm{T}}S_2 + \delta_2$，其中 δ_2 满足 $|\delta_2| \leqslant \varepsilon_2$。则有

$$K_{z_2}f_2 = K_{z_2}\left(W_2^{\mathrm{T}}S_2 + \delta_2\right)$$

$$\leqslant \frac{\|W_2\|^2 K_{z_2}^2 S_2^{\mathrm{T}}S_2}{2l_2^2} + \frac{l_2^2}{2} + \frac{K_{z_2}^2}{2} + \frac{\varepsilon_2^2}{2} \qquad (4.1.9)$$

构建虚拟控制器 α_2 如下：

$$\alpha_2 = -\frac{1}{a_1}\left(k_2z_2 + \frac{1}{2}K_{z_2} + \frac{\hat{\theta}K_{z_2}S_2^{\mathrm{T}}S_2}{2l_2^2}\right) \qquad (4.1.10)$$

式中，$\hat{\theta}$ 是 θ 的估计，θ 的定义会在后面给出。

将式 (4.1.9) 和式 (4.1.10) 代入式 (4.1.8)，可得

$$\dot{V}_2 \leqslant -k_1K_{z_1}z_1 - k_2K_{z_2}z_2 + K_{z_2}a_1z_3$$

$$+ \frac{1}{2}\varepsilon_2^2 d^2 + \frac{\left(\|W_2\|^2 - \hat{\theta}\right)K_{z_2}^2 S_2^{\mathrm{T}}S_2}{2l_2^2} + \frac{l_2^2}{2} + \frac{\varepsilon_2^2}{2} \qquad (4.1.11)$$

第 3 步　选取障碍 Lyapunov 函数如下：

$$V_3 = V_2 + \frac{1}{2}\log\left(\frac{k_{b_3}^2}{k_{b_3}^2 - z_3^2}\right) \qquad (4.1.12)$$

对 V_3 求导可得

$$\dot{V}_3 = -\sum_{i=1}^{2} k_i K_{z_i} z_i + K_{z_3}\left(f_3\left(Z_3\right) + b_4 u_q\right) + \frac{1}{2}\varepsilon_1^2 d^2$$

$$+ \frac{\left(\|W_2\|^2 - \hat{\theta}\right) K_{z_2}^2 S_2^{\mathrm{T}} S_2}{2l_2^2} + \frac{l_2^2}{2} + \frac{\varepsilon_2^2}{2} \tag{4.1.13}$$

式中，$f_3(Z_3) = b_1 x_3 + b_2 x_2 x_4 + b_3 x_2 + a_1 K_{z_2}\left(k_{b_3}^2 - z_3^2\right) - \dot{\alpha}_2$，$Z_3 = [x_1, x_2, x_3, x_4,$ $x_d, \dot{x}_d, \ddot{x}_d]^{\mathrm{T}}$。

类似地，存在模糊逻辑系统 $W_3^{\mathrm{T}} S_3$ 使得 $f_3 = W_3^{\mathrm{T}} S_3 + \delta_3$，$\delta_3$ 为逼近误差且满足 $|\delta_3| \leqslant \varepsilon_3$，可得

$$K_{z_3} f_3 = K_{z_3}\left(W_3^{\mathrm{T}} S_3 + \delta_3\right)$$

$$\leqslant \frac{\|W_3\|^2 K_{z_3}^2 S_3^{\mathrm{T}} S_3}{2l_3^2} + \frac{l_3^2}{2} + \frac{K_{z_3}^2}{2} + \frac{\varepsilon_3^2}{2} \tag{4.1.14}$$

构建真实控制器 u_q 为

$$u_q = -\frac{1}{b_4}\left(k_3 z_3 + \frac{1}{2} K_{z_3} + \frac{K_{z_3} \hat{\theta} S_3^{\mathrm{T}} S_3}{2l_3^2}\right) \tag{4.1.15}$$

此外，将式 (4.1.14) 和式 (4.1.15) 代入式 (4.1.13)，可得

$$\dot{V}_3 \leqslant -\sum_{i=1}^{3} k_i K_{z_i} z_i + \frac{\left(\|W_2\|^2 - \hat{\theta}\right) K_{z_2}^2 S_2^{\mathrm{T}} S_2}{2l_2^2} + \frac{\left(\|W_3\|^2 - \hat{\theta}\right) K_{z_3}^2 S_3^{\mathrm{T}} S_3}{2l_3^2}$$

$$+ \frac{l_2^2}{2} + \frac{\varepsilon_2^2}{2} + \frac{l_3^2}{2} + \frac{\varepsilon_3^2}{2} + \frac{1}{2}\varepsilon_1^2 d^2 \tag{4.1.16}$$

第 4 步 选取障碍 Lyapunov 函数如下：

$$V_4 = V_3 + \frac{1}{2}\log\left(\frac{k_{b_4}^2}{k_{b_4}^2 - z_4^2}\right) \tag{4.1.17}$$

对 V_4 求导可得

$$\dot{V}_4 = -\sum_{i=1}^{3} k_i K_{z_i} z_i + \frac{\left(\|W_2\|^2 - \hat{\theta}\right) K_{z_2}^2 S_2^{\mathrm{T}} S_2}{2l_2^2} + \frac{\left(\|W_3\|^2 - \hat{\theta}\right) K_{z_3}^2 S_3^{\mathrm{T}} S_3}{2l_3^2}$$

$$+ \frac{l_2^2}{2} + \frac{\varepsilon_2^2}{2} + \frac{l_3^2}{2} + \frac{\varepsilon_3^2}{2} + \frac{1}{2}\varepsilon_1^2 d^2 + K_{z_4}\left(f_4(Z_4) + c_3 u_d\right) \tag{4.1.18}$$

式中，$f_4(Z_4) = c_1 x_4 + c_2 x_2 x_3$，$Z_4 = [x_2, x_3, x_4]$。

类似地，存在模糊逻辑系统 $W_4^{\mathrm{T}} S_4$ 使得 $f_4 = W_4^{\mathrm{T}} S_4 + \delta_4$，$\delta_4$ 为逼近误差且满足 $|\delta_4| \leqslant \varepsilon_4$，可得

$$K_{z_4} f_4 = K_{z_4}\left(W_4^{\mathrm{T}} S_4 + \delta_4\right)$$

$$\leqslant \frac{\|W_4\|^2 K_{z_4}^2 S_4^{\mathrm{T}} S_4}{2l_4^2} + \frac{l_4^2}{2} + \frac{K_{z_4}^2}{2} + \frac{\varepsilon_4^2}{2} \tag{4.1.19}$$

设计真实控制器 u_d 为

$$u_d = -\frac{1}{c_3}\left(k_4 z_4 + \frac{1}{2} K_{z_4} + \frac{K_{z_4} \hat{\theta} S_4^{\mathrm{T}} S_4}{2l_4^2}\right) \tag{4.1.20}$$

定义 $\theta = \max\left\{\|W_2\|^2, \|W_3\|^2, \|W_4\|^2\right\}$。

将式 (4.1.19) 和式 (4.1.20) 代入式 (4.1.18)，可得

$$\dot{V}_4 \leqslant -\sum_{i=1}^{4} k_i K_{z_i} z_i + \sum_{i=2}^{4}\left(\frac{l_i^2}{2} + \frac{\varepsilon_i^2}{2}\right) + \sum_{i=2}^{4} \frac{(\theta - \hat{\theta}) K_{z_i}^2 S_i^{\mathrm{T}} S_i}{2l_i^2} + \frac{1}{2}\varepsilon_1^2 d^2 \tag{4.1.21}$$

第 5 步　定义 θ 的估计误差为 $\tilde{\theta} = \hat{\theta} - \theta$。选取系统的障碍 Lyapunov 函数如下：

$$V = V_4 + \frac{1}{2r}\tilde{\theta}^2 \tag{4.1.22}$$

则 V 的导数为

$$\dot{V} \leqslant -\sum_{i=1}^{4} k_i K_{z_i} z_i + \frac{1}{r}\tilde{\theta}\left(-\sum_{i=2}^{4} \frac{r K_{z_i}^2 S_i^{\mathrm{T}} S_i}{2l_i^2} + \dot{\hat{\theta}}\right) + \sum_{i=2}^{4}\left(\frac{l_i^2}{2} + \frac{\varepsilon_i^2}{2}\right) + \frac{1}{2}\varepsilon_1^2 d^2$$

$$\tag{4.1.23}$$

基于式 (4.1.23)，选取自适应律如下：

$$\dot{\hat{\theta}} = \sum_{i=2}^{4} \frac{rK_{z_i}^2 S_i^{\mathrm{T}} S_i}{2l_i^2} - m\hat{\theta} \tag{4.1.24}$$

式中，参数 r、m、l_2、l_3 和 l_4 均为正常数。

4.1.3 稳定性分析

为证明系统中所有信号都是有界的，将式 (4.1.24) 代入式 (4.1.23)，可得

$$\dot{V} \leqslant -\sum_{i=1}^{4} k_i K_{z_i} z_i + \sum_{i=2}^{4} \left(\frac{l_i^2}{2} + \frac{\varepsilon_i^2}{2} \right) + \frac{1}{2} \varepsilon_1^2 d^2 - \frac{m\tilde{\theta}\hat{\theta}}{r} \tag{4.1.25}$$

文献 [5] 已证明在 $|z_i| < k_{b_i}$ 的条件下，$\log[k_{b_i}^2/(k_{b_i}^2 - z_i^2)] < \log[z_i^2/(k_{b_i}^2 - z_i^2)]$ 成立。由杨氏不等式可得 $-\tilde{\theta}\hat{\theta} \leqslant -\dfrac{\tilde{\theta}^2}{2} + \dfrac{\theta^2}{2}$。式 (4.1.25) 可转化成如下不等式：

$$\dot{V} \leqslant -\sum_{i=1}^{4} k_i \log \left(\frac{z_i^2}{k_{b_i}^2 - z_i^2} \right) + \sum_{i=2}^{4} \left(\frac{l_i^2}{2} + \frac{\varepsilon_i^2}{2} \right) + \frac{1}{2} \varepsilon_1^2 d^2 - \frac{m\tilde{\theta}^2}{2r} + \frac{m\theta^2}{2r}$$

$$\leqslant -aV + b \tag{4.1.26}$$

式中，$a = \min \left\{ 2k_1, \dfrac{2k_2}{J}, 2k_3, 2k_4, m \right\}$；$b = \sum_{i=2}^{4} \dfrac{1}{2} \left(l_i^2 + \varepsilon_i^2 \right) + \dfrac{1}{2} \varepsilon_1^2 d^2 + \dfrac{m\theta^2}{2r}$。

由式 (4.1.26) 可得 $\tilde{\theta}$ 和 $\log[k_{b_i}^2/(k_{b_i}^2 - z_i^2)]$ 在约束区间内。在 $[0, t]$ 范围内，式 (4.1.26) 两边同时乘以 e^{at}，可得 $\mathrm{d}\left(V(t)\mathrm{e}^{at}\right)/\mathrm{d}t \leqslant b\mathrm{e}^{at}$，对其两边积分可得

$$V(t) \leqslant \left(V(0) - \frac{b}{a} \right) \mathrm{e}^{-at} + \frac{b}{a} \leqslant V(0) + \frac{b}{a} \tag{4.1.27}$$

由 $\tilde{\theta} = \hat{\theta} - \theta$，且 θ 为常数，可知 $\hat{\theta}$ 有界。因为 $x_d < Y_0$，$z_1 = x_1 - x_d$，所以 $|x_1| \leqslant k_{b_1} + Y_0 \leqslant k_{c_1}$。又因为 z_1 和 $\dot{x}_d$ 有界，所以 α_1 有界，假设 $|\alpha_1| \leqslant \bar{\alpha}_1$，类比可得 $|x_3| < k_{c_3}$ 和 $|x_4| \leqslant k_{c_4}$。从式 (4.1.15)、式 (4.1.20) 中的定义可知，u_q 是 z_3 和 $\hat{\theta}$ 的函数，u_d 是 z_4 和 $\hat{\theta}$ 的函数，所以 u_q 和 u_d 有界。因此，闭环系统中所有信号 (u_q、u_d、$\hat{\theta}$ 和 x_i) 都是有界的，满足状态约束。

为了分析上述闭环系统的稳定性，由式 (4.1.27) 可得

$$\log \frac{k_{b_i}^2}{k_{b_i}^2 - z_i^2} \leqslant 2 \left(V(0) - \frac{b}{a} \right) \mathrm{e}^{-at} + \frac{2b}{a} \tag{4.1.28}$$

对式 (4.1.28) 两边的项取指数，可得 $k_{b_i}^2 / \left(k_{b_i}^2 - z_i^2\right) \leqslant \mathrm{e}^{2(V(0)-b/a)\mathrm{e}^{-at}+2b/a}$。于是式 (4.1.28) 可写成 $|z_1| \leqslant \sqrt{1 - \mathrm{e}^{-2(V(0)-b/a)\mathrm{e}^{-at}-2b/a}}$。若 $V(0) = b/a$，则 $|z_1| \leqslant k_{b_1}\sqrt{1 - \mathrm{e}^{-2b/a}}$。当 $V(0) \neq b/a$ 时，可以得到 $\sqrt{1 - \mathrm{e}^{-2(V(0)-b/a)\mathrm{e}^{-at}-2b/a}} > \sqrt{1 - \mathrm{e}^{-2b/a}}$。存在 T，当 $t > T$ 时，有 $|z_1| \leqslant k_{b_1}\sqrt{1 - \mathrm{e}^{-2(V(0)-b/a)\mathrm{e}^{-at}-2b/a}}$；当 $t \to \infty$ 时，有 $|z_1| \leqslant k_{b_1}\sqrt{1 - \mathrm{e}^{-2b/a}}$。在设计过程中通过选择合适的参数可确保 z_1 在足够小的范围内。

4.1.4　实验验证及结果分析

为验证所提控制策略的可行性，采用永磁同步电动机实验平台进行实验验证，实验测试平台如图 4.1.1 所示。该系统主要由一台 130MB150A 型隐极永磁同步电动机、一台基于 IGBT 的功率转换器和 LINKS-RT 快速成型系统组成。开关频率设置为 10kHz。

图 4.1.1　永磁同步电动机实验平台

给定参考转速为 200r/min，实验系统的相关参数分别为

$$J = 0.003798\mathrm{kg \cdot m^2}, \quad B = 0.001158\mathrm{N \cdot m/(rad/s)}$$

$$L_d = 0.00285\mathrm{H}, \quad L_q = 0.00315\mathrm{H}$$

$$\Phi = 0.1245\text{Wb}, \quad n_p = 3, \quad R_s = 0.68\Omega$$

选取参考信号为 $x_d = \sin(5t)\,(\text{rad})$，负载转矩为 $T_L = \begin{cases} 1\text{N·m}, & 0\text{s} \leqslant t < 2.5\text{s} \\ 1.5\text{N·m}, & t \geqslant 2.5\text{s} \end{cases}$。

选取系统的初始状态为 $x_1(0) = 0.2\text{rad}, x_2(0) = 0\text{r/min}, x_3(0) = 0\text{A}, x_4(0) = 0\text{A}$。

实验结果如图 4.1.2 和图 4.1.3 所示。图 4.1.2 表示相应的转子角速度曲线，图 4.1.3 表示 q 轴电流 i_q 的曲线。从图中可以看出，电流波动小，永磁同步电动机运行更加平稳。上述实验结果表明，所提出的控制方法具有转速波动小、抗干扰能力强等特点。

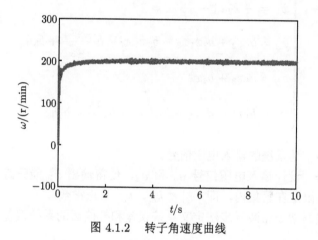

图 4.1.2 转子角速度曲线

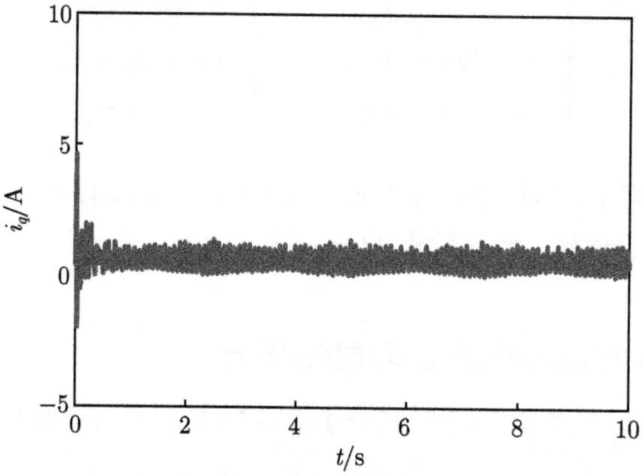

图 4.1.3 q 轴电流 i_q 曲线

4.2　考虑状态约束的异步电动机模糊自适应指令滤波控制

本节针对异步电动机系统，提出一种基于障碍 Lyapunov 函数的模糊自适应指令滤波控制方法，设计基于状态约束的异步电动机速度调节控制器。应用反步法构建控制器，模糊逻辑系统用来处理系统中的未知非线性函数，利用障碍 Lyapunov 函数理论保证系统状态始终被约束在给定的状态空间内。

4.2.1　系统模型及控制问题描述

在 d-q 旋转坐标系下，转子磁链定向的异步电动机驱动系统模型可表示为

$$\begin{cases} \dot{x}_1 = \dfrac{a_1}{J} x_2 x_3 - \dfrac{T_L}{J} \\[2mm] \dot{x}_2 = b_1 x_2 + b_2 x_1 x_3 - b_3 x_1 x_4 - b_4 \dfrac{x_2 x_4}{x_3} + b_5 u_q \\[2mm] \dot{x}_3 = c_1 x_3 + b_4 x_4 \\[2mm] \dot{x}_4 = b_1 x_4 + d_2 x_3 + b_3 x_1 x_2 + b_4 \dfrac{x_2^2}{x_3} + b_5 u_d \end{cases} \tag{4.2.1}$$

式中，u_d 和 u_q 是系统的输入电压信号。

控制任务　设计输入电压信号 u_q 和 u_d，使得输出 x_1 能跟踪给定信号 x_{1d}，且系统状态被限定在紧集内，即 $|x_i| < k_{c_i}$，k_{c_i} 是正常数。

首先，根据指令滤波反步法定义系统误差和补偿后的系统误差分别为

$$\begin{cases} z_1 = x_1 - x_{1d} \\ z_2 = x_2 - x_{2,c} \\ z_3 = x_3 - x_{3,d} \\ z_4 = x_4 - x_{4,c} \end{cases}, \qquad \begin{cases} v_1 = z_1 - \xi_1 \\ v_2 = z_2 - \xi_2 \\ v_3 = z_3 - \xi_3 \\ v_4 = z_4 - \xi_4 \end{cases} \tag{4.2.2}$$

当虚拟控制器 α_i 为指令滤波器输入信号时，$x_{i+1,c}$ $(i = 1, 2, \cdots, n-1)$ 为指令滤波器的输出信号。定义紧集 $\Omega_v := \{|v_i| < k_{b_i}, \ i = 1, 2, \cdots, n\}$，其中 k_{b_i} 是选取的正常数。

4.2.2　模糊自适应指令滤波反步递推控制设计

第 1 步　选取异步电动机第一个子系统的 Lyapunov 函数为

$$V_1 = \frac{J}{2} \log\left(\frac{k_{b_1}^2}{k_{b_1}^2 - v_1^2} \right) \tag{4.2.3}$$

在紧集 Ω_v 上，有

$$\dot{V}_1 = JK_{v_1}\dot{v}_1 = K_{v_1}\left(a_1 x_2 x_3 - T_L - J\dot{x}_{1d} - J\dot{\xi}_1\right) \tag{4.2.4}$$

式中，$K_{v_1} = v_1/(k_{b_1}^2 - v_1^2)$，在构建控制器的过程中，假设转动惯量 J 已知。构造非线性函数为

$$f_1(Z_1) = a_1 x_2 x_3 - T_L - x_2, \ Z_1 = [x_1, \ x_2, \ x_3, \ x_4, \ x_{1d}, \ \dot{x}_{1d}]^{\mathrm{T}} \tag{4.2.5}$$

依据模糊逻辑逼近理论，对于任意 $\varepsilon_1 > 0$，存在模糊逻辑系统 $\phi_1^{\mathrm{T}}P_1$ 使得非线性函数 $f_1 = \phi_1^{\mathrm{T}}P_1 + \delta_1$，其中 $|\delta_1| \leqslant \varepsilon_1$。由杨氏不等式可得

$$
\begin{aligned}
K_{v_1}f_1 &= K_{v_1}\left(\phi_1^{\mathrm{T}}P_1 + \delta_1\right) \\
&\leqslant \frac{1}{2l_1^2}K_{v_1}^2\|\phi_1\|^2 P_1^{\mathrm{T}}P_1 + \frac{1}{2}l_1^2 + \frac{1}{2}K_{v_1}^2 + \frac{1}{2}\varepsilon_1^2
\end{aligned} \tag{4.2.6}
$$

式中，$l_1 > 0$。

选取虚拟控制器 α_1 和补偿信号 ξ_1 分别为

$$
\begin{aligned}
\alpha_1 &= -k_1 z_1 - \frac{1}{2l_1^2}K_{v_1}\hat{\theta}P_1^{\mathrm{T}}P_1 - \frac{1}{2}K_{v_1} + J\dot{x}_{1d} \\
\dot{\xi}_1 &= \frac{1}{J}\left[-k_1 \xi_1 + \xi_2 + (x_{2,c} - \alpha_1)\right]
\end{aligned} \tag{4.2.7}
$$

式中，$k_1 > 0$；$\hat{\theta}$ 是未知向量 θ 的估计值，θ 的定义将会在后面提供；$x_{2,c}$ 是虚拟控制器 α_1 通过指令滤波器后的输出信号。

将式 (4.2.5)、式 (4.2.6) 和式 (4.2.7) 代入式 (4.2.4)，可得

$$\dot{V}_1 \leqslant -k_1 K_{v_1}v_1 + \frac{1}{2l_1^2}K_{v_1}^2\left(\|\phi_1\|^2 - \hat{\theta}\right)P_1^{\mathrm{T}}P_1 + \frac{1}{2}l_1^2 + \frac{1}{2}\varepsilon_1^2 + K_{v_1}v_2 \tag{4.2.8}$$

第 2 步 对第二个子系统的误差 z_2 求导，可得

$$\dot{z}_2 = \dot{x}_2 - \dot{x}_{2,c} = b_1 x_2 + b_2 x_1 x_3 - b_3 x_1 x_4 - b_4 \frac{x_2 x_4}{x_3} + b_5 u_q - \dot{x}_{2,c} \tag{4.2.9}$$

选取 Lyapunov 函数 $V_2 = V_1 + \frac{1}{2}\log\left(\dfrac{k_{b_2}^2}{k_{b_2}^2 - v_2^2}\right)$。在紧集 Ω_v 上，对其求导并将式 (4.2.8) 和式 (4.2.9) 代入，可得

$$\dot{V}_2 \leqslant -k_1 K_{v_1}v_1 + \frac{1}{2l_1^2}K_{v_1}^2\left(\|\phi_1\|^2 - \hat{\theta}\right)P_1^{\mathrm{T}}P_1 + \frac{1}{2}l_1^2 + \frac{1}{2}\varepsilon_1^2$$

$$+ K_{v_2} \left[K_{v_1} \left(k_{b_2}^2 - v_2^2 \right) + f_2 + b_5 u_q - \dot{x}_{2,c} - \dot{\xi}_2 \right] \tag{4.2.10}$$

式中，$f_2 = b_1 x_2 + b_2 x_1 x_3 - b_3 x_1 x_4 - b_4 x_2 x_4 / x_3 = \phi_2^{\mathrm{T}} P_2 + \delta_2$。

同样地，对于任意 $\varepsilon_2 > 0$，有

$$v_2 f_2 \leqslant \frac{1}{2 l_2^2} v_2^2 \|\phi_2\|^2 P_2^{\mathrm{T}} P_2 + \frac{1}{2} l_2^2 + \frac{1}{2} v_2^2 + \frac{1}{2} \varepsilon_2^2 \tag{4.2.11}$$

式中，$l_2 > 0$。

选取真实控制信号 u_q 和补偿信号 ξ_2 为

$$u_q = \frac{1}{b_5} \left[-k_2 z_2 - \frac{1}{2 l_2^2} K_{v_2} \hat{\theta} P_2^{\mathrm{T}} P_2 - \frac{1}{2} K_{v_2} + \dot{x}_{2,c} - K_{v_1} \left(k_{b_2}^2 - v_2^2 \right) \right] \tag{4.2.12}$$

$$\dot{\xi}_2 = -k_2 \xi_2$$

式中，$k_2 > 0$。

于是，将式 (4.2.11) 和式 (4.2.12) 代入式 (4.2.10)，可得

$$\dot{V}_2 \leqslant -k_1 K_{v_1} v_1 - k_2 K_{v_2} v_2 + \sum_{i=1}^{2} \frac{1}{2 l_i^2} K_{v_i}^2 \left(\|\phi_i\|^2 - \hat{\theta} \right) P_i^{\mathrm{T}} P_i + \frac{1}{2} \sum_{i=1}^{2} \left(l_i^2 + \varepsilon_i^2 \right) \tag{4.2.13}$$

第 3 步　选择 Lyapunov 函数 $V_3 = V_2 + \frac{1}{2} \log \left(\dfrac{k_{b_3}^2}{k_{b_3}^2 - v_3^2} \right)$。在紧集 Ω_v 上，对 V_3 求导可得

$$\dot{V}_3 \leqslant - k_1 K_{v_1} v_1 - k_2 K_{v_2} v_2 + \sum_{i=1}^{2} \frac{1}{2 l_i^2} K_{v_i}^2 \left(\|\phi_i\|^2 - \hat{\theta} \right) P_i^{\mathrm{T}} P_i + \frac{1}{2} \sum_{i=1}^{2} \left(l_i^2 + \varepsilon_i^2 \right)$$

$$+ K_{v_3} \left(c_1 x_3 + b_4 x_4 - \dot{x}_{3d} - \dot{\xi}_3 \right) \tag{4.2.14}$$

选择虚拟控制器 α_2 和补偿信号 ξ_3 分别如下：

$$\alpha_2 = \frac{1}{b_4} \left(-k_3 z_3 + \dot{x}_{3d} - c_1 x_3 \right)$$

$$\dot{\xi}_3 = -k_3 \xi_3 + b_4 \xi_4 + b_4 \left(x_{4,c} - \alpha_2 \right) \tag{4.2.15}$$

式中，$k_3 > 0$；$x_{4,c}$ 是指令滤波器输入为 α_2 时的输出信号。

将式 (4.2.15) 代入式 (4.2.14), 可得

$$
\dot{V}_3 \leqslant - k_1 K_{v_1} v_1 - k_2 K_{v_2} v_2 - k_3 K_{v_3} v_3 + \sum_{i=1}^{2} \frac{1}{2l_i^2} K_{v_i}^2 \left(\|\phi_i\|^2 - \hat{\theta} \right) P_i^{\mathrm{T}} P_i
$$

$$
+ \frac{1}{2} \sum_{i=1}^{2} \left(l_i^2 + \varepsilon_i^2 \right) + b_4 K_{v_3} v_4 \tag{4.2.16}
$$

第 4 步 同理, 选取 Lyapunov 函数 $V_4 = V_3 + \frac{1}{2} \log \left(\dfrac{k_{b_4}^2}{k_{b_4}^2 - v_4^2} \right)$。在紧集 Ω_v 上, 对其求导可得

$$
\dot{V}_4 = \dot{V}_3 - b_4 K_{v_3} v_4 + v_4 \left(f_4 + b_5 u_d - \dot{\xi}_4 \right) \tag{4.2.17}
$$

式中, 非线性函数 $f_4 = b_1 x_4 + d_2 x_3 + b_3 x_1 x_2 + b_4 \dfrac{x_2^2}{x_3}$。

同理, 对于任意 $\varepsilon_4 > 0$, 存在模糊逻辑系统 $\phi_4^{\mathrm{T}} P_4$ 使 $f_4 = \phi_4^{\mathrm{T}} P_4 + \delta_4$, 逼近误差满足 $|\delta_4| \leqslant \varepsilon_4$。由杨氏不等式可得

$$
v_4 f_4 \leqslant \frac{1}{2l_4^2} v_4^2 \|\phi_4\|^2 P_4^{\mathrm{T}} P_4 + \frac{1}{2} l_4^2 + \frac{1}{2} z_4^2 + \frac{1}{2} \varepsilon_4^2 \tag{4.2.18}
$$

式中, $\|\phi_4\|$ 为向量 ϕ_4 的范数; $l_4 > 0$。

构造真实控制器 u_d 和补偿信号 ξ_4 为

$$
u_d = \frac{1}{b_5} \left[-k_4 z_4 - \frac{1}{2l_4^2} K_{v_4} \hat{\theta} P_4^{\mathrm{T}} P_4 - \frac{1}{2} K_{v_4} + \dot{x}_{4,c} - b_4 K_{v_3} \left(k_{b_4}^2 - v_4^2 \right) \right]
$$

$$
\dot{\xi}_4 = -k_4 \xi_4 \tag{4.2.19}
$$

式中, $k_4 > 0$。

于是有

$$
\dot{V}_4 \leqslant - \sum_{i=1}^{4} k_i K_{v_i} v_i + \sum_{i=1,2,4} \frac{1}{2l_i^2} K_{v_i}^2 \left(\|\phi_i\|^2 - \hat{\theta} \right) P_i^{\mathrm{T}} P_i + \frac{1}{2} \sum_{i=1,2,4} \left(l_i^2 + \varepsilon_i^2 \right) \tag{4.2.20}
$$

式中, $\hat{\theta} = \tilde{\theta} + \theta$, $\theta = \max\{ \|\phi_1\|^2, \|\phi_2\|^2, \|\phi_4\|^2 \}$。

选取 Lyapunov 方程 $V = V_4 + \dfrac{b}{2r_1} \tilde{\theta}^2$, $r_1 > 0$。在紧集 Ω_v 上, V 的导数为

$$
\dot{V} \leqslant - \sum_{i=1}^{4} k_i K_{v_i} v_i + \frac{1}{2} \sum_{i=1,2,4} \left(l_i^2 + \varepsilon_i^2 \right) + \frac{b}{r_1} \tilde{\theta} \left(\dot{\hat{\theta}} - \sum_{i=1,2,4} \frac{1}{2l_i^2} K_{v_i}^2 P_i^{\mathrm{T}} P_i \right) \tag{4.2.21}
$$

根据式 (4.2.21) 构建自适应律为

$$\dot{\hat{\theta}} = \sum_{i=1,2,4} \frac{1}{2l_i^2} K_{v_i}^2 P_i^{\mathrm{T}} P_i - m_1 \hat{\theta} \tag{4.2.22}$$

式中，m_1 和 $l_i(i=1,\ 2,\ 4)$ 都是正数。

4.2.3　稳定性分析

本节应用 Lyapunov 稳定性原理，分析闭环系统的稳定性。将式 (4.2.22) 代入式 (4.2.21)，可得

$$\dot{V} \leqslant -\sum_{i=1}^{4} k_i K_{v_i} v_i + \frac{1}{2} \sum_{i=1,2,4} \left(l_i^2 + \varepsilon_i^2\right) - \frac{m_1}{r_1} \tilde{\theta}\hat{\theta} \tag{4.2.23}$$

由杨氏不等式可得

$$-\tilde{\theta}\hat{\theta} \leqslant -\frac{\tilde{\theta}^2}{2} + \frac{\theta^2}{2} \tag{4.2.24}$$

将式 (4.2.24) 代入式 (4.2.23) 可得

$$\dot{V} \leqslant -\sum_{i=1}^{4} k_i K_{v_1} v_i - \frac{m_1 \tilde{\theta}^2}{2r_1} + \frac{1}{2} \sum_{i=1,2,4} \left(l_i^2 + \varepsilon_i^2\right) + \frac{m_1}{2r_1}\theta^2 \tag{4.2.25}$$

文献 [5] 证明了 $\log\left[k_{b_i}^2 / \left(k_{b_i}^2 - v_i^2\right)\right] < K_{v_i} v_i$，则式 (4.2.25) 可整理为

$$\begin{aligned}
\dot{V} &\leqslant -\sum_{i=1}^{4} k_i K_{v_i} v_i - \frac{m_1 \tilde{\theta}^2}{2r_1} + \frac{1}{2} \sum_{i=1,2,4} \left(l_i^2 + \varepsilon_i^2\right) + \frac{m_1}{2r_1}\theta^2 \\
&\leqslant -\sum_{i=1}^{4} k_i \log\left(\frac{k_{b_i}^2}{k_{b_i}^2 - v_i^2}\right) - \frac{m_1 \tilde{\theta}^2}{2r_1} + \frac{1}{2} \sum_{i=1,2,4} \left(l_i^2 + \varepsilon_i^2\right) + \frac{m_1}{2r_1}\theta^2 \\
&\leqslant -aV + b \tag{4.2.26}
\end{aligned}$$

式中，$a = \min\{2k_1/J,\ 2k_2,\ 2k_3,\ 2k_4,\ m_1\}$；$b = \dfrac{1}{2} \sum_{i=1,2,4} \left(l_i^2 + \varepsilon_i^2\right) + \dfrac{m_1}{2r_1}\theta^2$。

由式 (4.2.26) 可知

$$V \leqslant \left(V\left(t_0\right) - \frac{b}{a}\right) \mathrm{e}^{-a(t-t_0)} + \frac{b}{a} \leqslant V\left(t_0\right) + \frac{b}{a}, \quad \forall t \geqslant t_0 \tag{4.2.27}$$

通过式 (4.2.27) 可以明显看出，$|v_i| < k_{b_i}$ 和 $\tilde{\theta}$ 是有界的，从而可以得到如下不等式，即 $\lim\limits_{t \to \infty} \left[\log \left(\dfrac{k_{b_i}^2}{k_{b_i}^2 - v_i^2} \right) \right] \leqslant \dfrac{2b}{a} \Rightarrow \lim\limits_{t \to \infty} |v_1| \leqslant k_{b_1} \sqrt{1 - e^{-2b/a}}$。

同时，选取补偿信号系统的 Lyapunov 方程为

$$V_0 = \frac{J}{2}\xi_1^2 + \frac{1}{2}\xi_2^2 + \frac{1}{2}\xi_3^2 + \frac{1}{2}\xi_4^2 \tag{4.2.28}$$

对 V_0 求导可得

$$
\begin{aligned}
\dot{V}_0 &= J\xi_1\dot{\xi}_1 + \xi_2\dot{\xi}_2 + \xi_3\dot{\xi}_3 + \xi_4\dot{\xi}_4 \\
&\leqslant -k_1\xi_1^2 + \xi_1\xi_2 + |\xi_1|\,\mu - k_2\xi_2^2 - k_3\xi_3^2 + b_4\xi_3\xi_4 + b_4\,|\xi_3|\,\mu - k_4\xi_4^2 \\
&\leqslant -\left(k_1 - 1\right)\xi_1^2 - \left(k_2 - 0.5\right)\xi_2^2 - \left(k_3 - b_4^2\right)\xi_3^2 - \left(k_4 - 0.5\right)\xi_4^2 + \mu^2 \\
&\leqslant -a_0 V_0 + b_0
\end{aligned}
\tag{4.2.29}
$$

式中，$a_0 = \min\left\{ 2\left(k_1 - 1\right)/J,\ 2k_2 - 1,\ 2\left(k_3 - b_4^2\right),\ 2k_4 - 1 \right\}$；$b_0 = \mu^2$，并有 $\lim\limits_{t \to \infty} |\xi_1| \leqslant \sqrt{2/a_0}\mu$。

由构建的误差系统可知 $|z_1| \leqslant |v_1| + |\xi_1| \leqslant k_{b_1}\sqrt{1 - e^{-2b/a}} + \sqrt{2/a_0}\mu$，式 (4.2.29) 表明可以通过选取系统控制参数使跟踪误差趋于零的邻域。

在实际应用中通常存在正常数 Y_0 和 Y_2 使 $|x_{1d}| < Y_0 < k_{c_1}$，$|x_{3d}| < Y_2 < k_{c_3}$，则存在不等式 $|x_1| \leqslant |z_1| + |x_{1d}| \leqslant k_{b_1} + \sqrt{n\mu^2/k_0} + Y_0 \leqslant k_{c_1}$。由式 (4.2.15) 可知虚拟控制器 α_1 有界，$|\alpha_1| < s_1$，s_1 为大于 0 的常数。又由于 $|x_{2,c} - \alpha_1| < \mu$，故 $|x_{2,c}| \leqslant s_1 + \mu \leqslant \sigma_1$。由误差系统可知 $|x_2| \leqslant |z_2| + |x_{2,c}| \leqslant k_{b_2} + \sigma_1 \leqslant k_{c_2}$。同理有 $|x_i| \leqslant k_{c_i}$。

4.2.4 仿真验证及结果分析

为证明本节所提方法的有效性，在 MATLAB 仿真环境下搭建系统模型，构建系统控制器并给出仿真效果图。异步电动机参数如表 4.2.1 所示。

表 4.2.1 异步电动机参数

参数名称	数值	参数名称	数值
转动惯量 J	0.0586kg·m^2	转子电感 L_r	0.0699H
互感 L_m	0.068H	定子电感 L_s	0.0699H
转子等效电阻 R_r	0.15Ω	定子等效电阻 R_s	0.1Ω

异步电动机约束空间给定为 $|x_1| \leqslant 70$，$|x_2| \leqslant 45$，$|x_3| \leqslant 2$，$|x_4| \leqslant 45$，系统的初始状态为 $x_1 = 50$，$x_2 = 0$，$x_3 = 1$，$x_4 = -10$，异步电动机的参考输出信号

为 $x_{1d} = 50\mathrm{rad/s}$，$x_{3d} = 1\mathrm{Wb}$，选取负载转矩为 $T_L = \begin{cases} 1\mathrm{N\cdot m}, & 0\mathrm{s} \leqslant t < 15\mathrm{s} \\ 2\mathrm{N\cdot m}, & t \geqslant 15\mathrm{s} \end{cases}$。

模糊逻辑系统 $\phi_1^{\mathrm{T}} P_1$、$\phi_2^{\mathrm{T}} P_2$ 和 $\phi_4^{\mathrm{T}} P_4$ 是包括 11 个中心平均分布在 $[-9, 9]$ 内的节点，宽度为 2。控制器的参数选取为 $k_1 = 60$，$k_2 = 50$，$k_3 = 100$，$k_4 = 60$，$r_1 = 0.05$，$m_1 = 0.02$，$\xi = 0.5$，$l_1 = l_2 = l_3 = 0.25$，$k_{b_1} = 10$，$k_{b_2} = 30$，$k_{b_3} = 1$，$k_{b_4} = 30$，$\omega_n = 2000$。

仿真结果如图 4.2.1 ∼ 图 4.2.6 所示。图 4.2.1 和图 4.2.2 给出了转子角速度 x_1 和期望角速度 x_{1d} 以及转子角速度误差曲线。图 4.2.3 和图 4.2.4 给出了磁链信号 x_3 和期望磁链信号 x_{3d} 以及磁链误差曲线。u_q 和 u_d 的曲线如图 4.2.5 和图 4.2.6 所示。可以看出，所设计的控制器能够实现不错的控制效果。

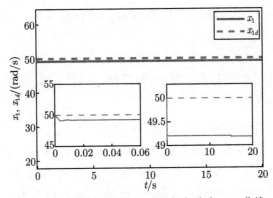

图 4.2.1　转子角速度 x_1 和期望角速度 x_{1d} 曲线

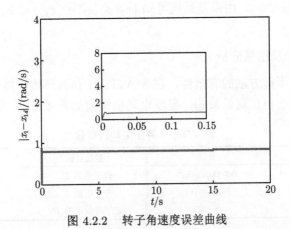

图 4.2.2　转子角速度误差曲线

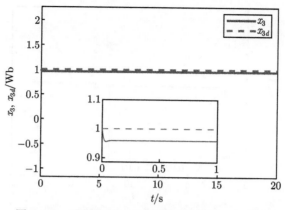

图 4.2.3   磁链信号 x_3 和期望磁链信号 x_{3d} 曲线

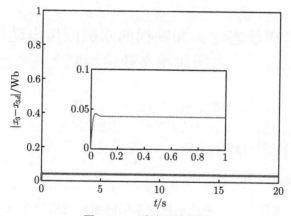

图 4.2.4   磁链误差曲线

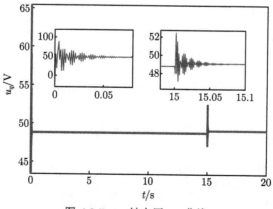

图 4.2.5 q 轴电压 u_q 曲线

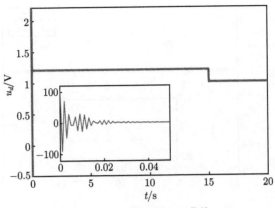

图 4.2.6　d 轴电压 u_d 曲线

4.3　考虑状态约束和铁损的永磁同步电动机模糊自适应指令滤波控制

本节针对永磁同步电动机系统，提出一种基于障碍 Lyapunov 函数的指令滤波模糊自适应反步法，设计状态约束条件下考虑铁损的永磁同步电动机位置跟踪器，并对闭环系统进行稳定性分析。

4.3.1　系统模型及控制问题描述

在 d-q 旋转坐标系下，考虑铁损的永磁同步电动机动态系统模型 [6,7] 如下所示：

$$
\begin{cases}
\dfrac{\mathrm{d}\Theta}{\mathrm{d}t} = \omega \\[2mm]
\dfrac{\mathrm{d}\omega}{\mathrm{d}t} = \dfrac{1}{J}\left[n_p\lambda_{PM}i_{oq} + n_p\left(L_{md} - L_{mq}\right)i_{od}i_{oq} - T_L\right] \\[2mm]
\dfrac{\mathrm{d}i_{oq}}{\mathrm{d}t} = \dfrac{1}{L_{mq}}\left(R_ci_q - R_ci_{oq} - n_p\omega L_d i_{od} - n_p\omega\lambda_{PM}\right) \\[2mm]
\dfrac{\mathrm{d}i_q}{\mathrm{d}t} = \dfrac{1}{L_{lq}}\left(-R_si_q + R_ci_{oq} + u_q\right) \\[2mm]
\dfrac{\mathrm{d}i_{od}}{\mathrm{d}t} = \dfrac{1}{L_{md}}\left(R_ci_d - R_ci_{od} + n_p\omega L_q i_{oq}\right) \\[2mm]
\dfrac{\mathrm{d}i_d}{\mathrm{d}t} = \dfrac{1}{L_{ld}}\left(-R_si_d + R_ci_{od} + u_d\right)
\end{cases}
\tag{4.3.1}
$$

式中, Θ、ω、n_p、J、T_L、R_s、R_c、λ_{PM} 分别为转子角位置、转子角速度、极对数、转动惯量、负载转矩、定子电阻、铁损电阻和转子永磁体产生的励磁磁通; i_d、i_q、u_d、u_q 分别为 d 轴、q 轴的定子电流和定子电压; i_{od}、i_{oq} 为励磁电流; L_d、L_q 为定子电感; L_{ld}、L_{lq} 为定子漏感; L_{md}、L_{mq} 为励磁电感。

为便于控制器设计, 定义变量如下:

$$x_1 = \Theta, \quad x_2 = \omega, \quad x_3 = i_{oq}, \quad x_4 = i_q, \quad x_5 = i_{od}, \quad x_6 = i_d$$

$$a_1 = n_p \lambda_{PM}, \quad a_2 = n_p (L_{md} - L_{mq})$$

$$b_1 = \frac{R_c}{L_{mq}}, \quad b_2 = -\frac{n_p L_d}{L_{mq}}, \quad b_3 = -\frac{n_p \lambda_{PM}}{L_{mq}}, \quad b_4 = -\frac{R_s}{L_{lq}}, \quad b_5 = \frac{R_c}{L_{lq}} \quad (4.3.2)$$

$$c_1 = \frac{R_c}{L_{md}}, \quad c_2 = -\frac{n_p L_q}{L_{md}}, \quad c_3 = -\frac{R_s}{L_{ld}}, \quad c_4 = \frac{R_c}{L_{ld}}$$

$$d_1 = \frac{1}{L_{lq}}, \quad d_2 = \frac{1}{L_{ld}}$$

则永磁同步电动机系统模型可转化为

$$\begin{cases} \dot{x}_1 = x_2 \\ \dot{x}_2 = \frac{1}{J} (a_1 x_3 + a_2 x_3 x_5 - T_L) \\ \dot{x}_3 = b_1 x_4 - b_1 x_3 + b_2 x_2 x_5 + b_3 x_2 \\ \dot{x}_4 = b_4 x_4 + b_5 x_3 + d_1 u_q \\ \dot{x}_5 = c_1 x_6 - c_1 x_5 - c_2 x_2 x_3 \\ \dot{x}_6 = c_3 x_6 + c_4 x_5 + d_2 u_d \end{cases} \quad (4.3.3)$$

控制任务 基于障碍 Lyapunov 函数模糊控制原理设计一种位置跟踪控制器, 使得:

(1) 闭环系统的状态量被限制在给定约束空间内;

(2) 系统输出信号能跟踪给定参考信号。

4.3.2 模糊自适应指令滤波反步递推控制设计

定义如下变换坐标:

$$
\begin{cases}
z_1 = x_1 - x_d \\
z_2 = x_2 - x_{1,c} \\
z_3 = x_3 - x_{2,c} \\
z_4 = x_4 - x_{3,c} \\
z_5 = x_5 \\
z_6 = x_6 - x_{4,c}
\end{cases}, \quad
\begin{cases}
\xi_1 = z_1 - v_1 \\
\xi_2 = z_2 - v_2 \\
\xi_3 = z_3 - v_3 \\
\xi_4 = z_4 - v_4 \\
\xi_5 = z_5 - v_5 \\
\xi_6 = z_6 - v_6
\end{cases}
\tag{4.3.4}
$$

式中，x_d 是给定期望信号；$x_{i,c}\,(i=1,2,3,4)$ 是当滤波器的输入信号为虚拟控制信号 $\alpha_i\,(i=1,2,3,4)$ 时的滤波器输出信号，α_i 的具体结构将在后面给出；$v_i\,(i=1,2,\cdots,6)$ 为补偿后的跟踪误差变量。$\Omega_v = \{|v_i| < k_{b_i}, i=1,2,\cdots,6\}$ 为定义紧集，$k_{b_i} > 0$ 是常数。

基于坐标变换，n 步模糊自适应反步递推控制设计过程如下。

第 1 步　选取永磁同步电动机第一个子系统的障碍 Lyapunov 函数为

$$
V_1 = \frac{1}{2} \log \left(\frac{k_{b_1}^2}{k_{b_1}^2 - v_1^2} \right)
\tag{4.3.5}
$$

为简化模型，令 $K_{v_i} = v_i / \left(k_{b_i}^2 - v_i^2 \right), i = 1,2,\cdots,6$。在紧集 Ω_v 上 V_1 是可导的，对其求导可得

$$
\dot{V}_1 = K_{v_1} \dot{v}_1 = K_{v_1} \left(z_2 + x_{1,c} - \dot{x}_d - \dot{\xi}_1 \right)
\tag{4.3.6}
$$

选取虚拟控制器 α_1 和补偿信号 ξ_1 分别为

$$
\begin{aligned}
\alpha_1 &= -k_1 z_1 + \dot{x}_d \\
\dot{\xi}_1 &= -k_1 \xi_1 + \xi_2 + (x_{1,c} - \alpha_1)
\end{aligned}
\tag{4.3.7}
$$

式中，$k_1 > 0$。此外，$k_i > 0\,(i=2,\cdots,6)$ 将在后面用到。

将式 (4.3.7) 代入式 (4.3.6)，可得

$$
\dot{V}_1 = -k_1 K_{v_1} v_1 + K_{v_1} v_2
\tag{4.3.8}
$$

第 2 步　选取第二个子系统的障碍 Lyapunov 函数为

$$
V_2 = V_1 + \frac{J}{2} \log \left(\frac{k_{b_2}^2}{k_{b_2}^2 - v_2^2} \right)
\tag{4.3.9}
$$

在紧集 Ω_v 上对其求导可得

$$\dot{V}_2 = \dot{V}_1 + JK_{v_2}\dot{v}_2$$

$$= -k_1 K_{v_1} v_1 + K_{v_1} v_2 + K_{v_2}\left(a_1 x_3 + a_2 x_3 x_5 - T_L - J\dot{x}_{1,c} - J\dot{\zeta}_2\right) \quad (4.3.10)$$

注意到实际负载转矩 T_L 为有限值，假设其上限为 $d > 0$，则有 $0 \leqslant |T_L| \leqslant d$。由杨氏不等式可得 $-K_{v_2} T_L \leqslant \dfrac{1}{2\varepsilon_1^2} K_{v_2}^2 + \dfrac{1}{2}\varepsilon_1^2 d^2$，$\varepsilon_1$ 为任意小的正数。式 (4.3.10) 可表示为

$$\dot{V}_2 \leqslant -k_1 K_{v_1} v_1 + K_{v_2}\left(a_1 x_3 - J\dot{\xi}_2 + f_2(Z_2)\right) + \frac{1}{2}\varepsilon_1^2 d^2 \quad (4.3.11)$$

式中，$f_2(Z_2) = a_2 x_3 x_5 - J\dot{x}_{1,c} + \dfrac{1}{2\varepsilon_1^2} K_{v_2}$，$Z_2 = [x_1, x_2, x_3, x_4, x_5, x_6, x_d, \dot{x}_d]^{\mathrm{T}}$。

由模糊逼近理论可以得到，对于任意给定的 $\varepsilon_2 > 0$，存在模糊逻辑系统 $W_2^{\mathrm{T}} S_2$ 使 $f_2 = W_2^{\mathrm{T}} S_2 + \delta_2$，其中 δ_2 为逼近误差且满足 $|\delta_2| \leqslant \varepsilon_2$。定义 $l_i > 0$（$i = 2, 3, 4, 5, 6$），将在后面用到，则有

$$K_{v_2} f_2 = K_{v_2}\left(W_2^{\mathrm{T}} S_2 + \delta_2\right)$$

$$\leqslant \frac{1}{2l_2^2}\|W_2\|^2 K_{v_2}^2 S_2^{\mathrm{T}} S_2 + \frac{1}{2}K_{v_2}^2 + \frac{1}{2}l_2^2 + \frac{1}{2}\varepsilon_2^2 \quad (4.3.12)$$

式中，$\|W_2\|$ 是向量 W_2 的范数。

选取虚拟控制器 α_2 和补偿信号 ξ_2 分别为

$$\alpha_2 = -\frac{1}{a_1}\left[k_2 z_2 + \frac{1}{2}K_{v_2} + \frac{1}{2l_2^2}K_{v_2}\hat{\theta}S_2^{\mathrm{T}} S_2 + K_{v_1}\left(k_{b_2}^2 - v_2^2\right)\right]$$

$$\dot{\xi}_2 = -\frac{1}{J}\left[k_2\xi_2 - a_1\xi_3 - a_1\left(x_{2,c} - \alpha_2\right)\right] \quad (4.3.13)$$

式中，$\hat{\theta}$ 是未知向量 θ 的估算值，θ 的具体公式将会在后面给出。

将式 (4.3.12) 和式 (4.3.13) 代入式 (4.3.11) 可得

$$\dot{V}_2 \leqslant -k_1 K_{v_1} v_1 - k_2 K_{v_2} v_2 + a_1 K_{v_2} v_3$$

$$+ \frac{1}{2l_2^2}\left(\|W_2\|^2 - \hat{\theta}\right) K_{v_2}^2 S_2^{\mathrm{T}} S_2 + \frac{1}{2}l_2^2 + \frac{1}{2}\varepsilon_2^2 + \frac{1}{2}\varepsilon_1^2 d^2 \quad (4.3.14)$$

第 3 步　选取 Lyapunov 函数为

$$V_3 = V_2 + \frac{1}{2}\log\left(\frac{k_{b_3}^2}{k_{b_3}^2 - v_3^2}\right) \tag{4.3.15}$$

在紧集 Ω_v 上对 V_3 求导可得

$$\dot{V}_3 \leqslant -\sum_{i=1}^{2} k_i K_{v_i} v_i + a_1 K_{v_2} v_3 + K_{v_3}\left(b_1 x_4 - \dot{x}_{2,c} - \dot{\xi}_3 + f_3\right)$$
$$+ \frac{1}{2l_2^2}\left(\|W_2\|^2 - \hat{\theta}\right) K_{v_2}^2 S_2^{\mathrm{T}} S_2 + \frac{1}{2}l_2^2 + \frac{1}{2}\varepsilon_2^2 + \frac{1}{2}\varepsilon_1^2 d^2 \tag{4.3.16}$$

式中，$f_3 = -b_1 x_3 + b_2 x_2 x_5 + b_3 x_2$。

根据模糊逼近理论，对于任意给定的 $\varepsilon_3 > 0$，存在模糊逻辑系统 $W_3^{\mathrm{T}} S_3$，使得 $f_3 = W_3^{\mathrm{T}} S_3 + \delta_3$，且 $|\delta_3| \leqslant \varepsilon_3$，则有

$$K_{v_3} f_3 = K_{v_3}\left(W_3^{\mathrm{T}} S_3 + \delta_3\right)$$
$$\leqslant \frac{1}{2l_3^2}\|W_3\|^2 K_{v_3}^2 S_3^{\mathrm{T}} S_3 + \frac{1}{2}K_{v_3}^2 + \frac{1}{2}l_3^2 + \frac{1}{2}\varepsilon_3^2 \tag{4.3.17}$$

式中，$\|W_3\|$ 是向量 W_3 的范数。

构造虚拟控制器 α_3 和补偿信号 ξ_3 分别为

$$\alpha_3 = -\frac{1}{b_1}\left[k_3 z_3 + \frac{1}{2}K_{v_3} + \frac{1}{2l_3^2}K_{v_3}\hat{\theta}S_3^{\mathrm{T}} S_3 + a_1 K_{v_2}\left(k_{b_3}^2 - v_3^2\right) - \dot{x}_{2,c}\right] \tag{4.3.18}$$
$$\dot{\xi}_3 = -k_3\xi_3 + b_1\xi_4 + b_1\left(x_{3,c} - \alpha_3\right)$$

将式 (4.3.17) 和式 (4.3.18) 代入式 (4.3.16) 可得

$$\dot{V}_3 \leqslant -\sum_{i=1}^{3} k_i K_{v_i} v_i + b_1 K_{v_3} v_4 + \sum_{i=2}^{3}\frac{1}{2l_i^2}\left(\|W_i\|^2 - \hat{\theta}\right) K_{v_i}^2 S_i^{\mathrm{T}} S_i$$
$$+ \sum_{i=2}^{3}\frac{1}{2}l_i^2 + \sum_{i=2}^{3}\frac{1}{2}\varepsilon_i^2 + \frac{1}{2}\varepsilon_1^2 d^2 \tag{4.3.19}$$

第 4 步　选取 Lyapunov 函数为

$$V_4 = V_3 + \frac{1}{2}\log\left(\frac{k_{b_4}^2}{k_{b_4}^2 - v_4^2}\right) \tag{4.3.20}$$

在紧集 Ω_v 上对 V_4 求导可得

$$\dot{V}_4 \leqslant -\sum_{i=1}^{3} k_i K_{v_i} v_i + b_1 K_{v_3} v_4 + K_{v_4} \left(d_1 u_q - \dot{x}_{3,c} - \dot{\xi}_4 + f_4 \right)$$

$$+ \sum_{i=2}^{3} \frac{1}{2l_i^2} \left(\|W_i\|^2 - \hat{\theta} \right) K_{v_i}^2 S_i^T S_i + \sum_{i=2}^{3} \frac{1}{2} l_i^2 + \sum_{i=2}^{3} \frac{1}{2} \varepsilon_i^2 + \frac{1}{2} \varepsilon_1^2 d^2 \quad (4.3.21)$$

式中, $f_4 = b_4 x_4 + b_5 x_3 = W_4^T S_4 + \delta_4$, $|\delta_4| \leqslant \varepsilon_4$。

同理对于任意给定的 $\varepsilon_4 > 0$, 有

$$K_{v_4} f_4 = K_{v_4} \left(W_4^T S_4 + \delta_4 \right)$$

$$\leqslant \frac{1}{2l_4^2} \|W_4\|^2 K_{v_4}^2 S_4^T S_4 + \frac{1}{2} K_{v_4}^2 + \frac{1}{2} l_4^2 + \frac{1}{2} \varepsilon_4^2 \quad (4.3.22)$$

式中, $\|W_4\|$ 是向量 W_4 的范数。

选取真实控制器 u_q 和补偿信号 ξ_4 分别为

$$u_q = -\frac{1}{d_1} \left[k_4 z_4 + \frac{1}{2} K_{v_4} + \frac{1}{2l_4^2} K_{v_4} \hat{\theta} S_4^T S_4 + b_1 K_{v_3} \left(k_{b_4}^2 - v_4^2 \right) - \dot{x}_{3,c} \right]$$

$$\dot{\xi}_4 = -k_4 \xi_4 \qquad\qquad\qquad\qquad\qquad\qquad\qquad (4.3.23)$$

将式 (4.3.22) 和式 (4.3.23) 代入式 (4.3.21), 可得

$$\dot{V}_4 \leqslant -\sum_{i=1}^{4} k_i K_{v_i} v_i + \sum_{i=2}^{4} \frac{1}{2l_i^2} \left(\|W_i\|^2 - \hat{\theta} \right) K_{v_i}^2 S_i^T S_i$$

$$+ \sum_{i=2}^{4} \frac{1}{2} l_i^2 + \sum_{i=2}^{4} \frac{1}{2} \varepsilon_i^2 + \frac{1}{2} \varepsilon_1^2 d^2 \quad (4.3.24)$$

第 5 步 选取 Lyapunov 函数为

$$V_5 = V_4 + \frac{1}{2} \log \left(\frac{k_{b_5}^2}{k_{b_5}^2 - v_5^2} \right) \qquad (4.3.25)$$

对 V_5 求导可得

$$\dot{V}_5 \leqslant -\sum_{i=1}^{4} k_i K_{v_i} v_i + K_{v_5} \left(c_1 x_6 - \dot{\xi}_5 + f_5 \right)$$

$$+ \sum_{i=2}^{4} \frac{1}{2l_i^2} \left(\|W_i\|^2 - \hat{\theta} \right) K_{v_i}^2 S_i^T S_i + \sum_{i=2}^{4} \frac{1}{2} l_i^2 + \sum_{i=2}^{4} \frac{1}{2} \varepsilon_i^2 + \frac{1}{2} \varepsilon_1^2 d^2 \quad (4.3.26)$$

式中，$f_5 = -c_1 x_5 - c_2 x_2 x_3 = W_5^{\mathrm{T}} S_5 + \delta_5$，$|\delta_5| \leqslant \varepsilon_5$。

同理，对任意小的常数 $\varepsilon_5 > 0$，有

$$
\begin{aligned}
K_{v_5} f_5 &= K_{v_5} \left(W_5^{\mathrm{T}} S_5 + \delta_5 \right) \\
&\leqslant \frac{1}{2 l_5^2} \|W_5\|^2 K_{v_5}^2 S_5^{\mathrm{T}} S_5 + \frac{1}{2} K_{v_5}^2 + \frac{1}{2} l_5^2 + \frac{1}{2} \varepsilon_5^2
\end{aligned} \tag{4.3.27}
$$

式中，$\|W_5\|$ 是向量 W_5 的范数。

构造虚拟控制器 α_4 和补偿信号 ξ_5 分别为

$$
\alpha_4 = -\frac{1}{c_1} \left(k_5 z_5 + \frac{1}{2} K_{v_5} + \frac{1}{2 l_5^2} K_{v_5} \hat{\theta} S_5^{\mathrm{T}} S_5 \right) \tag{4.3.28}
$$

$$
\dot{\xi}_5 = -k_5 \xi_5 + c_1 \xi_6 + c_1 \left(x_{4,c} - \alpha_4 \right)
$$

将式 (4.3.27) 和式 (4.3.28) 代入式 (4.3.26)，可得

$$
\begin{aligned}
\dot{V}_5 \leqslant{} & -\sum_{i=1}^{5} k_i K_{v_i} v_i + c_1 K_{v_5} v_6 + \sum_{i=2}^{5} \frac{1}{2 l_i^2} \\
& + \sum_{i=2}^{5} \frac{1}{2} l_i^2 + \sum_{i=2}^{5} \frac{1}{2} \varepsilon_i^2 + \frac{1}{2} \varepsilon_1^2 d^2
\end{aligned} \tag{4.3.29}
$$

第 6 步　选取 Lyapunov 函数为

$$
V_6 = V_5 + \frac{1}{2} \log \left(\frac{k_{b_6}^2}{k_{b_6}^2 - v_6^2} \right) \tag{4.3.30}
$$

对 V_6 求导可得

$$
\begin{aligned}
\dot{V}_6 \leqslant{} & -\sum_{i=1}^{5} k_i K_{v_i} v_i + c_1 K_{v_5} v_6 + K_{v_6} \left(d_2 u_d - \dot{x}_{4,c} - \dot{\xi}_6 + f_6 \right) \\
& + \sum_{i=2}^{5} \frac{1}{2 l_i^2} \left(\|W_i\|^2 - \hat{\theta} \right) K_{v_i}^2 S_i^{\mathrm{T}} S_i + \sum_{i=2}^{5} \frac{1}{2} l_i^2 + \sum_{i=2}^{5} \frac{1}{2} \varepsilon_i^2 + \frac{1}{2} \varepsilon_1^2 d^2
\end{aligned} \tag{4.3.31}
$$

式中，$f_6 = c_3 x_6 + c_4 x_5 = W_6^{\mathrm{T}} S_6 + \delta_6$，且 $|\delta_6| \leqslant \varepsilon_6$。

同理，对任意小的常数 $\varepsilon_6 > 0$，有

$$
K_{v_6} f_6 = K_{v_6} \left(W_6^{\mathrm{T}} S_6 + \delta_6 \right)
$$

$$\leqslant \frac{1}{2l_6^2} \|W_6\|^2 K_{v_6}^2 S_6^{\mathrm{T}} S_6 + \frac{1}{2} K_{v_6}^2 + \frac{1}{2} l_6^2 + \frac{1}{2} \varepsilon_6^2 \tag{4.3.32}$$

式中，$\|W_6\|$ 是向量 W_6 的范数。

选取真实控制器 u_d 和补偿信号 ξ_6 分别为

$$u_d = -\frac{1}{d_2} \left[k_6 z_6 + \frac{1}{2} K_{v_6} + \frac{1}{2l_6^2} K_{v_6} \hat{\theta} S_6^{\mathrm{T}} S_6 + c_1 K_{v_5} \left(k_{b_6}^2 - v_6^2 \right) - \dot{x}_{4,c} \right]$$
$$\dot{\xi}_6 = -k_6 \xi_6 \tag{4.3.33}$$

将式 (4.3.32) 和式 (4.3.33) 代入式 (4.3.31)，可得

$$\dot{V}_6 \leqslant -\sum_{i=1}^{6} k_i K_{v_i} v_i + \sum_{i=2}^{6} \frac{1}{2l_i^2} (\theta - \hat{\theta}) K_{v_i}^2 S_i^{\mathrm{T}} S_i$$
$$+ \sum_{i=2}^{6} \frac{1}{2} l_i^2 + \sum_{i=2}^{6} \frac{1}{2} \varepsilon_i^2 + \frac{1}{2} \varepsilon_1^2 d^2 \tag{4.3.34}$$

定义 $\theta = \max \left\{ \|W_2\|^2, \|W_3\|^2, \|W_4\|^2, \|W_5\|^2, \|W_6\|^2 \right\}$，$\hat{\theta}$ 为 θ 的估计值，估计误差 $\tilde{\theta} = \hat{\theta} - \theta$。

选取 Lyapunov 函数 $V = V_6 + \frac{1}{2r} \tilde{\theta}^2$，$r > 0$，则有

$$\dot{V} \leqslant -\sum_{i=1}^{6} k_i K_{v_i} v_i + \frac{1}{r} \tilde{\theta} \left(-\sum_{i=2}^{6} \frac{1}{2l_i^2} r K_{v_i}^2 S_i^{\mathrm{T}} S_i + \dot{\hat{\theta}} \right)$$
$$+ \sum_{i=2}^{6} \frac{1}{2} l_i^2 + \sum_{i=2}^{6} \frac{1}{2} \varepsilon_i^2 + \frac{1}{2} \varepsilon_1^2 d^2 \tag{4.3.35}$$

根据式 (4.3.35)，自适应律为

$$\dot{\hat{\theta}} = \sum_{i=2}^{6} \frac{1}{2l_i^2} r K_{v_i}^2 S_i^{\mathrm{T}} S_i - m\hat{\theta} \tag{4.3.36}$$

式中，m 为正常数。

4.3.3 稳定性分析

在本节中应用 Lyapunov 稳定性原理，分析闭环系统的稳定性。将式 (4.3.36) 代入式 (4.3.35)，可得

$$\dot{V} \leqslant -\sum_{i=1}^{6} k_i K_{v_i} v_i + \sum_{i=2}^{6} \frac{1}{2} l_i^2 + \sum_{i=2}^{6} \frac{1}{2} \varepsilon_i^2 + \frac{1}{2} \varepsilon_1^2 d^2 - \frac{1}{r} m\tilde{\theta}\hat{\theta} \tag{4.3.37}$$

文献 [4] 中已证明 $\log(k_{b_i}^2/(k_{b_i}^2 - v_i^2)) < v_i^2/(k_{b_i}^2 - v_i^2)$。此外，由杨氏不等式可得 $-\tilde{\theta}\hat{\theta} \leqslant -\frac{1}{2}\tilde{\theta}^2 + \frac{1}{2}\theta^2$。那么，式 (4.3.37) 可改写为

$$\dot{V} \leqslant -\sum_{i=1}^{6} k_i \log \frac{k_{b_i}^2}{k_{b_i}^2 - v_i^2} - \frac{1}{2r}m\tilde{\theta}^2 + \sum_{i=2}^{6}\frac{1}{2}l_i^2 + \sum_{i=2}^{6}\frac{1}{2}\varepsilon_i^2 + \frac{1}{2}\varepsilon_1^2 d^2 + \frac{1}{2r}m\theta^2$$

$$\leqslant -aV + b \tag{4.3.38}$$

式中，$a = \min\left\{2k_1, \dfrac{2}{J}k_2, 2k_3, 2k_4, 2k_5, 2k_6, m\right\}$；$b = \displaystyle\sum_{i=2}^{6}\frac{1}{2}l_i^2 + \sum_{i=2}^{6}\frac{1}{2}\varepsilon_i^2 + \frac{1}{2}\varepsilon_1^2 d^2 +$
$\dfrac{1}{2r}m\theta^2$。

由式 (4.3.38) 容易得到

$$V \leqslant \left(V(t_0) - \frac{b}{a}\right)\mathrm{e}^{-a(t-t_0)} + \frac{b}{a} \leqslant V(t_0) + \frac{b}{a}, \quad \forall t \geqslant t_0 \tag{4.3.39}$$

由式 (4.3.39) 可知 $|v_i| < k_{b_i}$ 且 $\tilde{\theta}$ 有界。显然有 $\displaystyle\lim_{t\to\infty}\left(\log\frac{k_{b_i}^2}{k_{b_i}^2 - v_i^2}\right) \leqslant \frac{2b}{a}$，易知 $\displaystyle\lim_{t\to\infty}|v_1| \leqslant k_{b_1}\sqrt{1 - \mathrm{e}^{-2b/a}}$。

选取补偿信号系统的 Lyapunov 函数为

$$V_0 = \frac{1}{2}\xi_1^2 + \frac{J}{2}\xi_2^2 + \frac{1}{2}\xi_3^2 + \frac{1}{2}\xi_4^2 + \frac{1}{2}\xi_5^2 + \frac{1}{2}\xi_6^2 \tag{4.3.40}$$

对式 (4.3.40) 求导可得

$$\begin{aligned}
\dot{V}_0 &= \xi_1\dot{\xi}_1 + J\xi_2\dot{\xi}_2 + \xi_3\dot{\xi}_3 + \xi_4\dot{\xi}_4 + \xi_5\dot{\xi}_5 + \xi_6\dot{\xi}_6 \\
&\leqslant -k_1\xi_1^2 + \xi_1\xi_2 + |\xi_1|\,\mu - k_2\xi_2^2 + a_1\xi_2\xi_3 + a_1|\xi_2|\,\mu \\
&\quad - k_3\xi_3^2 + b_1\xi_3\xi_4 + b_1|\xi_3|\,\mu - k_4\xi_4^2 - k_5\xi_5^2 + c_1\xi_5\xi_6 + c_1|\xi_5|\,\mu - k_6\xi_6^2 \\
&\leqslant -(k_1 - 1)\xi_1^2 - \left(k_2 - \frac{1}{2} - a_1\right)\xi_2^2 - \left(k_3 - \frac{1}{2}a_1 - b_1\right)\xi_3^2 \\
&\quad - \left(k_4 - \frac{1}{2}b_1\right)\xi_4^2 - (k_5 - c_1)\xi_5^2 \\
&\quad - \left(k_6 - \frac{1}{2}c_1\right)\xi_6^2 + \left(\frac{1 + a_1 + b_1 + c_1}{2}\right)\mu^2
\end{aligned}$$

$$\leqslant -a_0 V_0 + b_0 \tag{4.3.41}$$

式中，$a_0 = \min\left\{2(k_1-1), \frac{2}{J}\left(k_2-\frac{1}{2}-a_1\right), 2\left(k_3-\frac{1}{2}a_1-b_1\right), 2\left(k_4-\frac{1}{2}b_1\right),\right.$ $\left. 2(k_5-c_1), 2\left(k_6-\frac{1}{2}c_1\right)\right\}$；$b_0 = \frac{1+a_1+b_1+c_1}{2}\mu^2$；$\lim\limits_{t\to\infty}|\xi_i| \leqslant \sqrt{\frac{1+a_1+b_1+c_1}{a_0}}\mu$ $(i=1,2,\cdots,6)$。

根据误差系统表达式易知 $|z_1| \leqslant k_{b_1}\sqrt{1-\mathrm{e}^{-2b/a}} + \sqrt{(1+a_1+b_1+c_1)/a_0}\mu$。由 a_0 和 b_0 的定义可知，通过选取合适的系统控制参数可使跟踪误差趋于零的邻域。

在实际的应用中通常存在正常数 Y_0，满足不等式 $|x_d| < Y_0 < k_{c_1}$，显然可以得到 $|x_1| \leqslant |z_1|+|x_d| \leqslant k_{b_1} + \sqrt{(1+a_1+b_1+c_1)/a_0}\mu+Y_0 \leqslant k_{c_1}$。由式 (4.3.7) 可知 α_1 有界，设 $|\alpha_1| < s_1$；又因为不等式 $|x_{1,c}-\alpha_1| < \mu$ 成立，所以可以得到 $|x_{1,c}| \leqslant s_1+\mu$；由已构建的误差系统可知 $|z_2| \leqslant |v_2|+|\xi_2| < k_{b_2} + \sqrt{(1+a_1+b_1+c_1)/a_0}\mu$，$|x_2| \leqslant |z_2|+|x_{1,c}| < k_{c_2}$。同理可得 $|x_3| < k_{c_3}$、$|x_4| < k_{c_4}$、$|x_5| < k_{c_5}$、$|x_6| < k_{c_6}$。

4.3.4 仿真验证及结果分析

4.3.3 节从理论上分析了 4.3 节提出的基于障碍 Lyapunov 函数的指令滤波模糊自适应反步法的合理性和系统的稳定性。为了验证该方法的有效性，本节利用 MATLAB 软件进行仿真实验验证。

设置永磁同步电动机系统的初始状态为 $[0,0,0,0,0,0]^{\mathrm{T}}$，设置系统的跟踪期望信号 $x_d = 0.5\sin(t)+0.5\sin(0.5t)$ (rad)，给定约束空间 $|x_1| \leqslant 2$，$|x_2| \leqslant 15$，$|x_3| \leqslant 30$，$|x_4| \leqslant 30$，$|x_5| \leqslant 15$，$|x_6| \leqslant 20$，选取系统负载转矩 $T_L = \begin{cases} 1\mathrm{N\cdot m}, & 0\mathrm{s} \leqslant t < 15\mathrm{s} \\ 1.5\mathrm{N\cdot m}, & t \geqslant 15\mathrm{s} \end{cases}$。

选取考虑铁损的永磁同步电动机动态模型参数[8] 如表 4.3.1 所示。

表 4.3.1 永磁同步电动机动态模型参数

参数名称	数值	参数名称	数值
定子电感 L_d	0.00977H	定子电阻 R_s	2.21Ω
定子电感 L_q	0.00977H	铁损电阻 R_c	200Ω
定子漏感 L_{ld}	0.00177H	励磁磁通 λ_{PM}	0.0844Wb
定子漏感 L_{lq}	0.00177H	转动惯量 J	0.002kg·m^2
励磁电感 L_{md}	0.007H	极对数 n_p	3
励磁电感 L_{mq}	0.008H		

选取模糊隶属度函数 $\mu_{F_i^l} = \exp\left[\frac{-(x+n)^2}{2}\right]$ $(i=2,3,\cdots,6)$，l 和 n 为整数且满足 $1 \leqslant l \leqslant 11$、$-5 \leqslant n \leqslant 5$。控制器参数如表 4.3.2 所示。

表 4.3.2　控制器参数

参数	数值	参数	数值	参数	数值
k_1	10	k_{b_1}	1	l_2	0.25
k_2	7	k_{b_2}	10	l_3	0.25
k_3	100	k_{b_3}	20	l_4	0.25
k_4	50H	k_{b_4}	20	l_5	0.25
k_5	20	k_{b_5}	10	l_6	0.25
k_6	30	k_{b_6}	15	ξ	0.9
r	0.05	m	0.02	ω_n	2000

此外, 基于障碍 Lyapunov 函数的动态面模糊自适应反步法被用于对比本节提出的基于障碍 Lyapunov 函数的指令滤波模糊自适应反步法。两种控制方法选取相同的永磁同步电动机参数和控制参数。

图 4.3.1 ~ 图 4.3.6 是基于障碍 Lyapunov 函数的指令滤波方法的仿真结果, 图 4.3.7 ~ 图 4.3.12 是基于障碍 Lyapunov 函数的动态面方法的仿真结果。

图 4.3.1、图 4.3.5、图 4.3.6、图 4.3.7、图 4.3.11 和图 4.3.12 表明两种基于障碍 Lyapunov 函数的控制方法都可以达到良好的跟踪控制效果, 并且可以保证系统状态量全部被约束在给定的状态空间内; 此外, 在 15s 处负载转矩的变化并未对系统的跟踪性能造成重大影响, 体现出控制器较强的鲁棒性和稳定性。

图 4.3.1、图 4.3.2、图 4.3.7 和图 4.3.8 给出了两种控制方法下系统的期望信号跟踪效果图和位置跟踪误差效果图, 对比可以看出, 基于障碍 Lyapunov 函数的指令滤波方法仿真图的误差小于基于障碍 Lyapunov 函数的动态面方法的误差, 体现出指令滤波技术引入误差补偿机制, 实现了对滤波误差的补偿, 因此能够更为精确地跟踪给定的期望信号。

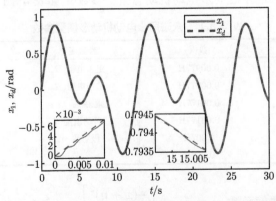

图 4.3.1　转子角位置 x_1 和期望信号 x_d 曲线 (基于障碍 Lyapunov 函数的指令滤波方法)

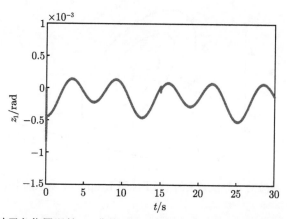

图 4.3.2　转子角位置误差 z_1 曲线 (基于障碍 Lyapunov 函数的指令滤波方法)

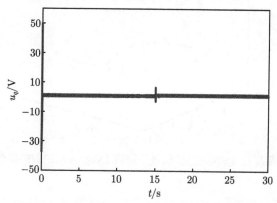

图 4.3.3　q 轴电压 u_q 曲线 (基于障碍 Lyapunov 函数的指令滤波方法)

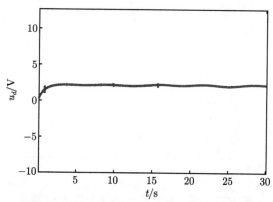

图 4.3.4　d 轴电压 u_d 曲线 (基于障碍 Lyapunov 函数的指令滤波方法)

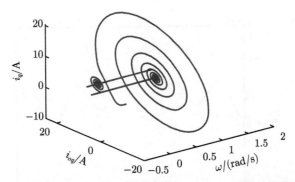

图 4.3.5　系统的 q 轴状态空间 (基于障碍 Lyapunov 函数的指令滤波方法)

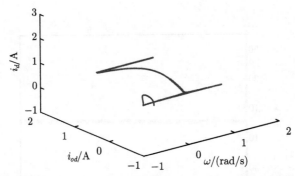

图 4.3.6　系统的 d 轴状态空间 (基于障碍 Lyapunov 函数的指令滤波方法)

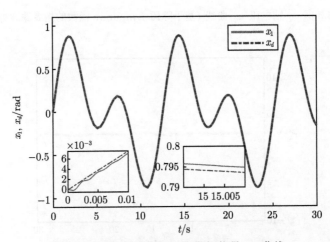

图 4.3.7　转子角位置 x_1 和期望信号 x_d 曲线
(基于障碍 Lyapunov 函数的动态面方法)

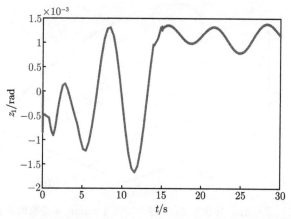

图 4.3.8 转子角位置误差 z_1 曲线 (基于障碍 Lyapunov 函数的动态面方法)

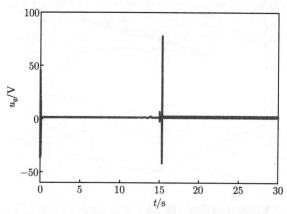

图 4.3.9 q 轴电压 u_q 曲线 (基于障碍 Lyapunov 函数的动态面方法)

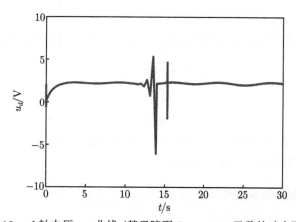

图 4.3.10 d 轴电压 u_d 曲线 (基于障碍 Lyapunov 函数的动态面方法)

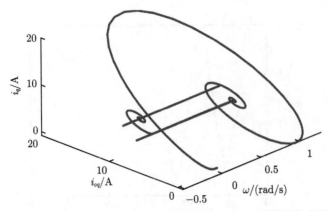

图 4.3.11　系统的 q 轴状态空间 (基于障碍 Lyapunov 函数的动态面方法)

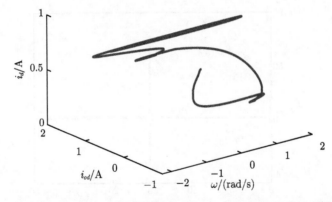

图 4.3.12　系统的 d 轴状态空间 (基于障碍 Lyapunov 函数的动态面方法)

4.4　基于观测器的永磁同步电动机状态约束模糊自适应指令滤波控制

本节针对永磁同步电动机系统，提出一种指令滤波反步控制策略，并且设计降维观测器获得转子角速度的估计，引入指令滤波控制机制解决计算复杂性问题[9]，并对闭环系统进行稳定性分析。

4.4.1　系统模型及控制问题描述

在 $d\text{-}q$ 旋转坐标系下，永磁同步电动机系统模型可描述为

$$\begin{cases} \dfrac{\mathrm{d}\Theta}{\mathrm{d}t} = \omega \\[2mm] \dfrac{\mathrm{d}\omega}{\mathrm{d}t} = \dfrac{3n_p}{2J} \left[(L_d - L_q)\, i_d i_q + \Phi i_q \right] - \dfrac{B\omega}{J} - \dfrac{T_L}{J} \\[2mm] \dfrac{\mathrm{d}i_q}{\mathrm{d}t} = \dfrac{-R_s i_q - n_p \omega L_d i_d - n_p \omega \Phi + u_q}{L_q} \\[2mm] \dfrac{\mathrm{d}i_d}{\mathrm{d}t} = \dfrac{-R_s i_d + n_p \omega L_q i_q + u_d}{L_d} \end{cases} \tag{4.4.1}$$

式中，i_d、i_q、u_d、u_q 分别为 d 轴、q 轴定子电流和电压，其余变量所代表的物理意义见表 4.4.1。

表 4.4.1　永磁同步电动机模型的变量及其物理意义

变量	电动机参数	变量	电动机参数
J	转动惯量	Φ	永磁体磁链
B	摩擦系数	R_s	定子电阻
L_d	d 轴定子电感	n_p	极对数
L_q	q 轴定子电感	T_L	负载转矩
Θ	转子角位置	ω	转子角速度

为便于控制器设计，定义如下变量：

$$\begin{cases} x_1 = \Theta, \quad x_2 = \omega, \quad x_3 = i_q, \quad x_4 = i_d \\[2mm] a_1 = \dfrac{3n_p \Phi}{2}, \quad a_2 = \dfrac{3n_p (L_d - L_q)}{2} \\[2mm] b_1 = -\dfrac{R_s}{L_q}, \quad b_2 = -\dfrac{n_p L_d}{L_q}, \quad b_3 = -\dfrac{n_p \Phi}{L_q}, \quad b_4 = \dfrac{1}{L_q} \\[2mm] c_1 = -\dfrac{R_s}{L_d}, \quad c_2 = \dfrac{n_p L_q}{L_d}, \quad c_3 = \dfrac{1}{L_d} \end{cases} \tag{4.4.2}$$

则永磁同步电动机系统模型可改写为

$$\begin{cases} \dot{x}_1 = x_2 \\[2mm] \dot{x}_2 = \dfrac{1}{J} \left(a_1 x_3 + a_2 x_3 x_4 - B x_2 - T_L \right) \\[2mm] \dot{x}_3 = b_1 x_3 + b_2 x_2 x_4 + b_3 x_2 + b_4 u_q \\[2mm] \dot{x}_4 = c_1 x_4 + c_2 x_2 x_3 + c_3 u_d \end{cases} \tag{4.4.3}$$

在本节, 所有状态变量都应被限制在紧集 $\Omega_x := \{|x_i| \leqslant k_{c_i}, i = 1, 2, 3, 4\}$ 内, 其中, k_{c_i} 为正常数。对于永磁同步电动机系统, 构建控制器 u_q 和 u_d, 使其能够快速跟踪期望信号 x_{1d}, 且所有状态变量限制在紧集 Ω_x 内。

控制任务　根据模糊控制原理设计一种基于对数型障碍 Lyapunov 函数的控制器, 使得:

(1) 该方案不需要传感器测量角速度信号的值, 对永磁同步电动机硬件设备的需求降低;

(2) 闭环系统的状态量被限制在给定的约束空间内。

4.4.2　降维观测器设计

降维观测器设计如下:

$$
\begin{cases}
\dot{\hat{x}}_1 = \hat{x}_2 + d_1(y - \hat{y}) \\
\dot{\hat{x}}_2 = \hat{\pi}_2^{\mathrm{T}}\varphi + d_2(y - \hat{y}) + x_3 \\
\hat{y} = \hat{x}_1
\end{cases}
\tag{4.4.4}
$$

式中, $\hat{\pi}_2 = \pi_2 - \tilde{\pi}_2$ 为 π_2 的估计值。

定义降维观测器误差 $e_1 = x_1 - \hat{x}_1, e_2 = x_2 - \hat{x}_2$, 可得

$$
\dot{e} = De + \varepsilon + \omega
\tag{4.4.5}
$$

式中, $D = \begin{bmatrix} -d_1 & 1 \\ -d_2 & 0 \end{bmatrix}$; $\varepsilon = [0, \mu_2]^{\mathrm{T}}$; $\omega = \left[0, \tilde{\pi}_2^{\mathrm{T}}\varphi(Z)\right]^{\mathrm{T}}$。

设计 d_1 和 d_2 使 D 为 Hurwitz 矩阵。因此, 对于任意给定的 $Q^{\mathrm{T}} = Q > 0$, 总存在 $G^{\mathrm{T}} = G > 0$ 满足 $D^{\mathrm{T}}G + GD = -Q$。选取 Lyapunov 函数为 $V_0 = e^{\mathrm{T}}Pe$, 对其求导可得

$$
\dot{V}_0 = \dot{e}^{\mathrm{T}}Ge + e^{\mathrm{T}}G\dot{e} = -e^{\mathrm{T}}Qe + 2e^{\mathrm{T}}G(\varepsilon + \omega)
\tag{4.4.6}
$$

由杨氏不等式可得

$$
\begin{aligned}
2e^{\mathrm{T}}G\varepsilon &\leqslant \|e\|^2 + \|G\|^2\tau_2^2 \\
2e^{\mathrm{T}}G\omega &\leqslant \|e\|^2 + \|G\|^2\tilde{\pi}_2^{\mathrm{T}}\tilde{\pi}_2
\end{aligned}
\tag{4.4.7}
$$

将式 (4.4.7) 代入式 (4.4.6) 可得

$$
\dot{V}_0 \leqslant -\lambda_{\min}(Q)e^{\mathrm{T}}e + 2\|e\|^2 + \|G\|^2\tau_2^2 + \|G\|^2\tilde{\pi}_2^{\mathrm{T}}\tilde{\pi}_2
\tag{4.4.8}
$$

4.4.3　基于观测器的模糊自适应指令滤波反步递推控制设计

构建如下跟踪误差 z_i 以及补偿后的跟踪误差 s_i：

$$z_1 = x_1 - x_{1d}, \quad z_2 = \hat{x}_2 - x_{1,m}, \quad z_3 = x_3 - x_{2,m}, \quad z_4 = x_4$$
$$s_1 = z_1 - \varsigma_1, \quad s_2 = z_2 - \varsigma_2, \quad s_3 = z_3 - \varsigma_3, \quad s_4 = z_4 - \varsigma_4 \tag{4.4.9}$$

式中，x_{1d} 为期望跟踪信号；α_i（α_i 的具体结构将在后面给出）和 $x_{i,m}(i=1,2)$ 分别为二阶滤波器的输入和输出信号；$\varsigma_i\ (i=1,2,3,4)$ 为误差补偿信号。紧集 $\Omega_s := \{|s_i| < k_{b_i}, i=1,2,3,4\}$，选取 k_{b_i} 为正常数。

第 1 步　补偿后的跟踪误差 $s_1 = z_1 - \varsigma_1 = x_1 - x_{1d} - \varsigma_1$。由式 (4.4.1) 中的系统可得

$$\dot{s}_1 = x_2 - \dot{x}_{1d} - \dot{\varsigma}_1 = \hat{x}_2 + e_2 - \dot{x}_{1d} - \dot{\varsigma}_1 \tag{4.4.10}$$

选取 Lyapunov 函数 $V_1 = V_0 + \dfrac{1}{2}\log\left(\dfrac{k_{b_1}^2}{k_{b_1}^2 - s_1^2}\right)$，在紧集 Ω_s 上 V_1 是可导的。对其求导可得

$$\dot{V}_1 = \dot{V}_0 + K_{s_1}[z_2 + (x_{1,m} - \alpha_1) + \alpha_1 + e_2 - \dot{x}_{1d} - \dot{\varsigma}_1] \tag{4.4.11}$$

式中，$K_{s_1} = s_1/(k_{b_1}^2 - s_1^2)$。为简化模型，设 $K_{s_i} = s_i/(k_{b_i}^2 - s_i^2)\ (i=2,3,4)$，它们将在后续步骤中使用。

由杨氏不等式可得 $K_{s_1}e_2 \leqslant \dfrac{1}{2}\|e\|^2 + \dfrac{1}{2}K_{s_1}^2$。选取虚拟控制器 α_1 和误差补偿信号 ς_1 分别为

$$\alpha_1 = -k_1 z_1 + \dot{x}_{1d} - \frac{1}{2}K_{s_1} \tag{4.4.12}$$

$$\dot{\varsigma}_1 = -k_1\varsigma_1 + \varsigma_2 + (x_{1,m} - \alpha_1) \tag{4.4.13}$$

式中，$k_1 > 0$。此外 $k_i > 0\ (i=2,3,4)$，将在后面用到。

将式 (4.4.12) 和式 (4.4.13) 代入 (4.4.11) 中，可得

$$\dot{V}_1 \leqslant \dot{V}_0 - k_1 K_{s_1}s_1 + K_{s_1}s_2 + \frac{\|e\|^2}{2} \tag{4.4.14}$$

第 2 步　选取第二个子系统的 Lyapunov 函数为 $V_2 = V_1 + \dfrac{1}{2}\log\left(\dfrac{k_{b_2}^2}{k_{b_2}^2 - s_2^2}\right) + \dfrac{1}{2r_1}\tilde{\pi}_2^{\mathrm{T}}\tilde{\pi}_2$，其中 $r_1 > 0$，对其求导可得

$$\dot{V}_2 = \dot{V}_1 + K_{s_2}\left(z_3 + x_{2,m} + d_2 e_1 + \hat{\pi}_2^{\mathrm{T}}\varphi - \dot{x}_{1,m} - \dot{\varsigma}_2\right)$$

$$- K_{s_2} \tilde{\pi}_2^{\mathrm{T}} \varphi(Z) + \frac{\tilde{\pi}_2^{\mathrm{T}}}{r_1} \left(r_1 K_{s_2} \varphi(Z) - \dot{\hat{\pi}}_2 \right) \qquad (4.4.15)$$

由杨氏不等式可得 $-K_{s_2} \tilde{\pi}_2^{\mathrm{T}} \varphi(Z) \leqslant \dfrac{K_{s_2}^2}{2} + \dfrac{\tilde{\pi}_2^{\mathrm{T}} \tilde{\pi}_2}{2}$。选取虚拟控制器 α_2 和误差补偿信号 ς_2 以及自适应律分别为

$$\begin{aligned}
\alpha_2 &= -k_2 z_2 - d_2 e_1 - \hat{\pi}_2^{\mathrm{T}} \varphi(Z) + \dot{x}_{1,m} - \frac{K_{s_2}}{2} - K_{s_1}(k_{b_2}^2 - s_2^2) \\
\dot{\varsigma}_2 &= -k_2 \varsigma_2 + \varsigma_3 + (x_{2,m} - \alpha_2) \\
\dot{\hat{\pi}}_2 &= r_1 K_{s_2} \varphi(Z) - m_1 \hat{\pi}_2
\end{aligned} \qquad (4.4.16)$$

将式 (4.4.16) 代入式 (4.4.15) 可得

$$\dot{V}_2 \leqslant \dot{V}_0 - k_1 K_{s_1} s_1 - k_2 K_{s_2} s_2 + K_{s_2} s_3 + \frac{\|e\|^2}{2} + \frac{\tilde{\pi}_2^{\mathrm{T}} \tilde{\pi}_2}{2} + \frac{m_1}{r_1} \tilde{\pi}_2^{\mathrm{T}} \hat{\pi}_2 \qquad (4.4.17)$$

第 3 步　选取 Lyapunov 函数为

$$V_3 = V_2 + \frac{1}{2} \log \left(\frac{k_{b_3}^2}{k_{b_3}^2 - s_3^2} \right) \qquad (4.4.18)$$

在紧集 Ω_s 上对 V_3 求导可得

$$\begin{aligned}
\dot{V}_3 \leqslant {}& \dot{V}_0 - k_1 K_{s_1} s_1 - k_2 K_{s_2} s_2 + K_{s_3} s_2 + K_{s_3} (b_4 u_q - \dot{\varsigma}_3 + f_3 - \dot{x}_{2,m}) \\
& + \frac{\|e\|^2}{2} + \frac{\tilde{\pi}_2^{\mathrm{T}} \tilde{\pi}_2}{2} + \frac{m_1}{r_1} \tilde{\pi}_2^{\mathrm{T}} \hat{\pi}_2
\end{aligned} \qquad (4.4.19)$$

式中，$f_3 = b_1 x_3 + b_2 x_2 x_4 + b_3 x_2$。

对于任意给定的 $\tau_3 > 0$，存在模糊逻辑系统 $U_3^{\mathrm{T}} H_3$，使得 $f_3 = U_3^{\mathrm{T}} H_3 + \mu_3$，且 $|\mu_3| < \tau_3$，则有

$$K_{s_3} f_3 \leqslant \frac{K_{s_3}^2 \|U_3\|^2 H_3^{\mathrm{T}} H_3}{2 l_3^2} + \frac{l_3^2 + \tau_3^2}{2} + \frac{K_{s_3}^2}{2} \qquad (4.4.20)$$

式中，$\|U_3\|$ 是向量 U_3 的范数。

构造真实控制器 u_q 和误差补偿信号 ς_3 分别为

$$\begin{aligned}
u_q &= \frac{1}{b_4} \left[-k_3 z_3 - \frac{1}{2 l_3^2} K_{s_3} \hat{\chi} H_3^{\mathrm{T}} H_3 + \dot{x}_{2,m} - \frac{K_{s_3}}{2} - K_{s_3}(k_{b_3}^2 - s_3^2) \right] \\
\dot{\varsigma}_3 &= -k_3 \varsigma_3
\end{aligned} \qquad (4.4.21)$$

将式 (4.4.20) 和式 (4.4.21) 代入式 (4.4.19) 可得

$$\dot{V}_3 \leqslant \dot{V}_0 - \sum_{i=1}^{3} k_i K_{s_i} s_i + \frac{1}{2l_3^2} K_{s_3}^2 \left(\|U_3\|^2 - \hat{\chi} \right) H_3^{\mathrm{T}} H_3 + \frac{\|e\|^2}{2}$$

$$+ \frac{\tilde{\pi}_2^{\mathrm{T}} \tilde{\pi}_2}{2} + \frac{m_1}{r_1} \tilde{\pi}_2^{\mathrm{T}} \hat{\pi}_2 + \frac{l_3^2 + \tau_3^2}{2} \tag{4.4.22}$$

第 4 步 选取 Lyapunov 函数为

$$V_4 = V_3 + \frac{1}{2} \log \left(\frac{k_{b_4}^2}{k_{b_4}^2 - s_4^2} \right) \tag{4.4.23}$$

在紧集 Ω_s 上对 V_4 求导可得

$$\dot{V}_4 = \dot{V}_3 + K_{s_4} \left(c_3 u_d + f_4 - \dot{\varsigma}_4 \right) \tag{4.4.24}$$

式中，$f_4 = c_1 x_4 + c_2 x_2 x_3 = U_4^{\mathrm{T}} H_4 + \mu_4$，$|\mu_4| \leqslant \tau_4$。

同理，对于任意给定的 $\tau_4 > 0$，有

$$K_{s_4} f_4 \leqslant \frac{K_{s_4}^2 \|U_4\|^2 H_4^{\mathrm{T}} H_4}{2l_4^2} + \frac{l_4^2 + \tau_4^2}{2} + \frac{K_{s_4}^2}{2} \tag{4.4.25}$$

式中，$\|U_4\|$ 是向量 U_4 的范数。

选取真实控制器 u_d 和误差补偿信号 ς_4 分别为

$$u_d = \frac{1}{c_3} \left(-k_4 z_4 - \frac{1}{2l_4^2} K_{s_4} \hat{\chi} H_4^{\mathrm{T}} H_4 - \frac{K_{s_4}}{2} \right)$$

$$\dot{\varsigma}_4 = -k_4 \varsigma_4 \tag{4.4.26}$$

将式 (4.4.25) 和式 (4.4.26) 代入式 (4.4.24) 可得

$$\dot{V}_4 \leqslant \dot{V}_0 - \sum_{i=1}^{4} k_i K_{s_i} s_i + \sum_{i=3}^{4} \frac{1}{2l_i^2} K_{s_i}^2 \left(\|U_i\|^2 - \hat{\chi} \right) H_i^{\mathrm{T}} H_i + \frac{\|e\|^2}{2}$$

$$+ \frac{\tilde{\pi}_2^{\mathrm{T}} \tilde{\pi}_2}{2} + \frac{m_1}{r_1} \tilde{\pi}_2^{\mathrm{T}} \hat{\pi}_2 + \sum_{i=3}^{4} \frac{l_i^2 + \tau_i^2}{2} \tag{4.4.27}$$

定义 $\chi = \max \left\{ \|U_3\|^2, \|U_4\|^2 \right\}$，估计误差 $\tilde{\chi} = \chi - \hat{\chi}$。式 (4.4.27) 可改写为

$$\dot{V}_4 \leqslant \dot{V}_0 - \sum_{i=1}^{4} k_i K_{s_i} s_i + \sum_{i=3}^{4} \frac{1}{2l_i^2} K_{s_i}^2 \tilde{\chi} H_i^{\mathrm{T}} H_i + \frac{\|e\|^2}{2} + \frac{\tilde{\pi}_2^{\mathrm{T}} \tilde{\pi}_2}{2}$$

$$+ \frac{m_1}{r_1} \tilde{\pi}_2^{\mathrm{T}} \hat{\pi}_2 + \sum_{i=3}^{4} \frac{l_i^2 + \tau_i^2}{2} \tag{4.4.28}$$

第 5 步　取 Lyapunov 函数为 $V = V_4 + \dfrac{1}{2r_2}\tilde{\chi}^2\ (r_2 > 0)$，则 V 的导数为

$$\dot{V} \leqslant \dot{V}_0 - \sum_{i=1}^{4} k_i K_{s_i} s_i + \frac{\tilde{\chi}}{r_2}\left(\sum_{i=3}^{4}\frac{1}{2l_i^2}r_2 K_{s_i}^2 H_i^{\mathrm{T}} H_i - \dot{\hat{\chi}}\right) + \frac{\|e\|^2}{2}$$

$$+ \frac{\tilde{\pi}_2^{\mathrm{T}} \tilde{\pi}_2}{2} + \frac{m_1}{r_1} \tilde{\pi}_2^{\mathrm{T}} \hat{\pi}_2 + \sum_{i=3}^{4}\frac{l_i^2 + \tau_i^2}{2} \tag{4.4.29}$$

根据式 (4.4.29)，构建自适应律为

$$\dot{\hat{\chi}} = \sum_{i=3}^{4}\frac{1}{2l_i^2}r_2 K_{s_i}^2 H_i^{\mathrm{T}} H_i - m_2 \hat{\chi} \tag{4.4.30}$$

式中，$m_2 > 0$，$l_i > 0\ (i = 3, 4)$。

4.4.4　稳定性分析

将自适应律 (4.4.30) 代入式 (4.4.29) 可得

$$\dot{V} \leqslant \dot{V}_0 - \sum_{i=1}^{4} k_i K_{s_i} s_i + \frac{m_2}{r_2}\tilde{\chi}\hat{\chi} + \frac{\|e\|^2}{2} + \frac{\tilde{\pi}_2^{\mathrm{T}} \tilde{\pi}_2}{2} + \frac{m_1}{r_1}\tilde{\pi}_2^{\mathrm{T}} \hat{\pi}_2 + \sum_{i=3}^{4}\frac{l_i^2 + \tau_i^2}{2} \tag{4.4.31}$$

由杨氏不等式 $\dfrac{m_1}{r_1}\tilde{\pi}_2^{\mathrm{T}}\hat{\pi}_2 \leqslant -\dfrac{m_1}{2r_1}\tilde{\pi}_2^{\mathrm{T}}\tilde{\pi}_2 + \dfrac{m_1}{2r_1}\pi_2^{\mathrm{T}}\pi_2$，$\dfrac{m_2}{r_2}\tilde{\chi}\hat{\chi} \leqslant -\dfrac{m_2}{2r_2}\tilde{\chi}^2 + \dfrac{m_2}{2r_2}\chi^2$，则式 (4.4.31) 可改写为

$$\dot{V} \leqslant -\left(\lambda_{\min}(Q) - \frac{5}{2}\right)e^{\mathrm{T}}e - \sum_{i=1}^{4} k_i K_{s_i} s_i - \left(\frac{m_1}{2r_1} - \frac{1}{2} - \|G\|^2\right)\tilde{\pi}_2^{\mathrm{T}}\tilde{\pi}_2$$

$$- \frac{m_2}{2r_2}\tilde{\chi}^2 + \|G\|^2\tau_2^2 + \frac{m_1}{2r_1}\pi_2^{\mathrm{T}}\pi_2 + \frac{m_2}{2r_2}\chi^2 + \sum_{i=3}^{4}\frac{l_i^2 + \tau_i^2}{2} \tag{4.4.32}$$

对于 $s_i < k_{b_i}$，总有 $\log[k_{b_i}^2/(k_{b_i}^2 - s_i^2)] < s_i^2/(k_{b_i}^2 - s_i^2)$。因此，式 (4.4.32)
可改写为

$$\dot{V} \leqslant -\left(\lambda_{\min}(Q) - \frac{5}{2}\right) e^{\mathrm{T}} e - \sum_{i=1}^{4} k_i \log\left(\frac{k_{b_i}^2}{k_{b_i}^2 - s_i^2}\right) - \left(\frac{m_1}{2r_1} - \frac{1}{2} - \|G\|^2\right) \tilde{\pi}_2^{\mathrm{T}} \tilde{\pi}_2$$

$$- \frac{m_2}{2r_2} \tilde{\chi}^2 + \|G\|^2 \tau_2^2 + \frac{m_1}{2r_1} \pi_2^{\mathrm{T}} \pi_2 + \frac{m_2}{2r_2} \chi^2 + \sum_{i=3}^{4} \frac{l_i^2 + \tau_i^2}{2}$$

$$\leqslant -a_0 V(t) + b_0 \tag{4.4.33}$$

式中，$\lambda_{\min}(Q) - \dfrac{5}{2} > 0$；$\dfrac{m_1}{2r_1} - \dfrac{1}{2} - \|G\|^2 > 0$；$b_0 = \|G\|^2 \tau_2^2 + \dfrac{m_1}{2r_1} \pi_2^{\mathrm{T}} \pi_2 + \dfrac{m_2}{2r_2} \chi^2 + \displaystyle\sum_{i=3}^{4} \frac{l_i^2 + \tau_i^2}{2}$；$a_0 = \min\left\{\dfrac{\lambda_{\min} Q - 5/2}{\lambda_{\max} G}, 2r_1\left(\dfrac{m_1}{2r_1} - \|G\|^2 - \dfrac{1}{2}\right), 2k_1, 2k_2, 2k_3, 2k_4, m_2\right\}$。

将式 (4.4.33) 两边同乘 $\mathrm{e}^{a_0 t}$，其可表示为 $\mathrm{d}(V \mathrm{e}^{a_0 t})/\mathrm{d}t \leqslant b_0 \mathrm{e}^{a_0 t}$，在 $(0, t]$ 内
积分可得

$$V(t) \leqslant \left(V(0) - \frac{b_0}{a_0}\right) \mathrm{e}^{-a_0 t} + \frac{b_0}{a_0} \tag{4.4.34}$$

由式 (4.4.34) 可得

$$\lim_{t \to \infty} \log\left(\frac{k_{b_i}^2}{k_{b_i}^2 - s_i^2}\right) \leqslant \frac{2b_0}{a_0} \Rightarrow \lim_{t \to \infty} |s_1| \leqslant k_{b_1} \sqrt{1 - \mathrm{e}^{-2b_0/a_0}}$$

接下来，证明误差补偿信号 $\varsigma_i \, (i = 1, 2, 3, 4)$ 的有界性。选取 Lyapunov 函数

$$\bar{V} = \frac{1}{2}\varsigma_1^2 + \frac{1}{2}\varsigma_2^2 + \frac{1}{2}\varsigma_3^2 + \frac{1}{2}\varsigma_4^2 \tag{4.4.35}$$

对 $\bar{V}$ 求导可得

$$\dot{\bar{V}} = \varsigma_1 \dot{\varsigma}_1 + \varsigma_2 \dot{\varsigma}_2 + \varsigma_3 \dot{\varsigma}_3 + \varsigma_4 \dot{\varsigma}_4$$

$$= -k_1 \varsigma_1^2 + \varsigma_1 \varsigma_2 + \varsigma_1 (x_{1,m} - \alpha_1) - k_2 \varsigma_2^2 + \varsigma_2 \varsigma_3 + \varsigma_2 (x_{2,m} - \alpha_2) - k_3 \varsigma_3^2 - k_4 \varsigma_4^2 \tag{4.4.36}$$

由指令滤波器定义可知 $|x_{i,m} - \alpha_i| \leqslant \psi (i = 1, 2)$，并由不等式 $|\varsigma_i| \psi \leqslant \dfrac{1}{2}\varsigma_i^2 + \dfrac{1}{2}\psi^2$ 和 $\varsigma_i \varsigma_{i+1} \leqslant \dfrac{1}{2}\varsigma_i^2 + \dfrac{1}{2}\varsigma_{i+1}^2 (i = 1, 2)$，式 (4.4.36) 可改写为

$$\dot{V} \leqslant -(k_1 - 1)\varsigma_1^2 - \left(k_2 - \frac{3}{2}\right)\varsigma_2^2 - \left(k_3 - \frac{1}{2}\right)\varsigma_3^2 - k_4\varsigma_4^2 + \psi^2$$

$$\leqslant -a_1\bar{V} + b_1 \tag{4.4.37}$$

式中，$a_1 = \min\{2k_1 - 2, 2k_2 - 3, 2k_3 - 1, 2k_4\}$；$b_1 = \psi^2$。由式 (4.4.37) 可知 $\lim\limits_{t\to\infty} |\varsigma_i| \leqslant \sqrt{2\psi^2/a_1}$。

由构建的系统误差可知，当时间 t 趋于 ∞ 时，可以得到 $|z_1| \leqslant |s_1| + |\varsigma_1| \leqslant k_{b_1}\sqrt{1 - \mathrm{e}^{-2b_0/a_0}} + \sqrt{2\psi^2/a_1}$。

评注 4.4.1　根据 a_0、a_1、b_0 和 b_1 的定义，在确定参数 m_1 和 m_2 之后，选取足够大的 k_i、r_1、r_2 和足够小的 l_i 可以保证收敛到原点附近的小邻域内。

由式 (4.4.9) 可得 $x_1 = s_1 + x_d + \varsigma_1$，因此 $|x_1| \leqslant k_{b_1} + Y_0 + \sqrt{2\psi^2/a_1} \leqslant k_{c_1}$。由式 (4.4.12) 可知 α_1 是关于 z_1 和 $\dot{x}_{1d}$ 的连续函数。因此，α_1 存在最大值 ι_1。由式 (4.4.33) 可知 e_2 是有界的：$e_2 \leqslant \sigma$ 且 $x_2 = s_2 + \varsigma_2 + x_{1,m} + e_2$。

由此可得 $|x_2| \leqslant k_{b_2} + \sqrt{2\psi^2/a_1} + (x_{1,m} - \alpha_1) + \alpha_1 + e_2 \leqslant k_{b_2} + \sqrt{2\psi^2/a_1} + \psi + \iota_1$，从而可以得到 $|x_2| \leqslant k_{c_2}$。由此可逐步证明 $|x_3| < k_{c_3}$，$|x_4| < k_{c_4}$。因此，闭环系统状态变量都被限制在紧集 Ω_x 内。由式 (4.4.21) 和式 (4.4.26) 可知，u_q 是关于 z_3、$\hat{\chi}$ 和 s_3 的函数，u_d 是关于 z_4、$\hat{\chi}$ 和 s_4 的函数。因此，u_q 和 u_d 有界。

4.4.5　仿真验证及结果分析

为了验证该方法的有效性，在 MATLAB 环境下进行仿真对比实验。永磁同步电动机的参数选择见表 4.4.2。

表 4.4.2　永磁同步电动机参数

参数名称	数值	参数名称	数值
转动惯量 J	$0.003788\mathrm{kg}\cdot\mathrm{m}^2$	永磁体磁链 Φ	$0.1245\mathrm{Wb}$
摩擦系数 B	$0.001158\mathrm{N}\cdot\mathrm{m}/(\mathrm{rad/s})$	定子电阻 R_s	0.48Ω
定子电感 L_d	$0.00285\mathrm{H}$	极对数 n_p	3
定子电感 L_q	$0.00316\mathrm{H}$		

选取跟踪信号为 $x_{1d} = \sin(t)$ (rad)，系统的零初始状态为 $[0, 0, 0, 0.1]^{\mathrm{T}}$，选取负载转矩 $T_L = 1.5\mathrm{N}\cdot\mathrm{m}$。选取模糊集函数 $\mu_{F_i^j} = \exp\left[-(x_i + l)^2\big/2\right]$ $(i = 1, 2, 3, 4)$，式中，$l \in [-7, 7]$，$j \in [1, 13]$ 为区间内所有整数。

　　基于指令滤波控制和全状态约束的永磁同步电动机自适应模糊控制器参数选取见表 4.4.3。指令滤波器参数 $\zeta = 0.5$，$\omega_n = 500$。

表 4.4.3　永磁同步电动机自适应模糊控制器参数

参数	数值	参数	数值	参数	数值
k_1	5	k_{b_1}	0.3	l_3	1
k_2	20	k_{b_2}	2	l_4	1
k_3	100	k_{b_3}	2	d_1	10000
k_4	50	k_{b_4}	2	d_2	10000
r_1	10	m_1	1		
r_2	10	m_2	1		

　　此外，未考虑误差补偿机制的动态面控制模糊自适应反步法[10-12] 被用于与本节提出的控制方法对比。控制器选择完全相同的参数，见表 4.4.3；一阶滤波器参数选取 $\xi_i = 0.003$。图 4.4.1 ～ 图 4.4.7 为本节采用基于指令滤波控制方法的仿真结果，图 4.4.8 ～ 图 4.4.14 是基于动态面控制方法的模糊自适应反步法仿真结果。其中，图 4.4.1 和图 4.4.8 分别给出了指令滤波控制和动态面控制方法的 x_1 和 x_{1d} 的轨迹。可以看出，即使在存在负载扰动的情况下，两种方法都能取得满意的跟踪效果。图 4.4.2、图 4.4.3、图 4.4.9 和图 4.4.10 给出了降维观测器对于转子角位置和转子角速度的观测值 $\hat{x}_1$ 和 $\hat{x}_2$。图 4.4.4 和图 4.4.11 显示了 d 轴和 q 轴电流曲线。图 4.4.5 和图 4.4.12 反映了 i_q、i_d、ω 的状态变量。指令滤波控制和动态面控制中的全状态约束都未被违反。图 4.4.6、图 4.4.7 和图 4.4.13、图 4.4.14 分别为 u_d 和 u_q 曲线。图 4.4.15 和图 4.4.16 分别为两种控制方案的误差曲线 z_1。

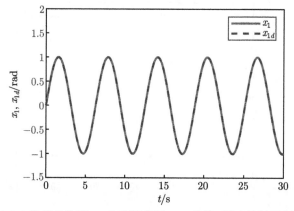

图 4.4.1　转子角位置 x_1 和期望信号 x_{1d} 曲线 (指令滤波控制方法)

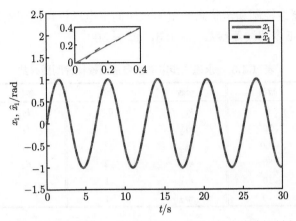

图 4.4.2　转子角位置 x_1 和观测值 $\hat{x}_1$ 曲线 (指令滤波控制方法)

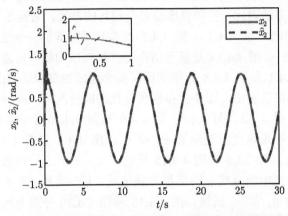

图 4.4.3　转子角速度 x_2 和观测值 $\hat{x}_2$ 曲线 (指令滤波控制方法)

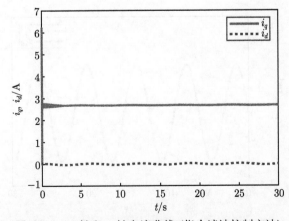

图 4.4.4　d 轴和 q 轴电流曲线 (指令滤波控制方法)

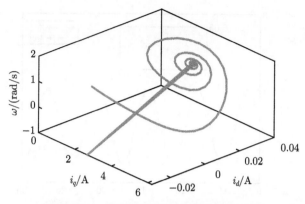

图 4.4.5　状态空间 (指令滤波控制方法)

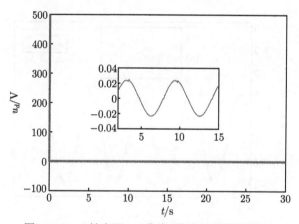

图 4.4.6　d 轴电压 u_d 曲线 (指令滤波控制方法)

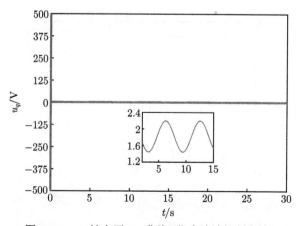

图 4.4.7　q 轴电压 u_q 曲线 (指令滤波控制方法)

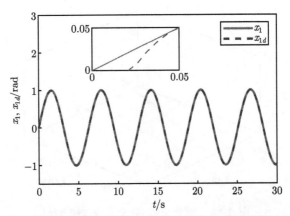

图 4.4.8　转子角位置 x_1 和期望信号 x_{1d} 曲线 (动态面控制方法)

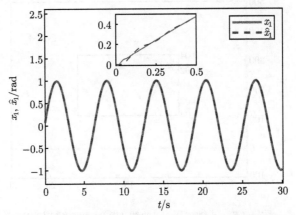

图 4.4.9　转子角位置 x_1 和观测值 $\hat{x}_1$ 曲线 (动态面控制方法)

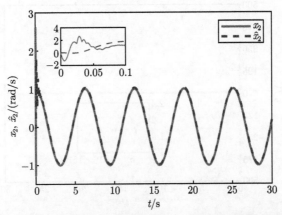

图 4.4.10　转子角速度 x_2 和观测值 $\hat{x}_2$ 曲线 (动态面控制方法)

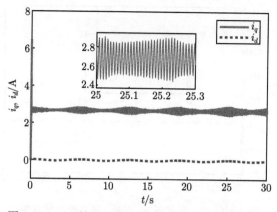

图 4.4.11　d 轴和 q 轴电流曲线 (动态面控制方法)

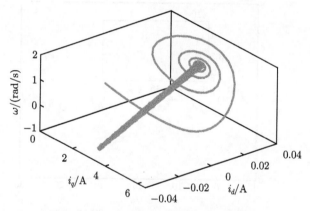

图 4.4.12　状态空间 (动态面控制方法)

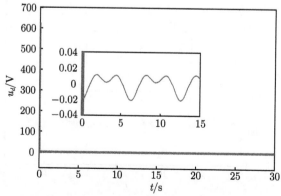

图 4.4.13　d 轴电压 u_d 曲线 (动态面控制方法)

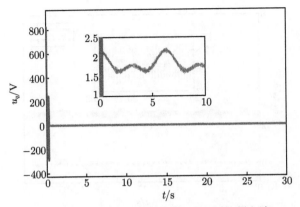

图 4.4.14　q 轴电压 u_q 曲线 (动态面控制方法)

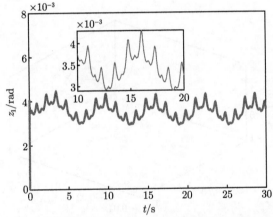

图 4.4.15　转子角位置误差 z_1 曲线 (指令滤波控制方法)

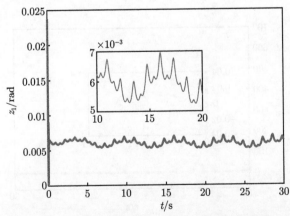

图 4.4.16　转子角位置误差 z_1 曲线 (动态面控制方法)

评注 4.4.2 图 4.4.15 和图 4.4.16 分别是转子角位置误差 z_1 的响应曲线。由放大图可以看出，本节所采用的指令滤波控制方法具有更小的误差。这表明在相同的控制参数下，指令滤波控制方法优于动态面控制方法，因此更适合于永磁同步电动机的实际应用。

参 考 文 献

[1] Liu Y Y, Yu J P, Yu H S, et al. Barrier Lyapunov functions-based adaptive neural control for permanent magnet synchronous motors with full-state constraints[J]. IEEE Access, 2017, 5: 10382-10389.

[2] Fu C, Yu J P, Zhao L, et al. Barrier Lyapunov function-based adaptive fuzzy control for induction motors with iron losses and full state constraints[J]. Neurocomputing, 2018, 287: 208-220.

[3] Zou M J, Yu J P, Ma Y M, et al. Command filtering-based adaptive fuzzy control for permanent magnet synchronous motors with full-state constraints[J]. Information Sciences, 2020, 518: 1-12.

[4] Tee K P, Ge S S, Tay E H. Barrier Lyapunov functions for the control of output-constrained nonlinear systems[J]. Automatica, 2009, 45(4): 918-927.

[5] Ren B B, Ge S S, Tee K P, et al. Adaptive neural control for output feedback non-linear systems using a barrier Lyapunov function[J]. IEEE Transactions on Neural Networks, 2010, 21(8): 1339-1345.

[6] 刘栋良, 张遥, 郑谢辉. 永磁同步电机哈密顿控制[J]. 杭州电子科技大学学报, 2012, 32(6): 125-128.

[7] 孙静, 张承慧, 裴文卉, 等. 考虑铁损的电动汽车用永磁同步电机 Hamilton 镇定控制[J]. 控制与决策, 2012, 27(12): 1899-1902, 1906.

[8] 邹明峻, 马玉梅, 刘加朋, 等. 考虑铁损的永磁同步电动机模糊自适应约束控制[J]. 微电机, 2020, 53(11): 106-112.

[9] Farrell J A, Polycarpou M, Sharma M, et al. Command filtered backstepping[J]. IEEE Transactions on Automatic Control, 2009, 54(6): 1391-1395.

[10] Ma H, Liang H J, Zhou Q, et al. Adaptive dynamic surface control design for uncertain nonlinear strict-feedback systems with unknown control direction and disturbances[J]. IEEE Transactions on Systems, Man, and Cybernetics: Systems, 2019, 49(3): 506-515.

[11] Zeng J F, Wan L, Li Y M, et al. Robust composite neural dynamic surface control for the path following of unmanned marine surface vessels with unknown disturbances[J]. International Journal of Advanced Robotic Systems, 2018, 15(4): 1-14.

[12] Peng Z H, Wang D, Chen Z Y, et al. Adaptive dynamic surface control for formations of autonomous surface vehicles with uncertain dynamics[J]. IEEE Transactions on Control Systems Technology, 2013, 21(2): 513-520.

第 5 章　交流电动机有限时间智能反步控制

本章将有限时间分别应用于电压源换流器系统、同步电动机系统和异步电动机系统，基于模糊逻辑系统设计了自适应反步递推控制方法，并给出了闭环系统的稳定性证明 [1-4]。

5.1　考虑铁损和输入饱和的永磁同步电动机
有限时间指令滤波控制

本节针对永磁同步电动机，解决在考虑铁损和输入饱和时的有限时间模糊自适应指令滤波控制问题。采用有限时间控制技术提高永磁同步电动机系统的响应速度和跟踪精度。同时，采用指令滤波技术解决计算复杂度问题，并采用误差补偿机制消除滤波误差的影响。此外，在永磁同步电动机系统中，采用模糊逻辑系统来逼近未知的非线性函数。最后通过 MATLAB 软件进行对比仿真验证。

5.1.1　系统模型及控制问题描述

在 d-q 旋转坐标系下，考虑铁损的永磁同步电动机动态系统模型如下：

$$
\begin{cases}
\dfrac{\mathrm{d}\Theta}{\mathrm{d}t} = \omega \\[2mm]
\dfrac{\mathrm{d}\omega}{\mathrm{d}t} = \dfrac{n_p \lambda_{PM}}{J} i_{oq} + \dfrac{n_p (L_{md} - L_{mq}) i_{oq} i_{od}}{J} - \dfrac{T_L}{J} \\[2mm]
\dfrac{\mathrm{d}i_{oq}}{\mathrm{d}t} = \dfrac{R_c}{L_{mq}} i_q - \dfrac{R_c}{L_{mq}} i_{oq} - \dfrac{n_p L_d}{L_{mq}} \omega i_{od} - \dfrac{n_p \lambda_{PM}}{L_{mq}} \omega \\[2mm]
\dfrac{\mathrm{d}i_q}{\mathrm{d}t} = -\dfrac{R_1}{L_{lq}} i_q + \dfrac{R_c}{L_{lq}} i_{oq} + \dfrac{1}{L_{lq}} u_q \\[2mm]
\dfrac{\mathrm{d}i_{od}}{\mathrm{d}t} = \dfrac{R_c}{L_{md}} i_d - \dfrac{R_c}{L_{md}} i_{od} + \dfrac{n_p L_q}{L_{md}} \omega i_{oq} \\[2mm]
\dfrac{\mathrm{d}i_d}{\mathrm{d}t} = -\dfrac{R_1}{L_{ld}} i_d + \dfrac{R_c}{L_{ld}} i_{od} + \dfrac{1}{L_{ld}} u_d
\end{cases}
\tag{5.1.1}
$$

为便于控制器设计, 定义变量如下:

$$
\begin{cases}
x_1 = \Theta, \quad x_2 = \omega, \quad x_3 = i_{oq}, \quad x_4 = i_q, \quad x_5 = i_{od}, \quad x_6 = i_d \\[2mm]
a_1 = n_p \lambda_{PM}, \quad a_2 = n_p(L_{md} - L_{mq}) \\[2mm]
b_1 = \dfrac{R_c}{L_{mq}}, \quad b_2 = -\dfrac{n_p L_d}{L_{mq}}, \quad b_3 = -\dfrac{n_p \lambda_{PM}}{L_{mq}}, \quad b_4 = -\dfrac{R_1}{L_{lq}}, \quad b_5 = \dfrac{R_c}{L_{lq}} \\[3mm]
c_1 = \dfrac{R_c}{L_{md}}, \quad c_2 = -\dfrac{n_p L_q}{L_{md}}, \quad c_3 = -\dfrac{R_1}{L_{ld}}, \quad c_4 = \dfrac{R_c}{L_{ld}} \\[3mm]
d_1 = \dfrac{1}{L_{lq}}, \quad d_2 = \dfrac{1}{L_{ld}}
\end{cases}
$$

$$(5.1.2)$$

考虑铁损的永磁同步电动机系统模型可改写为

$$
\begin{cases}
\dot{x}_1 = x_2 \\[2mm]
\dot{x}_2 = \dfrac{a_1}{J} x_3 + \dfrac{a_2 x_3 x_5}{J} - \dfrac{T_L}{J} \\[3mm]
\dot{x}_3 = b_1 x_4 - b_1 x_3 + b_2 x_2 x_5 + b_3 x_2 \\[2mm]
\dot{x}_4 = b_4 x_4 + b_5 x_3 + d_1 u_q \\[2mm]
\dot{x}_5 = c_1 x_6 - c_1 x_5 - c_2 x_2 x_3 \\[2mm]
\dot{x}_6 = c_3 x_6 + c_4 x_5 + d_2 u_d
\end{cases}
$$

$$(5.1.3)$$

控制任务 针对考虑铁损和输入饱和的永磁同步电动机系统, 设计一种有限时间指令滤波控制器, 使得:

(1) 系统转子角度和转子角度设定值间的跟踪误差在有限时间内收敛到原点的一个充分小的邻域内;

(2) 系统对于给定的期望信号有较好的跟踪效果。

5.1.2 有限时间模糊自适应指令滤波反步递推控制设计

本节将针对考虑输入饱和铁损的永磁同步电动机, 设计一个有限时间模糊自适应指令滤波控制器。

跟踪误差和补偿误差定义如下:

$$
\begin{cases}
z_1 = x_1 - x_{1d} \\
z_2 = x_2 - x_{1,c} \\
z_3 = x_3 - x_{2,c} \\
z_4 = x_4 - x_{3,c} \\
z_5 = x_5 \\
z_6 = x_6 - x_{5,c}
\end{cases},
\quad
\begin{cases}
v_1 = z_1 - \xi_1 \\
v_2 = z_2 - \xi_2 \\
v_3 = z_3 - \xi_3 \\
v_4 = z_4 - \xi_4 \\
v_5 = z_5 - \xi_5 \\
v_6 = z_6 - \xi_6
\end{cases}
\tag{5.1.4}
$$

式中，$x_{1,c}$、$x_{2,c}$、$x_{3,c}$、$x_{5,c}$ 是指令滤波器的输出信号；$\xi_i(i = 1, 2, \cdots, 6)$ 为补偿信号；x_{1d} 是期望轨迹。

第 1 步　选取 Lyapunov 函数 $V_1 = \dfrac{1}{2}v_1^2$，求导可得

$$
\begin{aligned}
\dot{V}_1 &= v_1 \dot{v}_1 \\
&= v_1(z_2 + x_{1,c} - \dot{x}_{1d} - \dot{\xi}_1)
\end{aligned}
\tag{5.1.5}
$$

取 $\dot{\xi}_1 = -k_1\xi_1 + \xi_2 + (x_{1,c} - \alpha_1) - l_1\mathrm{sign}(\xi_1)$ 作为上述的补偿信号，$k_i > 0$ $(i = 1, 2, \cdots, 6)$。

构造虚拟控制器 α_1 为

$$
\alpha_1 = -k_1 z_1 + \dot{x}_{1d} - s_1 v_1^\gamma
\tag{5.1.6}
$$

式中，控制增益 $s_1 > 0$ 并且 $\gamma(0 < \gamma < 1)$ 为常数。

令 $e_1 = k_1$，将式 (5.1.6) 代入式 (5.1.5)，可得

$$
\dot{V}_1 = -e_1 v_1^2 + v_1 v_2 - s_1 v_1^{\gamma+1} + l_1 v_1 \mathrm{sign}(\xi_1)
\tag{5.1.7}
$$

第 2 步　选取 Lyapunov 函数 $V_2 = V_1 + \dfrac{J}{2}v_2^2$，求导可得

$$
\dot{V}_2 = \dot{V}_1 + v_2(a_1 x_3 + a_2 x_3 x_5 - J\dot{x}_{1,c} - J\dot{\xi}_2 - T_L)
\tag{5.1.8}
$$

评注 5.1.1　在实际的永磁同步电动机系统中，负载转矩 T_L 是有界的，因此假设 $|T_L| \leqslant d$ 且 $d \geqslant 0$。

显然可知 $-v_2 T_L \leqslant \dfrac{1}{2\varepsilon_1^2}v_2^2 + \dfrac{1}{2}\varepsilon_1^2 d^2$，$\varepsilon_1$ 是任意小的正数。所以，式 (5.1.8) 可写为

$$
\dot{V}_2 \leqslant \dot{V}_1 + v_2\left(a_1 x_3 + a_2 x_3 x_5 - J\dot{x}_{1,c} - J\dot{\xi}_2 + \dfrac{1}{2\varepsilon_1^2}v_2\right) + \dfrac{1}{2}\varepsilon_1^2 d^2
\tag{5.1.9}
$$

令 $f_2(Z_2) = a_2 x_3 x_5 - J\dot{x}_{1,c} + \dfrac{1}{2\varepsilon_1^2} v_2$，$f_2(Z_2) = W_2^{\mathrm{T}} S_2 + \delta_2$，$|\delta_2| \leqslant \varepsilon_2$，$Z_2 = [x_1, x_2, x_3, x_4, x_5, x_6, x_d, \dot{x}_d]^{\mathrm{T}}$。

进而可得

$$v_2 f_2 \leqslant \frac{1}{2h_2^2} v_2^2 \|W_2\|^2 S_2^{\mathrm{T}} S_2 + \frac{1}{2} h_2^2 + \frac{1}{2} v_2^2 + \frac{1}{2}\varepsilon_2^2 \tag{5.1.10}$$

构造虚拟控制器 α_2 为

$$\alpha_2 = \frac{1}{a_1}\left(-k_2 z_2 - \frac{1}{2} v_2 - \frac{1}{2h_2^2} v_2 \hat{\theta} S_2^{\mathrm{T}} S_2 - s_2 v_2^{\gamma} - z_1 \right) \tag{5.1.11}$$

式中，常数 $h_2 > 0$ 且常数 $s_2 > 0$；$\hat{\theta}$ 为 θ 的估计值，θ 是一个未知常数，其定义将在后面给出。

构造补偿信号为

$$\dot{\xi}_2 = \frac{1}{J}[-k_2 \xi_2 + a_1 \xi_3 + a_1(x_{2,c} - \alpha_2) - l_2 \mathrm{sign}(\xi_2) - \xi_1] \tag{5.1.12}$$

将式 (5.1.11)、式 (5.1.12) 代入式 (5.1.9)，可得

$$\dot{V}_2 \leqslant -\sum_{i=1}^{2} e_i v_i^2 - \sum_{i=1}^{2} s_i v_i^{\gamma+1} + \sum_{i=1}^{2} l_i v_i \mathrm{sign}(\xi_i) + \frac{1}{2}\varepsilon_1^2 d^2$$

$$+ \frac{1}{2} h_2^2 + \frac{1}{2h_2^2} v_2^2 (\|W_2\|^2 - \hat{\theta}) S_2^{\mathrm{T}} S_2 + \frac{1}{2}\varepsilon_2^2 + a_1 v_2 v_3 \tag{5.1.13}$$

式中，$e_2 = k_2$。

第 3 步 选取 Lyapunov 函数 $V_3 = V_2 + \dfrac{1}{2} v_3^2$，求导可得

$$\dot{V}_3 = \dot{V}_2 + v_3(b_1 x_4 - b_1 x_3 + b_2 x_2 x_5 + b_3 x_2 - \dot{x}_{2,c} - \dot{\xi}_3) \tag{5.1.14}$$

令 $f_3 = -b_1 x_3 + b_2 x_2 x_5 + b_3 x_2$。通过模糊逻辑系统，对于给定的 $\varepsilon_3 > 0$，可得

$$v_3 f_3 \leqslant \frac{1}{2h_3^2} v_3^2 \|W_3\|^2 S_3^{\mathrm{T}} S_3 + \frac{1}{2} h_3^2 + \frac{1}{2} v_3^2 + \frac{1}{2}\varepsilon_3^2 \tag{5.1.15}$$

构造虚拟控制器 α_3 为

$$\alpha_3 = \frac{1}{b_1}\left(-k_3 z_3 - \frac{1}{2}v_3 - \frac{1}{2h_3^2}v_3\hat{\theta}S_3^{\mathrm{T}}S_3 - s_3 v_3^\gamma + \dot{x}_{2,c} - a_1 z_2\right) \tag{5.1.16}$$

式中，常数 $h_3 > 0$ 且常数 $s_3 > 0$。

构造补偿信号为

$$\dot{\xi}_3 = -k_3\xi_3 + b_1\xi_4 + b_1(x_{3,c} - \alpha_3) - l_3\mathrm{sign}(\xi_3) - a_1\xi_2 \tag{5.1.17}$$

将式 (5.1.15)、式 (5.1.16) 和式 (5.1.17) 代入式 (5.1.14)，可得

$$\dot{V}_3 \leqslant -\sum_{i=1}^{3}e_i v_i^2 - \sum_{i=1}^{3}s_i v_i^{\gamma+1} + \sum_{i=1}^{3}l_i v_i\mathrm{sign}(\xi_i) + \frac{1}{2}\varepsilon_1^2 d^2$$

$$+ \frac{1}{2}\sum_{i=2}^{3}(h_i^2 + \varepsilon_i^2) + b_1 v_3 v_4 + \sum_{i=2}^{3}\left[\frac{1}{2h_i^2}v_i^2(\|W_i\|^2 - \hat{\theta})S_i^{\mathrm{T}}S_i\right] \tag{5.1.18}$$

式中，$e_3 = k_3$。

第 4 步　选取 Lyapunov 函数 $V_4 = V_3 + \frac{1}{2}v_4^2$，求导可得

$$\dot{V}_4 = (\dot{V}_3 - b_1 v_3 v_4) + v_4(b_4 x_4 + b_5 x_3 + d_1 u_q - \dot{x}_{3,c} - \dot{\xi}_4 + b_1 v_3) \tag{5.1.19}$$

令 $f_4 = b_4 x_4 + b_5 x_3 + b_1 v_3 - \dot{x}_{3,c}$。通过模糊逻辑系统，对于给定的 $\varepsilon_4 > 0$，可得

$$v_4 f_4 \leqslant \frac{1}{2h_4^2}v_4^2\|W_4\|^2 S_4^{\mathrm{T}}S_4 + \frac{1}{2}h_4^2 + \frac{1}{2}v_4^2 + \frac{1}{2}\varepsilon_4^2 \tag{5.1.20}$$

构造真实控制器 v_q 为

$$v_q = -k_4 v_4 - \frac{1}{2h_4^2}v_4\hat{\theta}S_4^{\mathrm{T}}S_4 - s_4 v_4^\gamma \tag{5.1.21}$$

式中，常数 $h_4 > 0$ 且常数 $s_4 > 0$。根据 $u_q = \mathrm{sat}(v_q) = g(v_q) + d(v_q)$，可得

$$d_1 v_4 g(v_q) = d_1 v_4 g_{v_{\mu q}} v_q \leqslant -k_4 d_q v_4 - \frac{d_q}{2h_4^2}v_4\hat{\theta}S_4^{\mathrm{T}}S_4 - d_q s_4 v_4^\gamma \tag{5.1.22}$$

$$d_1 v_4 d(v_q) \leqslant \frac{1}{2}v_4^2 + \frac{1}{2}d_1^2 D_q^2$$

将式 (5.1.20)、式 (5.1.21) 和式 (5.1.22) 代入式 (5.1.19)，可得

$$\dot{V}_4 \leqslant -\sum_{i=1}^{4} e_i v_i^2 - \sum_{i=1}^{3} s_i v_i^{\gamma+1} - d_q s_4 v_4^{\gamma+1} + \frac{1}{2}\varepsilon_1^2 d^2 + \sum_{i=1}^{3} l_i v_i \operatorname{sign}(\xi_i) + \frac{1}{2}d_1^2 D_q^2$$

$$+ \frac{1}{2}\sum_{i=2}^{4}(h_i^2 + \varepsilon_i^2) + \sum_{i=2}^{3}\left[\frac{1}{2h_i^2}v_i^2\left(\|W_i\|^2 - \hat{\theta}\right)S_i^{\mathrm{T}}S_i\right]$$

$$+ \frac{1}{2h_4^2}v_4^2\left(\|W_4\|^2 - d_q\hat{\theta}\right)S_4^{\mathrm{T}}S_4 \tag{5.1.23}$$

式中，$e_4 = k_4 d_q - 1$。

第 5 步 选取 Lyapunov 函数 $V_5 = V_4 + \dfrac{1}{2}v_5^2$，求导可得

$$\dot{V}_5 = \dot{V}_4 + v_5(c_1 x_6 - c_1 x_5 - c_2 x_2 x_3 - \dot{\xi}_5) \tag{5.1.24}$$

令 $f_5 = -c_1 x_5 - c_2 x_2 x_3$。通过模糊逻辑系统，对于给定的 $\varepsilon_5 > 0$，可得

$$v_5 f_5 \leqslant \frac{1}{2h_5^2}v_5^2\|W_5\|^2 S_5^{\mathrm{T}}S_5 + \frac{1}{2}h_5^2 + \frac{1}{2}v_5^2 + \frac{1}{2}\xi_5^2 \tag{5.1.25}$$

构造虚拟控制器 α_5 为

$$\alpha_5 = \frac{1}{c_1}\left(-k_5 z_5 - \frac{1}{2}v_5 - \frac{1}{2h_5^2}v_5\hat{\theta}S_5^{\mathrm{T}}S_5 - s_5 v_5^{\gamma}\right) \tag{5.1.26}$$

式中，常数 s_5、h_5 均大于 0。

构造补偿信号为

$$\dot{\xi}_5 = -k_5\xi_5 + c_1\xi_6 + c_1(x_{5,c} - \alpha_5) - l_5\operatorname{sign}(\xi_5) \tag{5.1.27}$$

将式 (5.1.25)、式 (5.1.26) 和式 (5.1.27) 代入式 (5.1.24)，可得

$$\dot{V}_5 \leqslant -\sum_{i=1}^{5} e_i v_i^2 - \sum_{i=1}^{3} s_i v_i^{\gamma+1} - d_q s_4 v_4^{\gamma+1} - s_5 v_5^{\gamma+1} + \sum_{i=1}^{3} l_i v_i \operatorname{sign}(\xi_i) + \frac{1}{2}\varepsilon_1^2 d^2$$

$$+ \sum_{i=2}^{3}\left[\frac{1}{2h_i^2}v_i^2\left(\|W_i\|^2 - \hat{\theta}\right)S_i^{\mathrm{T}}S_i\right] + \frac{1}{2}d_1^2 D_q^2 + \frac{1}{2h_4^2}v_4^2\left(\|W_4\|^2 - d_q\hat{\theta}\right)S_4^{\mathrm{T}}S_4$$

$$+ l_5 v_5 \operatorname{sign}(\xi_5) + \frac{1}{2h_5^2}v_5^2\left(\|W_5\|^2 - \hat{\theta}\right)S_5^{\mathrm{T}}S_5 + \frac{1}{2}\sum_{i=2}^{5}(h_i^2 + \varepsilon_i^2) + c_1 v_5 v_6$$

$$\tag{5.1.28}$$

第 6 步　选取 Lyapunov 函数 $V_6 = V_5 + \dfrac{1}{2}v_6^2$，求导可得

$$\dot{V}_6 = (\dot{V}_5 - c_1 v_5 v_6) + v_6(c_3 x_6 + c_4 x_5 + d_2 u_d - \dot{x}_{5,c} - \dot{\xi}_6 + c_1 v_5) \tag{5.1.29}$$

令 $f_6 = c_3 x_6 + c_4 x_5 + c_1 v_5 - \dot{x}_{5,c}$。通过模糊逻辑系统，对于给定的 $\varepsilon_6 > 0$，可得

$$v_6 f_6 \leqslant \frac{1}{2h_6^2}v_6^2 \|W_6\|^2 S_6^{\mathrm{T}} S_6 + \frac{1}{2}h_6^2 + \frac{1}{2}v_6^2 + \frac{1}{2}\varepsilon_6^2 \tag{5.1.30}$$

构造真实控制器 v_d 为

$$v_d = -k_6 v_6 - \frac{1}{2h_6^2}v_6 \hat{\theta} S_6^{\mathrm{T}} S_6 - s_6 v_6^{\gamma} \tag{5.1.31}$$

式中，常数 $h_6 > 0$ 且常数 $s_6 > 0$。

根据 $u_d = \mathrm{sat}(v_d) = g(v_d) + d(v_d)$，可得

$$d_2 v_6 g(v_d) = d_2 v_6 g_{v_{\mu d}} v_d \leqslant -k_6 d_d v_6 - \frac{d_d}{2h_6^2}v_6 \hat{\theta} S_6^{\mathrm{T}} S_6 - d_d s_6 v_6^{\gamma}$$

$$d_2 v_6 d(v_d) \leqslant \frac{1}{2}v_6^2 + \frac{1}{2}d_2^2 D_d^2 \tag{5.1.32}$$

将式 (5.1.30)、式 (5.1.31) 和式 (5.1.32) 代入式 (5.1.29)，可得

$$\dot{V}_6 \leqslant -\sum_{i=1}^{6} e_i v_i^2 - \sum_{i=1}^{3} s_i v_i^{\gamma+1} - d_q s_4 v_4^{\gamma+1} - s_5 v_5^{\gamma+1} - d_d s_6 v_6^{\gamma+1}$$

$$+ \sum_{i=1}^{3} l_i v_i \mathrm{sign}\,(\xi_i) + l_5 v_5 \mathrm{sign}\,(\xi_5) + \frac{1}{2}d_1^2 D_q^2 + \frac{1}{2}d_2^2 D_d^2$$

$$+ \frac{1}{2}\varepsilon_1^2 d^2 + \frac{1}{2}\sum_{i=2}^{6} (h_i^2 + \varepsilon_i^2) + \sum_{i=2}^{3}\left[\frac{1}{2h_i^2}v_i^2\left(\|W_i\|^2 - \hat{\theta}\right)S_i^{\mathrm{T}} S_i\right]$$

$$+ \frac{1}{2h_4^2}v_4^2\left(\|W_4\|^2 - d_q \hat{\theta}\right)S_4^{\mathrm{T}} S_4 + \frac{1}{2h_5^2}v_5^2\left(\|W_5\|^2 - \hat{\theta}\right)S_5^{\mathrm{T}} S_5$$

$$+ \frac{1}{2h_6^2}v_6^2\left(\|W_6\|^2 - d_d \hat{\theta}\right)S_6^{\mathrm{T}} S_6 \tag{5.1.33}$$

式中，$e_6 = k_6 d_d - 1$。

5.1.3 稳定性与收敛性分析

通过上述控制器设计，可以得到

$$\dot{V} \leqslant - \sum_{i=1}^{6} e_i v_i^2 - \sum_{i=1}^{3} s_i v_i^{\gamma+1} - d_q s_4 v_4^{\gamma+1} - s_5 v_5^{\gamma+1} - d_d s_6 v_6^{\gamma+1} + \sum_{i=1}^{3} l_i v_i \text{sign}(\xi_i)$$

$$+ l_5 v_5 \text{sign}(\xi_5) + \frac{1}{2} d_1^2 D_q^2 + \frac{1}{2} d_2^2 D_d^2 + \frac{1}{2} \varepsilon_1^2 d^2 + \frac{1}{2} \sum_{i=2}^{6} (h_i^2 + \varepsilon_i^2) + \frac{dm_1}{r_1} \tilde{\theta} \hat{\theta}$$

$$(5.1.34)$$

得到如下不等式：

$$\frac{dm_1}{r_1} \tilde{\theta} \hat{\theta} \leqslant \frac{-3dm_1}{4r_1} \tilde{\theta}^2 + \frac{dm_1}{r_1} \theta^2 \qquad (5.1.35)$$

由杨氏不等式可得到 $v_j l_j \text{sign}(\xi_j) \leqslant \frac{l_j}{2} v_j^2 + \frac{l_j}{2} \text{sign}(\xi_j)^2 \leqslant \frac{l_j}{2} v_j^2 + \frac{l_j}{2}$, $j = 1, 2, 3, 5$。将不等式代入式 (5.1.34)，可得

$$\dot{V} \leqslant - \sum_{i=1}^{6} e_i v_i^2 - \sum_{i=1}^{3} s_i v_i^{\gamma+1} - d_q s_4 v_4^{\gamma+1} - s_5 v_5^{\gamma+1} - d_d s_6 v_6^{\gamma+1} - \left(\frac{dm_1}{2r_1} \tilde{\theta}^2 \right)^{\frac{\gamma+1}{2}}$$

$$+ \frac{l_1}{2} v_1^2 + \frac{l_2}{2} v_2^2 + \frac{l_3}{2} v_3^2 + \frac{l_5}{2} v_5^2 + \frac{l_1}{2} + \frac{l_2}{2} + \frac{l_3}{2} + \frac{l_5}{2} + \frac{1}{2} d_1^2 D_q^2 + \frac{1}{2} d_2^2 D_d^2$$

$$- \frac{dm_1}{2r_1} \tilde{\theta}^2 + \frac{dm_1}{r_1} \theta^2 + \frac{1}{2} \varepsilon_1^2 d^2 + \frac{1}{2} \sum_{i=2}^{6} (h_i^2 + \varepsilon_i^2) - \frac{dm_1}{4r_1} \tilde{\theta}^2 + \left(\frac{dm_1}{2r_1} \tilde{\theta}^2 \right)^{\frac{\gamma+1}{2}}$$

$$(5.1.36)$$

假设 $\frac{m_1 d}{2r_1} \tilde{\theta}^2 > 1$，可得

$$\left(\frac{dm_1}{2r_1} \tilde{\theta}^2 \right)^{\frac{\gamma+1}{2}} - \frac{dm_1}{2r_1} \tilde{\theta}^2 + \frac{dm_1}{r_1} \theta^2 < \frac{dm_1}{r_1} \tilde{\theta}^2 \qquad (5.1.37)$$

假设 $\frac{m_1 d}{2r_1} \tilde{\theta}^2 \leqslant 1$，可得

$$\left(\frac{dm_1}{2r_1} \tilde{\theta}^2 \right)^{\frac{\gamma+1}{2}} - \frac{dm_1}{2r_1} \tilde{\theta}^2 < 1 \qquad (5.1.38)$$

结合式 (5.1.37) 和式 (5.1.38)，可得

$$\left(\frac{dm_1}{2r_1}\tilde{\theta}^2\right)^{\frac{\gamma+1}{2}} - \frac{dm_1}{2r_1}\tilde{\theta}^2 + \frac{dm_1}{r_1}\tilde{\theta}^2 < \frac{dm_1}{r_1}\tilde{\theta}^2 + 1 \qquad (5.1.39)$$

然后可得

$$\dot{V} \leqslant -\sum_{i=1}^{6} e_i v_i^2 - \sum_{i=1}^{3} s_i v_i^{\gamma+1} - d_q s_4 v_4^{\gamma+1} - s_5 v_5^{\gamma+1} - d_d s_6 v_6^{\gamma+1} + \frac{l_1}{2}v_1^2 + \frac{l_2}{2}v_2^2$$

$$+ \frac{l_3}{2}v_3^2 + \frac{l_5}{2}v_5^2 - \left(\frac{dm_1}{2r_1}\tilde{\theta}^2\right)^{\frac{\gamma+1}{2}} + \frac{l_1}{2} + \frac{l_2}{2} + \frac{l_3}{2} + \frac{l_5}{2} + \frac{1}{2}d_1^2 D_q^2 + \frac{1}{2}d_2^2 D_d^2$$

$$+ \frac{1}{2}\varepsilon_1^2 d^2 + \frac{1}{2}\sum_{i=2}^{6}(h_i^2 + \varepsilon_i^2) - \frac{dm_1}{4r_1}\tilde{\theta}^2 + \frac{dm_1}{r_1}\theta^2 + 1$$

$$\leqslant -a_0 V - b_0 V^{\frac{\gamma+1}{2}} + c \qquad (5.1.40)$$

式中，

$$a_0 = \min\left\{2e_1 - l_1, 2e_2 - l_2, 2e_3 - l_3, 2e_4, 2e_5 - l_5, 2e_6, \frac{dm_1}{4r_1}\right\}$$

$$b_0 = \min\left\{2^{\frac{\gamma+1}{2}}s_1, 2^{\frac{\gamma+1}{2}}s_2, 2^{\frac{\gamma+1}{2}}s_3, 2^{\frac{\gamma+1}{2}}d_q s_4, 2^{\frac{\gamma+1}{2}}s_5, 2^{\frac{\gamma+1}{2}}d_d s_6, \left(\frac{dm_1}{r_1}\right)^{\frac{\gamma+1}{2}}\right\}$$

$$c = \frac{d_1 m_1 \theta^2}{r_1} + \frac{1}{2}\varepsilon_1^2 d^2 + \frac{1}{2}l_1^2 + \frac{1}{2}l_2^2 + \frac{1}{2}l_3^2 + \frac{1}{2}l_5^2 + \frac{1}{2}\sum_{i=2}^{6}(h_i^2 + \varepsilon_i^2)$$

$$+ \frac{d_1^2}{2}D_q^2 + \frac{d_2^2}{2}D_d^2 + 1$$

通过选择适当的参数 $k_i(i = 1, 2, \cdots, 6)$ 和 m_1，确保 $a_0 > 0$，可得

$$\dot{V} \leqslant -\left(a_0 - \frac{c}{2V}\right)V - \left(b_0 - \frac{c}{2V^{\frac{\gamma+1}{2}}}\right)V^{\frac{\gamma+1}{2}} \qquad (5.1.41)$$

如果 $a_0 - c/(2V) > 0$，并且 $b_0 - c/(2V^{(\gamma+1)/2}) > 0$，则可以看出在有限时间 T_r 内，$\lim\limits_{t \to T_r} z_1 \leqslant \max\left\{\sqrt{\dfrac{c}{a_0}}, \sqrt{2\left(\dfrac{c}{2b_0}\right)^{\frac{2}{\gamma+1}}}\right\}$，这意味着跟踪误差将在有限时间内收敛到原点的一个充分小的邻域内。

选取 Lyapunov 函数 $\bar{V} = \dfrac{1}{2}(\xi_1^2 + J\xi_2^2 + \xi_3^2 + \xi_4^2 + \xi_5^2 + \xi_6^2)$，求导可得

$$
\begin{aligned}
\dot{\bar{V}} ={}& \xi_1\dot{\xi}_1 + \xi_3\dot{\xi}_3 + \xi_4\dot{\xi}_4 + \xi_5\dot{\xi}_5 + \xi_6\dot{\xi}_6 + J\xi_2\dot{\xi}_2 \\
\leqslant{}& -k_1\xi_1^2 - k_2\xi_2^2 - k_3\xi_3^2 - k_5\xi_5^2 - l_1|\xi_1| - l_2|\xi_2| - l_3|\xi_3| - l_5|\xi_5| \\
& + |\xi_1|\,|x_{1,c} - \alpha_1| + |a_1\xi_2|\,|x_{2,c} - \alpha_2| + |b_1\xi_3|\,|x_{3,c} - \alpha_3| \\
& + |c_1\xi_5|\,|x_{5,c} - \alpha_5| \\
\leqslant{}& -k_0\bar{V} - (l_0 - 2\sqrt{2}\,\overline{\varpi}_1\rho)\bar{V}^{\frac{1}{2}}
\end{aligned} \tag{5.1.42}
$$

式中，$k_0 = 2\min\{k_1, k_2, k_3, k_5\}$；$l_0 = \min\{l_1, l_2, l_4\}$；选择合适的 l_i、$\overline{\varpi}_1$ 和 ρ，ξ_1、ξ_2、ξ_3、ξ_5 将在有限时间内被限制在一个小区域内。

评注 5.1.2　已经证明 $\|\xi_i\|$ 有界，因此 $z_i = v_i + \xi_i$ 也是有界的。从上述分析以及 a_0 和 b_0 的定义可以得出，通过选择足够大的 r_1 和足够小的 l_i、h_i、ε_i，跟踪误差可以收敛到原点的一个充分小的邻域内。

5.1.4　仿真验证及结果分析

为了验证该方法的有效性，在 MATLAB 环境下进行仿真。

仿真结果如图 5.1.1 ～ 图 5.1.4 所示。针对考虑铁损和输入饱和的永磁同步电动机设计了一种有限时间模糊自适应指令滤波控制方案。从图 5.1.1 和图 5.1.2 中可以看出，永磁同步电动机的转子角位置在有限时间内跟踪到期望信号，且跟踪误差很小。此外，电压信号 u_d 和 u_q 在有限时间内达到稳定。仿真结果表明了该设计方法的有效性。

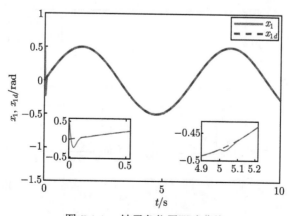

图 5.1.1　转子角位置跟踪曲线

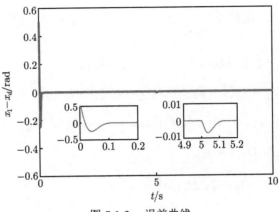

图 5.1.2　误差曲线

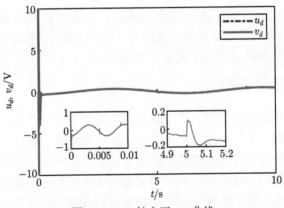

图 5.1.3　d 轴电压 u_d 曲线

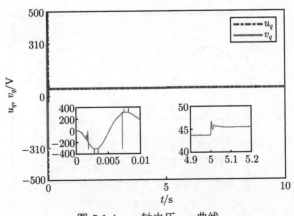

图 5.1.4　q 轴电压 u_q 曲线

5.2　电压源换流器有限时间动态面控制

本节研究电压源换流器 (voltage source converter，VSC) 功率快速调节问题，设计基于反步法的有限时间动态面控制器。首先引入反步法构建换流器的控制器。然后引入动态面控制技术解决反步法设计控制器过程中出现的计算爆炸问题[5,6]，同时使最终设计的控制器不需要设定功率信号的高阶导数信息。为了进一步提高功率调节误差的收敛速度，将有限时间控制技术引入控制器的构建过程中，保证系统功率调节误差能够在有限的时间内快速收敛。

5.2.1　系统模型及控制问题描述

电压源换流器高压直流 (voltage source converter high voltage direct current，VSC-HVDC) 电网侧系统的模型可表示为

$$
\begin{cases}
\dot{x}_1 = -b_2 x_1 - \dfrac{x_3}{L_2} + \omega x_2 + T_1 \\[2mm]
\dot{x}_2 = -b_2 x_2 - \dfrac{x_4}{L_2} - \omega x_1 \\[2mm]
\dot{x}_3 = \dfrac{x_1}{C_2} - \dfrac{x_5}{C_2} + \omega x_4 \\[2mm]
\dot{x}_4 = \dfrac{x_2}{C_2} - \dfrac{x_6}{C_2} + \omega x_3 \\[2mm]
\dot{x}_5 = -b_1 x_5 + \dfrac{x_3}{L_1} + \omega x_6 - \dfrac{u_d}{L_1} \\[2mm]
\dot{x}_6 = -b_1 x_6 + \dfrac{x_4}{L_1} + \omega x_5 - \dfrac{u_q}{L_1}
\end{cases}
\tag{5.2.1}
$$

式中，u_d 和 u_q 是控制器的控制输入信号；$x_1 = i_{2d}$；$x_2 = i_{2q}$；$x_3 = u_{cd}$；$x_4 = u_{cq}$；$x_5 = i_{1d}$；$x_6 = i_{1q}$；$b_1 = R_1/L_1$；$T_1 = E_{sd}/L_2$；$b_2 = R_2/L_2$。

控制任务　通过控制系统的输入电压信号 u_q 和 u_d 使系统的输出 x_1 和 x_2 能够调节至期望的信号。

5.2.2　有限时间动态面反步递推控制设计

根据反步法原理定义如下误差变量：

$$
\begin{cases}
z_1 = x_1 - x_{1d}, \quad z_2 = x_2 - x_{2d}, \quad z_3 = x_3 - \alpha_{3d} \\[2mm]
z_4 = x_4 - \alpha_{4d}, \quad z_5 = x_5 - \alpha_{5d}, \quad z_6 = x_6 - \alpha_{6d}
\end{cases}
\tag{5.2.2}
$$

式中，x_{1d} 为 x_1 的期望跟踪信号；x_{2d} 为 x_2 的期望跟踪信号；x_{1d} 和 x_{2d} 由功率比例积分 (proportional integral，PI) 调节器获得。

第 1 步　选取 Lyapunov 函数 $V_1 = \dfrac{1}{2}z_1^2 + \dfrac{1}{2}z_2^2$，求导可得

$$
\begin{aligned}
\dot{V}_1 =& z_1\dot{z}_1 + z_2\dot{z}_2 = z_1\left(-b_2x_1 - \frac{x_3}{L_2} + \omega x_2 + T_1 - \dot{x}_{1d}\right) \\
& + z_2\left(-b_2x_2 + \frac{x_4}{L_2} - \omega x_1 - \frac{u_d}{L_1} - \dot{x}_{2d}\right) \\
=& z_1\left(-b_2x_1 - \frac{\alpha_{3d}-\alpha_3}{L_2} - \frac{z_3}{L_2} - \frac{\alpha_3}{L_2} + \omega x_2 + T_1 - \dot{x}_{1d}\right) \\
& + z_2\left(-b_2x_2 - \frac{\alpha_{4d}-\alpha_4}{L_2} - \frac{z_4}{L_2} - \frac{\alpha_4}{L_2} + \omega x_1 - \dot{x}_{2d}\right)
\end{aligned}
\tag{5.2.3}
$$

根据 T_1 的定义可以得出 T_1 是一个有界的值，假设其最大值为 d，即满足 $|T_1| \leqslant d$。由杨氏不等式可得

$$
z_1 T_1 \leqslant \frac{1}{2\varepsilon_1^2}z_1^2 + \frac{1}{2}\varepsilon_1^2 d^2
\tag{5.2.4}
$$

式中，ε_1 是一个足够小的大于零的数。定义状态变量 α_{3d} 和 α_{4d}，使 α_3 通过一个一阶滤波器，ϵ_3 是滤波器的时间常数；使 α_4 通过一个一阶滤波器，ϵ_4 是滤波器的时间常数。滤波器的定义如下：

$$
\begin{cases}
\epsilon_3\dot{\alpha}_{3d} + \alpha_{3d} = \alpha_3, & \alpha_{3d}(0) = \alpha_3(0) \\
\epsilon_4\dot{\alpha}_{4d} + \alpha_{4d} = \alpha_4, & \alpha_{4d}(0) = \alpha_4(0)
\end{cases}
\tag{5.2.5}
$$

式中，α_{3d} 和 α_{4d} 是动态面滤波器的输出信号。

将式 (5.2.4) 代入式 (5.2.3)，可得

$$
\begin{aligned}
\dot{V}_1 \leqslant & z_1\left(-b_2x_1 - \frac{\alpha_{3d}-\alpha_3}{L_2} - \frac{z_3}{L_2} - \frac{\alpha_3}{L_2} + \omega x_2 - \dot{x}_{1d} + \frac{1}{2\varepsilon_1^2}z_1\right) \\
& + z_2\left(-b_2x_2 - \frac{\alpha_{4d}-\alpha_4}{L_2} - \frac{z_4}{L_2} - \frac{\alpha_4}{L_2} + \omega x_1 - \dot{x}_{2d}\right) + \frac{1}{2}\varepsilon_1^2 d^2
\end{aligned}
\tag{5.2.6}
$$

选取虚拟控制器 α_3 和 α_4 分别为

$$
\begin{cases}
\alpha_3 = L_2\left(k_1 z_1 - b_2 x_1 + \omega x_2 - \dot{x}_{1d} - s_1 z_1^\gamma\right) \\
\alpha_4 = L_2\left(k_2 z_2 - b_2 x_2 - \omega x_1 - \dot{x}_{2d} - s_2 z_2^\gamma\right)
\end{cases}
\tag{5.2.7}
$$

式中，常数 $k_1 = \bar{k} + \dfrac{1}{2\varepsilon_1^2}$，$\bar{k} > 0$；$k_2 > 0$；$s_1 > 0$；$s_2 > 0$。

将式 (5.2.7) 代入式 (5.2.6)，可得

$$
\dot{V}_1 \leqslant -k_1 z_1^2 - k_2 z_2^2 - \frac{z_1 (\alpha_{3d} - \alpha_3)}{L_2} + \frac{1}{2} \epsilon_1^2 d^2
$$

$$
- \frac{z_1 z_3}{L_2} - \frac{z_2 (\alpha_{4d} - \alpha_4)}{L_2} - \frac{z_2 z_4}{L_2} - s_1 z_1^{\gamma+1} - s_2 z_2^{\gamma+1} \tag{5.2.8}
$$

第 2 步　选取 Lyapunov 函数 $V_2 = V_1 + \frac{1}{2} z_3^2 + \frac{1}{2} z_4^2$，求导可得

$$
\dot{V}_2 = \dot{V}_1 + z_3 \dot{z}_3 + z_4 \dot{z}_4
$$

$$
= \dot{V}_1 + z_3 \left(\frac{x_1}{C_2} - \frac{x_5}{C_2} + \omega x_4 - \dot{\alpha}_{3d} \right) + z_4 \left(\frac{x_2}{C_2} - \frac{x_6}{C_2} - \omega x_3 - \dot{\alpha}_{4d} \right) \tag{5.2.9}
$$

定义状态变量 α_{5d} 和 α_{6d}，使 α_5 通过一个一阶滤波器，ϵ_5 是滤波器的时间常数；使 α_6 通过一个一阶滤波器，ϵ_6 是滤波器的时间常数。滤波器定义如下：

$$
\begin{cases}
\epsilon_5 \dot{\alpha}_{5d} + \alpha_{5d} = \alpha_5, & \alpha_{5d}(0) = \alpha_5(0) \\
\epsilon_6 \dot{\alpha}_{6d} + \alpha_{6d} = \alpha_6, & \alpha_{6d}(0) = \alpha_6(0)
\end{cases} \tag{5.2.10}
$$

式中，α_{5d} 和 α_{6d} 是动态面滤波器的输出信号。

将式 (5.2.10) 代入式 (5.2.9)，可得

$$
\dot{V}_2 = \dot{V}_1 + z_3 \left(\frac{x_1}{C_2} - \frac{z_1}{L_2} - \frac{\alpha_{5d} - \alpha_5}{C_2} - \frac{z_5}{C_2} - \frac{\alpha_5}{C_2} + \omega x_4 + \frac{\alpha_{3d} - \alpha_3}{\epsilon_3} \right)
$$

$$
+ z_4 \left(\frac{x_2}{C_2} - \frac{z_2}{L_2} - \frac{z_6}{C_2} - \frac{\alpha_{6d} - \alpha_6}{C_2} - \frac{\alpha_6}{C_2} - \omega x_3 + \frac{\alpha_{4d} - \alpha_4}{\epsilon_4} \right) \tag{5.2.11}
$$

选取虚拟控制器 α_5 和 α_6 分别为

$$
\begin{cases}
\alpha_5 = C_2 \left(k_3 z_3 + \frac{x_1}{C_2} - \frac{z_1}{L_2} + \omega x_4 - s_3 z_3^{\gamma} \right) \\
\alpha_6 = C_2 \left(k_4 z_4 + \frac{x_2}{C_2} - \frac{z_2}{L_2} - \omega x_3 - s_4 z_4^{\gamma} \right)
\end{cases} \tag{5.2.12}
$$

式中，常数 $k_3 > 0$，$k_4 > 0$，$s_3 > 0$，$s_4 > 0$。将式 (5.2.12) 代入式 (5.2.11)，可得

$$
\dot{V}_2 \leqslant -k_1 z_1^2 - k_2 z_2^2 - k_3 z_3^2 - k_4 z_4^2 - \frac{z_1 (\alpha_{3d} - \alpha_3)}{L_2} - \frac{z_2 (\alpha_{4d} - \alpha_4)}{L_2} - \frac{z_3 (\alpha_{5d} - \alpha_5)}{C_2}
$$

$$-\frac{z_4\left(\alpha_{6d}-\alpha_6\right)}{C_2}+\frac{z_3\left(\alpha_{3d}-\alpha_3\right)}{\epsilon_3}+\frac{z_4\left(\alpha_{4d}-\alpha_4\right)}{\epsilon_4}-\frac{z_3z_5}{C_2}-\frac{z_4z_6}{C_2}$$

$$-s_1z_1^{\gamma+1}-s_2z_2^{\gamma+1}-s_3z_3^{\gamma+1}-s_4z_4^{\gamma+1}+\frac{1}{2}\varepsilon_1^2d^2 \tag{5.2.13}$$

第 3 步　选取 Lyapunov 函数 $V_3=V_2+\dfrac{1}{2}z_5^2+\dfrac{1}{2}z_6^2$，求导可得

$$\dot{V}_3=\dot{V}_2+z_5\dot{z}_5+z_6\dot{z}_6$$

$$=\sum_{i=1}^{4}-k_iz_i^2-\frac{z_1\left(\alpha_{3d}-\alpha_3\right)}{L_2}$$

$$-\frac{z_4\left(\alpha_{6d}-\alpha_6\right)}{C_2}-\frac{z_2\left(\alpha_{4d}-\alpha_4\right)}{L_2}$$

$$-\frac{z_3\left(\alpha_{5d}-\alpha_5\right)}{C_2}+\frac{z_3\left(\alpha_{3d}-\alpha_3\right)}{\epsilon_3}+\frac{z_4\left(\alpha_{4d}-\alpha_4\right)}{\epsilon_4}$$

$$+z_5\left(-b_1x_5+\frac{x_3}{L_1}+\omega x_6-\frac{u_d}{L_1}+\frac{\alpha_{5d}-\alpha_5}{\epsilon_5}\right)$$

$$+z_6\left(-b_1x_6+\frac{x_4}{L_1}+\omega x_5-\frac{u_q}{L_1}+\frac{\alpha_{6d}-\alpha_6}{\epsilon_6}\right)$$

$$-\frac{z_3z_5}{C_2}-\frac{z_4z_6}{C_2}-s_1z_1^{\gamma+1}-s_2z_2^{\gamma+1}-s_3z_3^{\gamma+1}-s_4z_4^{\gamma+1}+\frac{1}{2}\varepsilon_1^2d^2 \tag{5.2.14}$$

选取真实控制器 u_d 和 u_q 分别为

$$\begin{cases} u_d=L_1\left(k_5z_5-b_1x_5+\dfrac{x_3}{L_1}+\omega x_6-\dfrac{z_3}{C_2}-s_5z_5^{\gamma}\right) \\[3mm] u_q=L_1\left(k_6z_6-b_1x_6+\dfrac{x_4}{L_1}-\omega x_5-\dfrac{z_4}{C_2}-s_6z_6^{\gamma}\right) \end{cases} \tag{5.2.15}$$

式中，常数 $k_5>0$，$k_6>0$，$s_5>0$，$s_6>0$。

5.2.3　稳定性与收敛性分析

将式 (5.2.15) 代入式 (5.2.14)，可得

$$\dot{V}_3\leqslant\sum_{i=1}^{6}-k_iz_i^2-\frac{z_1\left(\alpha_{3d}-\alpha_3\right)}{L_2}-\frac{z_2\left(\alpha_{4d}-\alpha_4\right)}{L_2}-\frac{z_3\left(\alpha_{5d}-\alpha_5\right)}{C_2}-\frac{z_4\left(\alpha_{6d}-\alpha_6\right)}{C_2}$$

$$+ \frac{z_3 (\alpha_{3d} - \alpha_3)}{\epsilon_3} + \frac{z_4 (\alpha_{4d} - \alpha_4)}{\epsilon_4} + \frac{z_5 (\alpha_{5d} - \alpha_5)}{\epsilon_5} + \frac{z_6 (\alpha_{6d} - \alpha_6)}{\epsilon_6}$$

$$- s_1 z_1^{\gamma+1} - s_2 z_2^{\gamma+1} - s_3 z_3^{\gamma+1} - s_4 z_4^{\gamma+1} - s_5 z_5^{\gamma+1} - s_6 z_6^{\gamma+1} + \frac{1}{2} \varepsilon_1^2 d^2$$

$$(5.2.16)$$

定义动态面滤波器误差为

$$\begin{cases} y_3 = \alpha_{3d} - \alpha_3 \\ y_4 = \alpha_{4d} - \alpha_4 \\ y_5 = \alpha_{5d} - \alpha_5 \\ y_6 = \alpha_{6d} - \alpha_6 \end{cases} \tag{5.2.17}$$

将式 (5.2.7) 和式 (5.2.12) 代入式 (5.2.17) 并求导, 可得

$$\begin{cases} \dot{y}_3 = -\dfrac{\alpha_{3d} - \alpha_3}{3} - \dot{\alpha}_3 = -\dfrac{y_3}{3} + D_3 \\[2mm] \dot{y}_4 = -\dfrac{\alpha_{4d} - \alpha_4}{4} - \dot{\alpha}_4 = -\dfrac{y_4}{4} + D_4 \\[2mm] \dot{y}_5 = -\dfrac{\alpha_{5d} - \alpha_5}{5} - \dot{\alpha}_5 = -\dfrac{y_5}{5} + D_5 \\[2mm] \dot{y}_6 = -\dfrac{\alpha_{6d} - \alpha_6}{6} - \dot{\alpha}_6 = -\dfrac{y_6}{6} + D_6 \end{cases} \tag{5.2.18}$$

式中, $D_3 = -\dot{\alpha}_3$, $D_4 = -\dot{\alpha}_4$, $D_5 = -\dot{\alpha}_5$, $D_6 = -\dot{\alpha}_6$, 并且 D_3、D_4、D_5 和 D_6 在紧集 $|\Omega_i|$ $(i = 3, 4, 5, 6)$ 上具有最大值 D_{iM}, 即 $D_i \leqslant D_{iM}$。

由杨氏不等式可得

$$\begin{cases} y_3 \dot{y}_3 \leqslant -y_3^2/\epsilon_3 + |D_{3M}| |y_3| \leqslant -y_3^2/\epsilon_3 + \dfrac{1}{2\tau} D_{3M}^2 y_3^2 + \dfrac{\tau}{2} \\[2mm] y_4 \dot{y}_4 \leqslant -y_4^2/\epsilon_4 + |D_{4M}| |y_4| \leqslant -y_4^2/\epsilon_4 + \dfrac{1}{2\tau} D_{4M}^2 y_4^2 + \dfrac{\tau}{2} \\[2mm] y_5 \dot{y}_5 \leqslant -y_5^2/\epsilon_5 + |D_{5M}| |y_5| \leqslant -y_5^2/\epsilon_5 + \dfrac{1}{2\tau} D_{5M}^2 y_5^2 + \dfrac{\tau}{2} \\[2mm] y_6 \dot{y}_6 \leqslant -y_6^2/\epsilon_6 + |D_{6M}| |y_6| \leqslant -y_6^2/\epsilon_6 + \dfrac{1}{2\tau} D_{6M}^2 y_6^2 + \dfrac{\tau}{2} \end{cases} \tag{5.2.19}$$

式中, $\tau > 0$。

由杨氏不等式可得

$$
\begin{cases}
\dfrac{-y_3 z_1}{L_2} \leqslant \dfrac{y_3^2}{4L_2} + \dfrac{z_1^2}{L_2}, & \dfrac{-y_4 z_2}{L_2} \leqslant \dfrac{y_4^2}{4L_2} + \dfrac{z_2^2}{L_2} \\[2mm]
\dfrac{-y_5 z_3}{C_2} \leqslant \dfrac{y_5^2}{4C_2} + \dfrac{z_3^2}{C_2}, & \dfrac{-y_6 z_4}{C_2} \leqslant \dfrac{y_6^2}{4C_2} + \dfrac{z_4^2}{C_2} \\[2mm]
\dfrac{y_3 z_3}{\epsilon_3} \leqslant \dfrac{y_3^2}{4\epsilon_3} + \dfrac{z_3^2}{\epsilon_3}, & \dfrac{y_4 z_4}{\epsilon_4} \leqslant \dfrac{y_4^2}{4\epsilon_4} + \dfrac{z_4^2}{\epsilon_4} \\[2mm]
\dfrac{y_5 z_5}{\epsilon_5} \leqslant \dfrac{y_5^2}{4\epsilon_5} + \dfrac{z_5^2}{\epsilon_5}, & \dfrac{y_6 z_6}{\epsilon_6} \leqslant \dfrac{y_6^2}{4\epsilon_6} + \dfrac{z_6^2}{\epsilon_6}
\end{cases}
\tag{5.2.20}
$$

选取系统的 Lyapunov 函数为 $V = V_3 + \dfrac{1}{2}y_3^2 + \dfrac{1}{2}y_4^2 + \dfrac{1}{2}y_5^2 + \dfrac{1}{2}y_6^2$，求导可得

$$
\begin{aligned}
\dot{V} \leqslant{} & \sum_{i=1}^{6} -k_i z_i^2 - \frac{z_1(\alpha_{3d} - \alpha_3)}{L_2} - \frac{z_2(\alpha_{4d} - \alpha_4)}{L_2} - \frac{z_4(\alpha_{6d} - \alpha_6)}{C_2} \\
& + \frac{z_3(\alpha_{3d} - \alpha_3)}{\epsilon_3} + \frac{z_4(\alpha_{4d} - \alpha_4)}{\epsilon_4} + \frac{z_5(\alpha_{5d} - \alpha_5)}{\epsilon_5} \\
& + \frac{z_6(\alpha_{6d} - \alpha_6)}{\epsilon_6} - \frac{z_3(\alpha_{5d} - \alpha_5)}{C_2} + \frac{1}{2}\varepsilon_1^2 d^2 \\
& - s_1 z_1^{\gamma+1} - s_2 z_2^{\gamma+1} - s_3 z_3^{\gamma+1} - s_4 z_4^{\gamma+1} - s_5 z_5^{\gamma+1} - s_6 z_6^{\gamma+1} \\
& + y_3 \dot{y}_3 + y_4 \dot{y}_4 + y_5 \dot{y}_5 + y_6 \dot{y}_6
\end{aligned}
\tag{5.2.21}
$$

当 $\dfrac{1}{2}y_3^2 \geqslant 1$ 时，可得如下不等式：

$$
\left(\frac{1}{2}y_3^2\right)^{\frac{\gamma+1}{2}} - \frac{1}{2}y_3^2 \leqslant 0
\tag{5.2.22}
$$

当 $\dfrac{1}{2}y_3^2 < 1$ 时，可得如下不等式：

$$
\left(\frac{1}{2}y_3^2\right)^{\frac{\gamma+1}{2}} - \frac{1}{2}y_3^2 \leqslant 1
\tag{5.2.23}
$$

由式 (5.2.22) 和式 (5.2.23) 可得

$$
\left(\frac{1}{2}y_3^2\right)^{\frac{\gamma+1}{2}} - \frac{1}{2}y_3^2 \leqslant 1
\tag{5.2.24}
$$

同理可得

$$
\begin{cases}
\left(\dfrac{1}{2}y_4^2\right)^{\frac{\gamma+1}{2}} - \dfrac{1}{2}y_4^2 \leqslant 1 \\[3mm]
\left(\dfrac{1}{2}y_5^2\right)^{\frac{\gamma+1}{2}} - \dfrac{1}{2}y_5^2 \leqslant 1 \\[3mm]
\left(\dfrac{1}{2}y_6^2\right)^{\frac{\gamma+1}{2}} - \dfrac{1}{2}y_6^2 \leqslant 1
\end{cases}
\tag{5.2.25}
$$

将式 (5.2.19) 和式 (5.2.20) 代入式 (5.2.21)，可得

$$
\begin{aligned}
\dot{V} \leqslant{}& \sum_{i=1}^{6} -k_i z_i^2 + \frac{z_1^2}{L_2} + \frac{z_2^2}{4L_2} + \frac{z_3^2}{C_2} + \frac{z_4^2}{C_2} + \frac{z_3^2}{\epsilon_3} + \frac{z_4^2}{\epsilon_4} + \frac{z_5^2}{\epsilon_5} + \frac{z_6^2}{\epsilon_6} + 2\tau \\
&- \left[\frac{1}{\epsilon_3} - \left(\frac{1}{4L_2} + \frac{1}{4\epsilon_3} + \frac{D_{3M}^2}{2\tau}\right)\right]y_3^2 - \left[\frac{1}{\epsilon_4} - \left(\frac{1}{4L_2} + \frac{1}{4\epsilon_4} + \frac{D_{4M}^2}{2\tau}\right)\right]y_4^2 \\
&- \left[\frac{1}{\epsilon_5} - \left(\frac{1}{4C_2} + \frac{1}{4\epsilon_5} + \frac{D_{5M}^2}{2\tau}\right)\right]y_5^2 - s_1 z_1^{\gamma+1} - s_2 z_2^{\gamma+1} \\
&- \left[\frac{1}{\epsilon_6} - \left(\frac{1}{4C_2} + \frac{1}{4\epsilon_6} + \frac{D_{6M}^2}{2\tau}\right)\right]y_6^2 - s_3 z_3^{\gamma+1} - s_4 z_4^{\gamma+1} \\
&- s_5 z_5^{\gamma+1} - s_6 z_6^{\gamma+1} + \frac{1}{2}\varepsilon_1^2 d^2
\end{aligned}
\tag{5.2.26}
$$

将式 (5.2.24) 和式 (5.2.25) 代入式 (5.2.26)，可得

$$
\begin{aligned}
\dot{V} \leqslant{}& \sum_{i=1}^{6} -k_i z_i^2 + \frac{z_1^2}{L_2} + \frac{z_2^2}{4L_2} + \frac{z_3^2}{C_2} + \frac{z_4^2}{C_2} + \frac{z_3^2}{\epsilon_3} + \frac{z_4^2}{\epsilon_4} + \frac{z_5^2}{\epsilon_5} + \frac{z_6^2}{\epsilon_6} + \frac{1}{2}\varepsilon_1^2 d^2 + 2\tau \\
&- \left[\frac{1}{\epsilon_3} - \left(\frac{1}{4L_2} + \frac{1}{4\epsilon_3} + \frac{D_{3M}^2}{2\tau} + \frac{1}{2}\right)\right]y_3^2 - s_1 z_1^{\gamma+1} \\
&- \left[\frac{1}{\epsilon_4} - \left(\frac{1}{4L_2} + \frac{1}{4\epsilon_4} + \frac{D_{4M}^2}{2\tau} + \frac{1}{2}\right)\right]y_4^2 - s_2 z_2^{\gamma+1} \\
&- \left[\frac{1}{\epsilon_5} - \left(\frac{1}{4C_2} + \frac{1}{4\epsilon_5} + \frac{D_{5M}^2}{2\tau} + \frac{1}{2}\right)\right]y_5^2 - s_3 z_3^{\gamma+1} \\
&- \left[\frac{1}{\epsilon_6} - \left(\frac{1}{4C_2} + \frac{1}{4\epsilon_6} + \frac{D_{6M}^2}{2\tau} + \frac{1}{2}\right)\right]y_6^2 + 4
\end{aligned}
$$

$$- s_5 z_5^{\gamma+1} - s_6 z_6^{\gamma+1} - s_4 z_4^{\gamma+1} - \sum_{i=3}^{6} \left(\frac{1}{2} y_i^2\right)^{\frac{\gamma+1}{2}}$$

$$\leqslant - a_0 V - b_0 V^{\frac{\gamma+1}{2}} + c \tag{5.2.27}$$

式中，

$$a_0 = \min\left\{ 2\left(k_1 - \frac{1}{L_2}\right), 2\left(k_2 - \frac{1}{L_2}\right), 2\left(k_3 - \frac{1}{C_2} - \frac{1}{\epsilon_3}\right), \right.$$

$$2\left(k_4 - \frac{1}{C_2} - \frac{1}{\epsilon_4}\right), 2\left(k_5 - \frac{1}{\epsilon_5}\right), 2\left(k_6 - \frac{1}{\epsilon_6}\right),$$

$$2\left[\frac{1}{\epsilon_3} - \left(\frac{1}{4L_2} + \frac{1}{4\epsilon_3} + \frac{D_{3M}^2}{2\tau} + \frac{1}{2}\right)\right],$$

$$2\left[\frac{1}{\epsilon_4} - \left(\frac{1}{4L_2} + \frac{1}{4\epsilon_4} + \frac{D_{4M}^2}{2\tau} + \frac{1}{2}\right)\right],$$

$$2\left[\frac{1}{\epsilon_5} - \left(\frac{1}{4C_2} + \frac{1}{4\epsilon_5} + \frac{D_{5M}^2}{2\tau} + \frac{1}{2}\right)\right],$$

$$\left. 2\left[\frac{1}{\epsilon_6} - \left(\frac{1}{4C_2} + \frac{1}{4\epsilon_6} + \frac{D_{6M}^2}{2\tau} + \frac{1}{2}\right)\right] \right\}$$

$$b_0 = \min\left\{ 2^{\frac{\gamma+1}{2}} s_1, 2^{\frac{\gamma+1}{2}} s_2, 2^{\frac{\gamma+1}{2}} s_3, 2^{\frac{\gamma+1}{2}} s_4, 2^{\frac{\gamma+1}{2}} s_5, 2^{\frac{\gamma+1}{2}} s_6, 1 \right\}$$

$$c = \frac{1}{2} \epsilon_1^2 d^2 + 2\tau + 4$$

由式 (5.2.27) 可得

$$\dot{V} \leqslant -\left(a_0 - \frac{c}{2V}\right) V - \left(b_0 - \frac{c}{2V^{\frac{\gamma+1}{2}}}\right) V^{\frac{\gamma+1}{2}} \tag{5.2.28}$$

5.2.4　仿真验证及结果分析

　　本节主要通过 MATLAB 软件实现 VSC-HVDC 电网侧系统的仿真。VSC-HVDC 电网参数如表 5.2.1 所示。

表 5.2.1　VSC-HVDC 电网参数

参数名称	数值	参数名称	数值
滤波电抗 L_1	0.006F	滤波电抗 L_2	0.0017F
滤波电容 C_1	0.00006H	串联等效电阻 R_1	0.25Ω
串联等效电阻 R_2	0.25Ω	交流电网电压	35kV

有功/无功功率的设定值如下：

$$P_r = \begin{cases} 0.4\text{p.u.}, & 0\text{s} < t \leqslant 1\text{s} \\ 0.8\text{p.u.}, & t > 1\text{s} \end{cases}, \quad Q_r = \begin{cases} 0.2\text{p.u.}, & 0\text{s} < t \leqslant 1\text{s} \\ 0.3\text{p.u.}, & t > 1\text{s} \end{cases}$$

控制器参数如表 5.2.2 所示。

表 5.2.2　控制器参数

参数	数值	参数	数值
k_1	148500	s_1	116
k_2	1000	s_2	1216
k_3	355	s_3	116
k_4	1160	s_4	116
k_5	89800	s_5	116
k_6	2500	s_6	116
γ	0.21	ϵ_5	0.8333
ϵ_3	0.4666	ϵ_6	0.0009
ϵ_4	0.0008	K_{p2}	900
K_{p1}	900	K_{i1}	1000
K_{i2}	1000		

仿真结果如图 5.2.1～图 5.2.5 所示。可以看出，所设计的有限时间动态面控制方法实现了将电压源换流器的输出调节至期望信号，且加快了收敛速度，保证误差在有限时间内收敛。

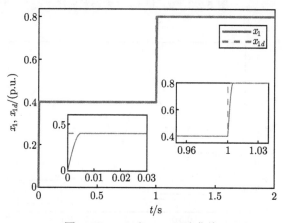

图 5.2.1　x_1 和 x_{1d} 跟踪曲线

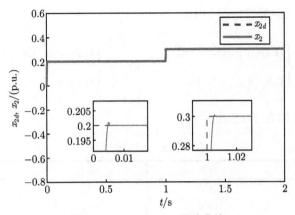

图 5.2.2　x_2 和 x_{2d} 跟踪曲线

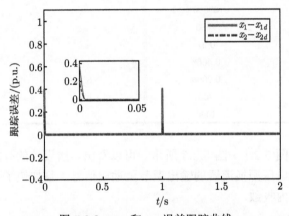

图 5.2.3　x_1 和 x_2 误差跟踪曲线

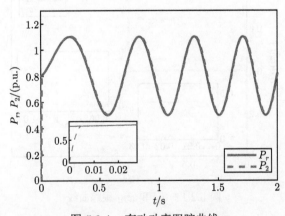

图 5.2.4　有功功率跟踪曲线

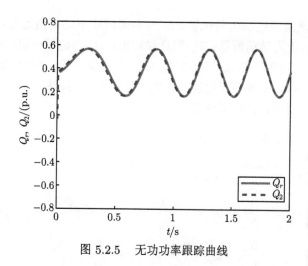

图 5.2.5 无功功率跟踪曲线

5.3 永磁同步电动机有限时间模糊自适应指令滤波控制

永磁同步电动机虽然具有诸多优点,但是其系统中含有多变量的非线性项,容易受到自身或环境因素的影响, 从而引起参数不确定和负载扰动的问题。为解决这个问题, 提高系统动静态性能, 本节采用模糊自适应控制方法来处理永磁同步电动机系统中的未知非线性项, 消除参数变化以及负载扰动对系统控制效果的影响[7]。采用指令滤波的方法解决传统反步法中计算量过大的问题, 并且在构建控制器时引入误差补偿机制, 减少了滤波产生的逼近误差对被控系统造成的影响。另外, 运用有限时间控制方法使得永磁同步电动机系统的跟踪误差在有限时间内收敛到原点的一个充分小的邻域。最后通过 MATLAB 软件进行对比仿真验证。

5.3.1 系统模型及控制问题描述

在 d-q 旋转坐标系下,永磁同步电动机的系统动态模型为

$$
\begin{cases}
\dfrac{\mathrm{d}\Theta}{\mathrm{d}t} = \omega \\[2mm]
J\dfrac{\mathrm{d}\omega}{\mathrm{d}t} = \dfrac{3}{2}n_p\left[(L_d - L_q)\,i_d i_q + \Phi i_q\right] - B\omega - T_L \\[2mm]
L_q\dfrac{\mathrm{d}i_q}{\mathrm{d}t} = -R_s i_q - n_p\omega L_d i_d - n_p\omega\Phi + u_q \\[2mm]
L_d\dfrac{\mathrm{d}i_d}{\mathrm{d}t} = -R_s i_d + n_p\omega L_q i_q + u_d
\end{cases}
\tag{5.3.1}
$$

式中，Θ 为永磁同步电动机角位置；ω 为永磁同步电动机角速度；n_p 为极对数；B 为摩擦系数；J 为转动惯量；T_L 为负载转矩；R_s 为定子电阻；i_d 和 i_q 分别为 d 轴定子电流、q 轴定子电流；L_d 和 L_q 分别为 d 轴电感、q 轴电感；u_d 和 u_q 分别为 d 轴定子电压、q 轴定子电压；Φ 为永磁体产生的磁链。

为便于控制器设计，定义变量如下：

$$
\begin{cases}
x_1 = \Theta, \quad x_2 = \omega, \quad x_3 = i_q, \quad x_4 = i_d \\
a_1 = \dfrac{3n_p \Phi}{2}, \quad a_2 = \dfrac{3n_p (L_d - L_q)}{2} \\
b_1 = -\dfrac{R_s}{L_q}, \quad b_2 = -\dfrac{n_p L_d}{L_q}, \quad b_3 = -\dfrac{n_p \Phi}{L_q}, \quad b_4 = \dfrac{1}{L_q} \\
c_1 = -\dfrac{R_s}{L_d}, \quad c_2 = \dfrac{n_p L_q}{L_d}, \quad c_3 = \dfrac{1}{L_d}
\end{cases}
$$

则永磁同步电动机的系统动态模型可表示为

$$
\begin{cases}
\dot{x}_1 = x_2 \\
\dot{x}_2 = \dfrac{a_1}{J}x_3 + \dfrac{a_2}{J}x_3 x_4 - \dfrac{B}{J}x_2 - \dfrac{T_L}{J} \\
\dot{x}_3 = b_1 x_3 + b_2 x_2 x_4 + b_3 x_2 + b_4 u_q \\
\dot{x}_4 = c_1 x_4 + c_2 x_2 x_3 + c_3 u_d
\end{cases}
\tag{5.3.2}
$$

控制任务　基于有限时间指令滤波控制方法，设计一种模糊自适应控制器，使得：

(1) 系统转子角位置和转子角位置设定值间的跟踪误差在有限时间内收敛到原点的一个充分小的邻域内；

(2) 系统对于给定的期望信号有较好的跟踪效果。

5.3.2　有限时间模糊自适应指令滤波反步递推控制设计

根据指令滤波技术和模糊自适应反步法原理，设计一种永磁同步电动机有限时间模糊自适应指令滤波控制方法。定义系统的跟踪误差变量如下：

$$
\begin{cases}
z_1 = x_1 - x_d \\
z_2 = x_2 - x_{1,c} \\
z_3 = x_3 - x_{2,c} \\
z_4 = x_4
\end{cases}
\tag{5.3.3}
$$

式中，x_d 为期望的位置信号；$x_{1,c}$ 和 $x_{2,c}$ 为指令滤波器的输出信号。虚拟控制器 α_1 和 α_2 为指令滤波器的输入信号，k_1、k_2、k_3、k_4 为正的设计参数。

控制方法的具体推导步骤如下。

第 1 步 假设第一阶子系统的误差 $z_1 = x_1 - x_d$，定义 $v_1 = z_1 - \xi_1$，选取 Lyapunov 函数 $V_1 = \frac{1}{2}v_1^2$，求导可得

$$\dot{V}_1 = v_1 \left[(z_2 + x_{1,c}) - \dot{x}_d - \dot{\xi}_1 \right] \tag{5.3.4}$$

构建虚拟控制器 α_1 如下：

$$\alpha_1 = -k_1 z_1 + \dot{x}_d - s_1 v_1^\gamma \tag{5.3.5}$$

式中，k_1、s_1 和 γ 是大于零的常数，并且 $0 < \gamma < 1$。

定义补偿误差为

$$\dot{\xi}_1 = -k_1 \xi_1 + \xi_2 + (x_{1,c} - \alpha_1) - l_1 \operatorname{sign}(\xi_1) \tag{5.3.6}$$

式中，l_1 是正常数；ξ_1 和 ξ_2 是补偿误差信号。

按照式 (5.3.5) 和式 (5.3.6)，可以将式 (5.3.4) 重新表示为

$$\dot{V}_1 = -k_1 v_1^2 + v_1 v_2 - s_1 v_1^{\gamma+1} + v_1 l_1 \operatorname{sign}(\xi_1) \tag{5.3.7}$$

第 2 步 构造补偿后的误差信号 $v_2 = z_2 - \xi_2$，同时选取 Lyapunov 函数为

$$V_2 = V_1 + \frac{J}{2}v_2^2 \tag{5.3.8}$$

对 V_2 求导可得

$$\begin{aligned}
\dot{V}_2 &= \dot{V}_1 + J v_2 \left(\dot{x}_2 - \dot{x}_{1,c} - \dot{\xi}_2 \right) \\
&= \dot{V}_1 + v_2 \left[a_1 (z_3 + x_{2,c}) + a_2 x_3 x_4 - B x_2 - T_L - J\dot{x}_{1,c} - J\dot{\xi}_2 \right]
\end{aligned} \tag{5.3.9}$$

在实际的生产应用中，负载转矩 T_L 是有界的，定义 T_L 是未知的大于零的常数并且上限是 d，即 $|T_L| \leqslant d$。

由杨氏不等式可得 $-v_2 T_L \leqslant \frac{1}{2\varepsilon_2^2}v_2^2 + \frac{1}{2}\varepsilon_2^2 d^2$，$\varepsilon_2$ 是任意小的正数。因此可得

$$V_2 \leqslant \dot{V}_1 + v_2 \left[a_1 (z_3 + x_{2,c}) + f_2(Z_2) - J\dot{x}_{1,c} - J\dot{\xi}_2 \right] + \frac{1}{2}\varepsilon_2^2 d^2 \tag{5.3.10}$$

式中，$f_2(Z_2) = a_2 x_3 x_4 - B x_2 + \dfrac{1}{2\varepsilon_2^2} v_2 - J \dot{x}_{1,c}$，$Z_2 = [x_1, x_2, x_3, x_4, x_d, \dot{x}_d, \dot{x}_{1,c}]^{\mathrm{T}}$。

对于光滑非线性函数 f_2，给定任意小的 $\varepsilon_2 \geqslant 0$，存在 $\Phi_2^{\mathrm{T}} P_2$ 使非线性函数 $f_2 = \Phi_2^{\mathrm{T}} P_2 + \delta_2$，$\delta_2$ 为逼近误差且满足 $|\delta_2| \leqslant \varepsilon_2$，由杨氏不等式可得

$$v_2 f_2 \leqslant \frac{1}{2h_2^2} v_2^2 \|\Phi_2\|^2 P_2^{\mathrm{T}} P_2 + \frac{1}{2} v_2^2 + \frac{1}{2} h_2^2 + \frac{1}{2} \varepsilon_2^2 \tag{5.3.11}$$

式中，$\|\Phi_2\|$ 为向量 Φ_2 的范数；h_2 为大于零的常数。

构建虚拟控制器 α_2 如下：

$$\alpha_2 = \frac{1}{a_1} \left(-k_2 z_2 - \frac{1}{2} v_2 - z_1 - \frac{1}{2h_2^2} v_2 \hat{\theta} P_2^{\mathrm{T}} P_2 - s_2 v_2^{\gamma} \right) \tag{5.3.12}$$

定义补偿误差为

$$\dot{\xi}_2 = \frac{1}{J} \left[-k_2 \xi_2 - \xi_1 + a_1 \xi_3 + a_1 (x_{2,c} - \alpha_2) - l_2 \operatorname{sign}(\xi_2) \right] \tag{5.3.13}$$

式中，l_2 为正常数；ξ_1、ξ_2 和 ξ_3 是误差补偿信号。

按照杨氏不等式，根据式 (5.3.12) 和式 (5.3.13) 可以将式 (5.3.10) 重新表示为

$$\dot{V}_2 \leqslant -\sum_{i=1}^{2} \left(k_i v_i^2 - s_i v_i^{\gamma+1} + l_i v_i \operatorname{sign}(\xi_i) \right)$$

$$+ \frac{1}{2h_2^2} v_2^2 (\|\Phi_2\|^2 - \hat{\theta}) P_2^{\mathrm{T}} P_2 + \frac{1}{2}(h_2^2 + \varepsilon_2^2) + \frac{1}{2} \varepsilon_2^2 d^2 + a_1 v_2 v_3 \tag{5.3.14}$$

第 3 步　构造补偿后的误差信号 $v_3 = z_3 - \xi_3$，同时选取 Lyapunov 函数为

$$V_3 = V_2 + \frac{1}{2} v_3^2 \tag{5.3.15}$$

对 V_3 求导可得

$$\begin{aligned} \dot{V}_3 &= \dot{V}_2 + v_3 \dot{v}_3 \\ &= \dot{V}_2 + v_3 (\dot{x}_3 - \dot{x}_{2,c} - \dot{\xi}_3) \\ &= \dot{V}_2 + v_3 \left(b_4 u_q + f_3(Z_3) - \dot{x}_{2,c} - \dot{\xi}_3 \right) \end{aligned} \tag{5.3.16}$$

式中，$f_3(Z_3) = b_1 x_3 + b_2 x_2 x_4 + b_3 x_2$，$Z_3 = Z_2$。

对于光滑非线性函数 f_3，给定任意小的 $\varepsilon_3 > 0$，存在 $\Phi_3^{\mathrm{T}} P_3$ 使得非线性函数 $f_3 = \Phi_3^{\mathrm{T}} P_3 + \delta_3$，$\delta_3$ 为逼近误差且满足 $|\delta_3| \leqslant \varepsilon_3$，从而可得如下不等式：

$$v_3 f_3 \leqslant \frac{1}{2h_3^2} v_3^2 \|\Phi_3\|^2 P_3^{\mathrm{T}} P_3 + \frac{1}{2} v_3^2 + \frac{1}{2} h_3^2 + \frac{1}{2} \varepsilon_3^2 \tag{5.3.17}$$

式中，$\|\Phi_3\|$ 为向量 Φ_3 的范数；常数 $h_3 > 0$。

构建真实控制器 u_q 为

$$u_q = \frac{1}{b_4} \left(-k_3 z_3 - \frac{1}{2} v_3 - a_1 z_2 + \dot{x}_{2,c} - \frac{1}{2h_3^2} v_3 \hat{\theta} P_3^{\mathrm{T}} P_3 - s_3 v_3^{\gamma} \right) \tag{5.3.18}$$

式中，$\hat{\theta}$ 为未知常量 θ 的估计值；k_3 和 s_3 皆是正常数。

定义补偿误差为

$$\dot{\xi}_3 = -k_3 \xi_3 - a_1 \xi_2 - l_3 \mathrm{sign}(\xi_3) \tag{5.3.19}$$

式中，l_3 为正常数；ξ_2 和 ξ_3 是误差补偿信号。

将式 (5.3.17)、式 (5.3.18) 和式 (5.3.19) 代入式 (5.3.16) 可得

$$\begin{aligned}
\dot{V}_3 \leqslant & -\sum_{i=1}^{3} \left(k_i v_i^2 - s_i v_i^{\gamma+1} + l_i v_i \mathrm{sign}(\xi_i) \right) \\
& + \frac{1}{2h_2^2} v_2^2 (\|\Phi_2\|^2 - \hat{\theta}) P_2^{\mathrm{T}} P_2 + \frac{1}{2} (h_2^2 + \varepsilon_2^2) \\
& + \frac{1}{2h_3^2} v_3^2 (\|\Phi_3\|^2 - \hat{\theta}) P_3^{\mathrm{T}} P_3 + \frac{1}{2} (h_3^2 + \varepsilon_3^2) + \frac{1}{2} \varepsilon_2^2 d^2
\end{aligned} \tag{5.3.20}$$

第 4 步 构造补偿后的误差信号 $v_4 = z_4 - \xi_4$，同时选取 Lyapunov 函数为

$$V_4 = V_3 + \frac{1}{2} v_4^2 \tag{5.3.21}$$

对 V_4 求导可得

$$\begin{aligned}
\dot{V}_4 &= \dot{V}_3 + v_4 \dot{v}_4 \\
&= \dot{V}_3 + v_4 \left(\dot{x}_4 - \dot{\xi}_4 \right) \\
&= \dot{V}_3 + v_4 \left(f_4(Z_4) + c_3 u_d - \dot{\xi}_4 \right)
\end{aligned} \tag{5.3.22}$$

式中，$f_4(Z_4) = c_1 x_4 + c_2 x_2 x_3$，$Z_4 = Z_2$。

对于光滑非线性函数 f_4，给定任意小且大于零的常数 ε_4，存在 $\Phi_4^{\mathrm{T}} P_4$ 使得 $f_4 = \Phi_4^{\mathrm{T}} P_4 + \delta_4$，$\delta_4$ 为逼近误差且满足 $|\delta_4| \leqslant \varepsilon_4$，从而可得如下不等式：

$$v_4 f_4 \leqslant \frac{1}{2h_4^2} v_4^2 \|\Phi_4\|^2 P_4^{\mathrm{T}} P_4 + \frac{1}{2} v_4^2 + \frac{1}{2} h_4^2 + \frac{1}{2} \varepsilon_4^2 \tag{5.3.23}$$

式中，$\|\Phi_4\|$ 为向量 Φ_4 的范数；常数 $h_4 > 0$。

构建真实控制器 u_d 如下：

$$u_d = \frac{1}{c_3} \left(-k_4 z_4 - \frac{1}{2} v_4 - \frac{1}{2h_4^2} v_4 \hat{\theta} P_4^{\mathrm{T}} P_4 - s_4 v_4^{\gamma} \right) \tag{5.3.24}$$

式中，$\hat{\theta}$ 为未知常量 θ 的估计值；k_4 和 s_4 皆是正常数。

定义补偿误差为

$$\dot{\xi}_4 = -k_4 \xi_4 - l_4 \operatorname{sign}(\xi_4) \tag{5.3.25}$$

式中，l_4 为正常数；ξ_4 是误差补偿信号。

将式 (5.3.23)、式 (5.3.24) 和式 (5.3.25) 代入式 (5.3.22) 可得

$$
\begin{aligned}
\dot{V}_4 \leqslant{}& \sum_{i=1}^{4} \left(-k_i v_i^2 - s_i v_i^{\gamma+1} + l_i v_i \operatorname{sign}(\xi_i) \right) + \frac{1}{2h_2^2} v_2^2 \left(\|\Phi_2\|^2 - \hat{\theta} \right) P_2^{\mathrm{T}} P_2 \\
&+ \frac{1}{2} \left(h_2^2 + \varepsilon_2^2 \right) + \frac{1}{2h_3^2} v_3^2 \left(\|\Phi_3\|^2 - \hat{\theta} \right) P_3^{\mathrm{T}} P_3 + \frac{1}{2} \left(h_3^2 + \varepsilon_3^2 \right) \\
&+ \frac{1}{2h_4^2} v_4^2 \left(\|\Phi_4\|^2 - \hat{\theta} \right) P_4^{\mathrm{T}} P_4 \\
&+ \frac{1}{2} \left(h_4^2 + \varepsilon_4^2 \right) + \frac{1}{2} \varepsilon_2^2 d^2
\end{aligned}
\tag{5.3.26}
$$

5.3.3　稳定性与收敛性分析

定义 $\theta = \max \left(\|\Phi_2\|^2, \|\Phi_3\|^2, \|\Phi_4\|^2 \right)$，$\tilde{\theta} = \theta - \hat{\theta}$，$\hat{\theta}$ 是 θ 的估计值。

选取 Lyapunov 函数为 $V = V_4 + \frac{1}{2r_1} \tilde{\theta}^2$，对 V 求导可得

$$
\begin{aligned}
\dot{V} ={}& \dot{V}_4 - \frac{1}{r_1} \tilde{\theta} \dot{\hat{\theta}} \\
\leqslant{}& \sum_{i=1}^{4} \left(-k_i v_i^2 - s_i v_i^{\gamma+1} + l_i v_i \operatorname{sign}(\xi_i) \right) + \frac{1}{2} \left(h_2^2 + \varepsilon_2^2 \right) + \frac{1}{2} \left(h_3^2 + \varepsilon_3^2 \right)
\end{aligned}
$$

$$+ \frac{1}{2}\left(h_4^2 + \varepsilon_4^2\right) + \frac{1}{2}\varepsilon_2^2 d^2 + \frac{\tilde{\theta}}{r_1}\left(\sum_{i=2}^{4} \frac{r_1}{2h_i^2} v_i^2 P_i^{\mathrm{T}} P_i - \dot{\hat{\theta}}\right) \tag{5.3.27}$$

选择相应的自适应律为

$$\dot{\hat{\theta}} = \sum_{i=2}^{4} \frac{r_1}{2h_i^2} v_i^2 P_i^{\mathrm{T}} P_i - m_1 \hat{\theta} \tag{5.3.28}$$

式中，常数 $r_1 > 0$；常数 $m_1 > 0$。

将式 (5.3.28) 代入式 (5.3.27) 可得

$$\dot{V} \leqslant \sum_{i=1}^{4} \left(-k_i v_i^2 - s_i v_i^{\gamma+1} + l_i v_i \operatorname{sign}\left(\xi_i\right)\right) + \frac{1}{2}\left(h_2^2 + \varepsilon_2^2\right)$$

$$+ \frac{1}{2}\left(h_3^2 + \varepsilon_3^2\right) + \frac{1}{2}\left(h_4^2 + \varepsilon_4^2\right) + \frac{1}{2}\varepsilon_2^2 d^2 + \frac{m_1}{r_1}\tilde{\theta}\hat{\theta} \tag{5.3.29}$$

再由杨氏不等式可得

$$l_i v_i \operatorname{sign}\left(\xi_i\right) \leqslant \frac{l_i}{2} v_i^2 + \frac{l_i}{2}\left(\operatorname{sign}\left(\xi_i\right)\right)^2$$

$$\leqslant \frac{l_i}{2} v_i^2 + \frac{l_i}{2} \tag{5.3.30}$$

式中，$i = 1, 2, 3, 4$。

按照式 (5.3.30)，将式 (5.3.29) 表示为

$$\dot{V} \leqslant \sum_{i=1}^{4} \left[-\left(k_i - \frac{l_i}{2}\right) v_i^2 - s_i v_i^{\gamma+1} + \frac{l_i}{2}\right] + \frac{1}{2}\left(h_2^2 + \varepsilon_2^2\right)$$

$$+ \frac{1}{2}\left(h_3^2 + \varepsilon_3^2\right) + \frac{1}{2}\left(h_4^2 + \varepsilon_4^2\right) + \frac{1}{2}\varepsilon_2^2 d^2 + \frac{m_1}{r_1}\tilde{\theta}\hat{\theta} \tag{5.3.31}$$

由杨氏不等式可得

$$\frac{m_1}{r_1}\tilde{\theta}\hat{\theta} = \frac{m_1}{r_1}\tilde{\theta}(-\tilde{\theta} + \theta) = \frac{m_1}{r_1}\left(-\tilde{\theta}^2 + \theta\tilde{\theta}\right)$$

$$\leqslant \frac{m_1}{r_1}\left(-\tilde{\theta}^2 + \frac{1}{4}\tilde{\theta}^2 + \theta^2\right)$$

$$\leqslant \frac{-3m_1}{4r_1}\tilde{\theta}^2 + \frac{m_1}{r_1}\theta^2 \tag{5.3.32}$$

所以式 (5.3.31) 可以表示为

$$
\begin{aligned}
\dot{V} \leqslant & \sum_{i=1}^{4}\left[-\left(k_i-\frac{l_i}{2}\right)v_i^2-s_iv_i^{\gamma+1}\right]-\left(\frac{m_1}{2r_1}\tilde{\theta}^2\right)^{\frac{\gamma+1}{2}}\\
& +\sum_{i=2}^{4}\frac{1}{2}\left(h_i^2+\varepsilon_i^2\right)+\sum_{i=1}^{4}\frac{1}{2}l_i+\frac{1}{2}\varepsilon_2^2d^2\\
& -\frac{m_1}{4r_1}\tilde{\theta}^2+\left(\frac{m_1}{2r_1}\tilde{\theta}^2\right)^{\frac{\gamma+1}{2}}-\frac{m_1}{2r_1}\tilde{\theta}^2+\frac{m_1}{r_1}\theta^2 \quad\quad (5.3.33)
\end{aligned}
$$

如果 $\dfrac{m_1}{2r_1}\tilde{\theta}^2>1$，则可得

$$
\left(\frac{m_1}{2r_1}\tilde{\theta}^2\right)^{\frac{\gamma+1}{2}}-\frac{m_1}{2r_1}\tilde{\theta}^2+\frac{m_1}{r_1}\theta^2<\frac{m_1}{2r_1}\tilde{\theta}^2-\frac{m_1}{2r_1}\tilde{\theta}^2+\frac{m_1}{r_1}\theta^2=\frac{m_1}{r_1}\theta^2 \quad (5.3.34)
$$

如果 $\dfrac{m_1}{2r_1}\tilde{\theta}^2\leqslant 1$，则可得

$$
\left(\frac{m_1}{2r_1}\tilde{\theta}^2\right)^{\frac{\gamma+1}{2}}-\frac{m_1}{2r_1}\tilde{\theta}^2<1 \quad\quad (5.3.35)
$$

由式 (5.3.34) 和式 (5.3.35)，可得

$$
\left(\frac{m_1}{2r_1}\tilde{\theta}^2\right)^{\frac{\gamma+1}{2}}-\frac{m_1}{2r_1}\tilde{\theta}^2+\frac{m_1}{r_1}\theta^2\leqslant\frac{m_1}{r_1}\theta^2+1 \quad\quad (5.3.36)
$$

因此式 (5.3.33) 可以改写为

$$
\begin{aligned}
\dot{V} \leqslant & -\sum_{i=1}^{4}\left[\left(k_i-\frac{l_i}{2}\right)v_i^2\right]-\frac{m_1}{4r_1}\tilde{\theta}^2-\left(\frac{m_1}{2r_1}\tilde{\theta}^2\right)^{\frac{\gamma+1}{2}}\\
& -\sum_{i=1}^{4}s_iv_i^{\gamma+1}+\sum_{i=2}^{4}\frac{1}{2}h_i^2+\sum_{i=2}^{4}\frac{1}{2}\varepsilon_i^2+\sum_{i=1}^{4}\frac{1}{2}l_i\\
& +\frac{1}{2}\varepsilon_2^2d^2+\frac{m_1}{r_1}\theta^2+1\\
\leqslant & -aV-bV^{\frac{\gamma+1}{2}}+c \quad\quad (5.3.37)
\end{aligned}
$$

式中，

$$a = \min \left\{ (2k_i - l_i), \ \frac{(2k_2 - l_2)}{J}, \ \frac{1}{2} m_1 \right\}, \quad i = 1, 3, 4$$

$$b = \min \left\{ s_i 2^{\frac{\gamma+1}{2}}, \ s_2 \frac{2^{\frac{\gamma+1}{2}}}{J}, \ m_1^{\frac{\gamma+1}{2}} \right\}, \quad i = 1, 3, 4$$

$$c = \sum_{i=1}^{4} \left(\frac{1}{2} h_i^2 + \frac{1}{2} \varepsilon_i^2 \right) + \sum_{i=1}^{4} \frac{1}{2} l_i + \frac{1}{2} \varepsilon_2^2 d^2 + \frac{m_1}{r_1} \theta^2 + 1$$

利用有限时间控制的方法将 $v_i \ (i = 1, 2, 3, 4)$ 约束在一个充分小的邻域内；由于引入误差补偿机制以消除指令滤波器产生的误差，所以 $z_i = v_i + \xi_i$，就需要证明 ξ_i 也能够在有限的时间内有界，从而证明跟踪误差 z_i 在充分小的区间内也是有限时间有界的。

选取补偿系统的 Lyapunov 函数为

$$\bar{V} = \frac{1}{2} \xi_1^2 + \frac{J}{2} \xi_2^2 + \frac{1}{2} \xi_3^2 + \frac{1}{2} \xi_4^2 \tag{5.3.38}$$

对 $\bar{V}$ 求导可得

$$\begin{aligned}
\dot{\bar{V}} &= \xi_1 \dot{\xi}_1 + \xi_2 \dot{\xi}_2 + \xi_3 \dot{\xi}_3 + \xi_4 \dot{\xi}_4 \\
&= -k_1 \xi_1^2 + \xi_2 \xi_1 + \xi_1 (x_{1,c} - \alpha_1) - \xi_1 l_1 \mathrm{sign}\,(\xi_1) \\
&\quad + \frac{1}{J} \xi_2 \left[-k_2 \xi_2 - \xi_1 + a_1 \xi_3 + a_1 (x_{2,c} - \alpha_2) - l_2 \mathrm{sign}\,(\xi_2) \right] \\
&\quad - k_3 \xi_3^2 - a_1 \xi_2 \xi_3 - \xi_3 l_3 \mathrm{sign}\,(\xi_3) - k_4 \xi_4^2 - \xi_4 l_4 \mathrm{sign}\,(\xi_4) \\
&= -\sum_{i=1}^{4} k_i \xi_i^2 - \sum_{i=1}^{4} \xi_i l_i \mathrm{sign}\,(\xi_i) + \xi_1 (x_{1,c} - \alpha_1) + \frac{1}{J} \xi_2 a_1 (x_{2,c} - \alpha_2) \\
&= -\sum_{i=1}^{4} k_i \xi_i^2 - \sum_{i=1}^{4} l_i |\xi_i| + \xi_1 (x_{1,c} - \alpha_1) + \frac{1}{J} \xi_2 a_1 (x_{2,c} - \alpha_2) \tag{5.3.39}
\end{aligned}$$

由于 $|x_{1,c} - \alpha_1|$ 和 $|x_{2,c} - \alpha_2|$ 均小于等于 ϖ_1，式 (5.3.39) 可以改写为

$$\begin{aligned}
\dot{\bar{V}} &\leqslant -\sum_{i=1}^{4} k_i \xi_i^2 - \sum_{i=1}^{4} l_i |\xi_i| + |\xi_1| |x_{1,c} - \alpha_1| \\
&\quad + \left| \frac{1}{J} \right| |\xi_2| |a_1| |x_{2,c} - \alpha_2| + |\xi_4| \varpi_1 \rho
\end{aligned}$$

$$\leqslant -k_0 \bar{V}_4 - \left(l_0 - \sqrt{6}\varpi_1\rho\right) \bar{V}_4^{\frac{1}{2}} \tag{5.3.40}$$

式中，$k_0 = 2\min(k_i)$；$l_0 = \sqrt{2}\min(l_i)$，$i = 1,2,3,4$。选取适当的 l_i、ϖ_1 和 ρ 实现 $l_0 - \sqrt{6}\varpi_1\rho > 0$，使得 ξ_i 在有限时间内有界，从而得到跟踪误差 z_i 在原点的一个充分小的区间内也是有限时间有界的。

5.3.4　仿真验证及结果分析

在 MATLAB 仿真环境下构造系统方程，永磁同步电动机参数如下：

$$J = 0.00379\text{kg·m}^2, \quad B = 1.158 \times 10^{-3}\text{N·m/(rad/s)}, \quad R_s = 0.68\Omega$$

$$n_p = 3, \quad L_d = 0.00315\text{H}, \quad L_q = 0.00285\text{H}, \quad T_L = 1.5\text{N·m}$$

选择控制器参数如下：

$$k_1 = 35, \quad k_2 = 35, \quad k_3 = 35, \quad k_4 = 35,$$

$$r_1 = 400, \quad r_2 = 0.4, \quad r_3 = 0.07,$$

$$m_1 = 0.08, \quad l_1 = 0.5, \quad l_2 = 0.5, \quad l_3 = 0.5, \quad l_4 = 0.5, \quad \gamma = \frac{3}{5}$$

跟踪信号为 $x_d = 0.5\sin(t) + 0.5\sin(0.5t)$ (rad)。

选择模糊隶属度函数为

$$\mu_{F_i^1} = \exp\left[\frac{-(x+5)^2}{2}\right], \quad \mu_{F_i^2} = \exp\left[\frac{-(x+4)^2}{2}\right], \quad \mu_{F_i^3} = \exp\left[\frac{-(x+3)^2}{2}\right]$$

$$\mu_{F_i^4} = \exp\left[\frac{-(x+2)^2}{2}\right], \quad \mu_{F_i^5} = \exp\left[\frac{-(x+1)^2}{2}\right], \quad \mu_{F_i^6} = \exp\left[\frac{-(x-0)^2}{2}\right]$$

$$\mu_{F_i^7} = \exp\left[\frac{-(x-1)^2}{2}\right], \quad \mu_{F_i^8} = \exp\left[\frac{-(x-2)^2}{2}\right], \quad \mu_{F_i^9} = \exp\left[\frac{-(x-3)^2}{2}\right]$$

$$\mu_{F_i^{10}} = \exp\left[\frac{-(x-4)^2}{2}\right], \quad \mu_{F_i^{11}} = \exp\left[\frac{-(x-5)^2}{2}\right], \quad i = 1,2,3,4$$

仿真结果如图 5.3.1 ～ 图 5.3.4 所示。从图 5.3.1 和图 5.3.2 可以得到，位置 x_1 在有限时间内跟踪上期望信号 x_{1d}，且跟踪误差收敛到零附近。从图 5.3.3 和图 5.3.4 可知，控制输入 u_d 和 u_q 也在有限时间内达到稳定。

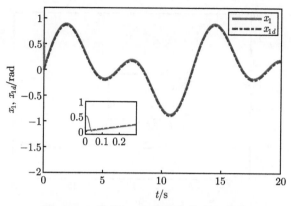

图 5.3.1 位置 x_1 与期望信号 x_{1d} 曲线

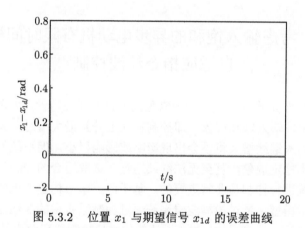

图 5.3.2 位置 x_1 与期望信号 x_{1d} 的误差曲线

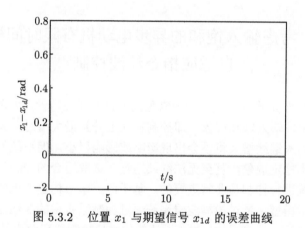

图 5.3.3 控制输入 u_d 曲线

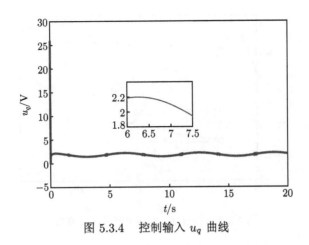

图 5.3.4　控制输入 u_q 曲线

5.4　考虑输入饱和的异步电动机有限时间模糊自适应指令滤波控制

输入饱和[8-10]是实际控制系统中常见的一种非线性特性,大多数实际系统都不可避免地会出现输入饱和现象,即控制输入上升到最大值时,系统便会处于饱和状态,这时输入继续增大将不会出现影响或影响极小,但系统的动态性能却会因此出现各种不稳定现象,甚至无法继续运行。选取适合的控制策略以实现对含输入饱和的系统进行控制是非常重要的。基于此,本节构建考虑输入饱和的异步电动机系统数学模型,通过模糊逻辑系统逼近控制系统中的非线性项,利用有限时间指令滤波器解决计算爆炸问题,设计新的虚拟控制器和改进的误差补偿信号,减小滤波误差。自适应技术可以有效地解决异步电动机系统运行中的时变参数和干扰问题,并实现在线调节参数,提高系统的鲁棒性。

5.4.1　系统模型及控制问题描述

在异步电动机系统中,u_q 和 u_d 为异步电动机驱动系统的非对称饱和非线性输入,由于 u_q 和 u_d 的基本特性相同,为了便于描述,将定义 u 来表示 u_q 和 u_d。根据 u 的特性,u 可描述为

$$u = \mathrm{sat}(w) = \begin{cases} u_{\max}, & w \geqslant u_{\max} \\ w, & u_{\min} < w < u_{\max} \\ u_{\min}, & w \leqslant u_{\min} \end{cases} \tag{5.4.1}$$

式中，$\mathrm{sat}(w)$ 为输入饱和函数；$u_{\min}$ 和 $u_{\max}$ 分别为已知定子输入电压的最小值和最大值，$u_{\max} > 0$ 和 $u_{\min} < 0$ 是未知的输入饱和常数；w 为饱和非线性的输入信号。

利用 $g(w)$ 来近似饱和函数，定义为

$$g(w) = \begin{cases} u_{\max} \tanh\left(\dfrac{w}{u_{\max}}\right), & w \geqslant 0 \\[3mm] u_{\min} \tanh\left(\dfrac{w}{u_{\min}}\right), & w < 0 \end{cases} = \begin{cases} u_{\max} \dfrac{\mathrm{e}^{w/u_{\max}} - \mathrm{e}^{-w/u_{\max}}}{\mathrm{e}^{w/u_{\max}} + \mathrm{e}^{-w/u_{\max}}}, & w \geqslant 0 \\[3mm] u_{\min} \dfrac{\mathrm{e}^{w/u_{\min}} - \mathrm{e}^{-w/u_{\min}}}{\mathrm{e}^{w/u_{\min}} + \mathrm{e}^{-w/u_{\min}}}, & w < 0 \end{cases}$$

$$(5.4.2)$$

$\mathrm{sat}(w)$ 表示为 $u = \mathrm{sat}(w) = g(w) + d(w)$，$d(w)$ 是一个有界函数，可得

$$|d(w)| = |\mathrm{sat}(w) - g(w)|$$

$$\leqslant \max\left\{u_{\max}(1 - \tanh(1)), u_{\min}(\tanh(1) - 1)\right\}$$

$$= D \tag{5.4.3}$$

根据中值定理，可得

$$g(w) = g(w_0) + g_{w_\mu}(w - w_0) \tag{5.4.4}$$

式中，$g_{w_\mu} = (\partial g(w)/\partial w)|_{w=w_\mu}$，$w_\mu = \mu w + (1-\mu)w_0$，$\mu\,(0 < \mu < 1)$。

当 $w_0 = 0$ 时，式 (5.4.4) 转化为

$$g(w) = g_{w_\mu} w \tag{5.4.5}$$

结合式 (5.4.4) 与式 (5.4.5) 可得

$$u = g_{w_\mu} w + d(w) \tag{5.4.6}$$

则 u_q 和 u_d 分别为

$$u_q = g_{w_{\mu q}} w + d(w_q) \tag{5.4.7}$$

$$u_d = g_{w_{\mu d}} w + d(w_d) \tag{5.4.8}$$

故结合上述各式，在 d-q 旋转坐标系下，将考虑输入饱和的异步电动机动态

模型构建如下：

$$
\begin{cases}
\dfrac{\mathrm{d}\varTheta}{\mathrm{d}t} = \omega \\[2mm]
\dfrac{\mathrm{d}\omega}{\mathrm{d}t} = \dfrac{n_p L_m}{J L_r} i_q \varPsi_d - \dfrac{T_L}{J} \\[2mm]
\dfrac{\mathrm{d}i_q}{\mathrm{d}t} = -\dfrac{L_m^2 R_r + L_r^2 R_s}{\sigma L_s L_r^2} i_q - \dfrac{L_m n_p}{\sigma L_s L_r} \omega \varPsi_d - n_p \omega i_d - \dfrac{L_m R_r}{L_r} \dfrac{i_q i_d}{\varPsi_d} + \dfrac{1}{\sigma L_s} u_q \\[2mm]
\dfrac{\mathrm{d}\varPsi_d}{\mathrm{d}t} = -\dfrac{R_r}{L_r} \varPsi_d + \dfrac{L_m R_r}{L_r} i_d \\[2mm]
\dfrac{\mathrm{d}i_d}{\mathrm{d}t} = -\dfrac{L_m^2 R_r + L_r^2 R_s}{\sigma L_s L_r^2} i_d + \dfrac{L_m R_r}{\sigma L_s L_r^2} \varPsi_d + n_p \omega i_q + \dfrac{L_m R_r}{L_r} \dfrac{i_q^2}{\varPsi_d} + \dfrac{1}{\sigma L_s} u_d
\end{cases}
$$

$$\tag{5.4.9}$$

式中，$\sigma = 1 - \dfrac{L_m^2}{L_s L_r}$，$L_m$ 为互感；n_p 为极对数；L_s 和 L_r 分别为定子电感和转子电感；R_s 和 R_r 分别为定子等效电阻和转子等效电阻；u_d 和 u_q 分别为异步电动机 d 轴定子电压和 q 轴定子电压；i_d 和 i_q 分别为 d 轴电流和 q 轴电流；$\varTheta$ 为转子角位置；ω 为转子角速度；J 为转动惯量；T_L 为负载转矩；$\varPsi_d$ 为转子磁链。

控制任务　基于考虑输入饱和的异步电动机系统设计一种有限时间模糊自适应控制器，使得：

(1) 转子角位置和转子角位置设定值间的跟踪误差在有限时间内收敛到原点的一个充分小的邻域内；

(2) 系统对于给定的期望信号有较好的跟踪效果。

5.4.2　模糊自适应有限时间指令滤波反步递推控制设计

定义如下变量：

$$
\begin{cases}
x_1 = \varTheta, \quad x_2 = \omega, \quad x_3 = i_q, \quad x_4 = \varPsi_d, \quad x_5 = i_d \\[2mm]
a_1 = \dfrac{n_p L_m}{L_r} \\[2mm]
b_1 = -\dfrac{L_m^2 R_r + L_r^2 R_s}{\sigma L_s L_r^2}, \quad b_2 = -\dfrac{L_m n_p}{\sigma L_s L_r}, \quad b_3 = n_p, \quad b_4 = \dfrac{L_m R_r}{L_r}, \quad b_5 = \dfrac{1}{\sigma L_s} \\[2mm]
c_1 = -\dfrac{R_r}{L_r} \\[2mm]
d_2 = \dfrac{L_m R_r}{\sigma L_s L_r^2}
\end{cases}
$$

$$\tag{5.4.10}$$

则考虑输入饱和的异步电动机动态模型为

$$
\begin{cases}
\dot{x}_1 = x_2 \\
\dot{x}_2 = \dfrac{1}{J}a_1x_3x_4 - \dfrac{T_L}{J} \\
\dot{x}_3 = b_1x_3 + b_2x_2x_4 - b_3x_2x_5 - b_4\dfrac{x_3x_5}{x_4} + b_5u_q \\
\dot{x}_4 = c_1x_4 + b_4x_5 \\
\dot{x}_5 = b_1x_5 + d_2x_4 + b_3x_2x_3 + b_4\dfrac{x_3^2}{x_4} + b_5u_d
\end{cases}
\tag{5.4.11}
$$

定义系统跟踪误差变量为

$$
\begin{cases}
z_1 = x_1 - x_{1d} \\
z_2 = x_2 - x_{1,c} \\
z_3 = x_3 - x_{2,c} \\
z_4 = x_4 - x_{4d} \\
z_5 = x_5 - x_{3,c}
\end{cases}
\tag{5.4.12}
$$

式中，x_{1d} 和 x_{4d} 为期望信号；$x_{1,c}$、$x_{2,c}$ 和 $x_{3,c}$ 为滤波器的输出信号。

第 1 步 定义跟踪误差信号为 $v_1 = z_1 - \xi_1$。选取 Lyapunov 控制函数 $V_1 = \dfrac{1}{2}v_1^2$，对 V_1 求导可得

$$
\dot{V}_1 = v_1\dot{v}_1 = v_1\left(\dot{z}_1 - \dot{\xi}_1\right) = v_1\left(z_2 + x_{1,c} - \alpha_1 + \alpha_1 - \dot{x}_{1d} - \dot{\xi}_1\right)
\tag{5.4.13}
$$

取虚拟控制器 α_1 为

$$
\alpha_1 = -k_1z_1 + \dot{x}_{1d} - s_1v_1^\gamma
\tag{5.4.14}
$$

式中，γ、k_1 和 s_1 均为正常数，$0 < \gamma < 1$。

定义补偿误差 $\dot{\xi}_1$ 为

$$
\dot{\xi}_1 = -k_1\xi_1 + \xi_2 + (x_{1,c} - \alpha_1) - l_1\text{sign}\left(\xi_1\right)
\tag{5.4.15}
$$

式中，常数 $l_1 > 0$。

将 α_1 与 $\dot{\xi}_1$ 的表达式代入式 (5.4.13)，可得

$$
\dot{V}_1 = -k_1v_1^2 + v_1v_2 - s_1v_1^{\gamma+1} + v_1l_1\text{sign}\left(\xi_1\right)
\tag{5.4.16}
$$

第 2 步 对 z_2 求导，可得 $\dot{z}_2 = \dot{x}_2 - \dot{x}_{1,c} = \dfrac{1}{J} a_1 x_3 x_4 - \dfrac{T_L}{J} - \dot{x}_{1,c}$，定义跟

踪误差 $v_2 = z_2 - \xi_2$，同时选取 $V_2 = V_1 + \dfrac{J}{2} v_2{}^2$，进而求导可得

$$\dot{V}_2 = \dot{V}_1 + v_2 \left(a_1 x_3 x_4 - T_L - J \dot{x}_{1,c} - J \dot{\xi}_2 \right) \tag{5.4.17}$$

考虑到负载在实际系统中不会无穷大，假定 $|T_L| \leqslant d$，d 为正常数。

由杨氏不等式有 $-v_2 T_L \leqslant \dfrac{1}{2\varepsilon_1^2} v_2^2 + \dfrac{1}{2} \varepsilon_1^2 d^2$，$\varepsilon_1$ 为任意小正常数，可得

$$\dot{V}_2 \leqslant \dot{V}_1 + \frac{1}{2} \varepsilon_1^2 d^2 + v_2 \left(x_3 + f_2 \left(Z_2 \right) - J \dot{x}_{1,c} - J \dot{\xi}_2 \right) \tag{5.4.18}$$

式中，$f_2 \left(Z_2 \right) = a_1 x_3 x_4 + \dfrac{1}{2\varepsilon_1^2} v_2 - x_3 - J \dot{x}_{1,c}$，$Z_2 = [x_1, x_2, x_3, x_4, x_5, x_{1d}, \dot{x}_{1d}, x_{4d},$
$\dot{x}_{4d}]^{\mathrm{T}}$。

由万能逼近定理可知，存在任意小正常数 ε_2 和模糊逻辑系统 $\Phi_2^{\mathrm{T}} P_2$，使得
$f_2 = \Phi_2^{\mathrm{T}} P_2 + \delta_2$，$\delta_2$ 为逼近误差且满足 $|\delta_2| \leqslant \varepsilon_2$，设常数 $h_2 > 0$，则有

$$v_2 f_2 \leqslant \frac{1}{2h_2^2} v_2^2 \| \Phi_2 \|^2 P_2^{\mathrm{T}} P_2 + \frac{1}{2} h_2^2 + \frac{1}{2} v_2^2 + \frac{1}{2} \varepsilon_2^2$$

选取虚拟控制器 α_2 为

$$\alpha_2 = -k_2 z_2 - \frac{1}{2} v_2 - z_1 - \frac{1}{2h_2^2} v_2^2 \hat{\theta} P_2^{\mathrm{T}} P_2 - s_2 v_2^\gamma \tag{5.4.19}$$

式中，k_2 和 s_2 均为正常数；$\hat{\theta}$ 是未知常量 θ 的估计值，后面将对其进行定义。

定义补偿误差 $\dot{\xi}_2$ 为

$$\dot{\xi}_2 = \frac{1}{J} \left[-k_2 \xi_2 - \xi_1 + (x_{2,c} - \alpha_2) + \xi_3 - l_2 \mathrm{sign} \left(\xi_2 \right) \right] \tag{5.4.20}$$

式中，$l_2 > 0$。

将 α_2 和 $\dot{\xi}_2$ 的表达式结合，可得

$$\dot{V}_2 \leqslant \sum_{i=1}^{2} \left(-k_i v_i^2 - s_i v_i^{\gamma+1} + l_i v_i \mathrm{sign} \left(\xi_i \right) \right) + \frac{1}{2h_2^2} v_2^2 \left(\Phi_2^2 - \hat{\theta} \right) P_2^{\mathrm{T}} P_2$$

$$+ \frac{1}{2} \left(h_2^2 + \varepsilon_2^2 \right) + \frac{1}{2} \varepsilon_1^2 d^2 + v_2 v_3 \tag{5.4.21}$$

第 3 步 对 z_3 求导, 可得 $\dot{z}_3 = b_1 x_3 + b_2 x_2 x_4 - b_3 x_2 x_5 - b_4 \dfrac{x_3 x_5}{x_4} + b_5 u_q - \dot{x}_{2,c}$,

定义跟踪误差 $v_3 = z_3$, 同时选取 $V_3 = V_2 + \dfrac{1}{2} v_3^2$, 进而求导可得

$$\dot{V}_3 \leqslant \sum_{i=1}^{2} \left(-k_i v_i^2 - s_i v_i^{\gamma+1} + l_i v_i \mathrm{sign}\,(\xi_i)\right) + \frac{1}{2h_2^2} v_2^2 \left(\Phi_2^2 - \hat{\theta}\right) P_2^{\mathrm{T}} P_2$$

$$+ \frac{1}{2}\varepsilon_1^2 d^2 + \frac{1}{2} h_2^2 + \frac{1}{2}\varepsilon_2^2 + v_3 \left(f_3\,(Z_3) + b_5 u_q - \dot{x}_{2,c}\right) \tag{5.4.22}$$

式中, $f_3\,(Z_3) = b_1 x_3 + b_2 x_2 x_4 - b_3 x_2 x_5 - b_4 \dfrac{x_3 x_5}{x_4} + v_2$。

令 $\bar{f}_3\,(Z_3) = f_3\,(Z_3) - \dot{x}_{2,c}$, $Z_3 = Z_2$。由万能逼近定理可知, 存在任意小正常数 ε_3 和模糊逻辑系统 $\Phi_3^{\mathrm{T}} P_3$, 使得 $\bar{f}_3 = \Phi_3^{\mathrm{T}} P_3 + \delta_3$, δ_3 为逼近误差且满足 $|\delta_3| \leqslant \varepsilon_3$, 设常数 $h_3 > 0$, 则有

$$v_3 \bar{f}_3 \leqslant \frac{1}{2h_3^2} v_3^2 \Phi_3^2 P_3^{\mathrm{T}} P_3 + \frac{1}{2} h_3^2 + \frac{1}{2} v_3^2 + \frac{1}{2}\varepsilon_3^2 \tag{5.4.23}$$

构建控制器 g_q 为

$$g_q = -k_3 z_3 - \frac{1}{2h_3^2} v_3 \hat{\theta} P_3^{\mathrm{T}} P_3 - s_3 v_3^{\gamma} \tag{5.4.24}$$

式中, k_3 和 s_3 均大于 0。

真实控制器为 $u_q = h_{g_{\mu q}} g_q + d\,(g_q)$, 且 $\dot{\xi}_3 = 0$。

将式 (5.4.23) 和式 (5.4.24) 代入式 (5.4.22), 可得

$$\dot{V}_3 \leqslant \sum_{i=1}^{2} \left(-k_i v_i^2 - s_i v_i^{\gamma+1}\right) + \frac{1}{2h_2^2} v_2^2 \left(\|\Phi_2\|^2 - \hat{\theta}\right) P_2^{\mathrm{T}} P_2$$

$$+ \frac{1}{2}\left(h_2^2 + \varepsilon_2^2\right) + l_1 v_1 \mathrm{sign}\,(\xi_1) + l_2 v_2 \mathrm{sign}\,(\xi_2)$$

$$+ \frac{1}{2h_3^2} v_3^2 \Phi_3^2 P_3^{\mathrm{T}} P_3 + \frac{1}{2}\left(v_3^2 + h_3^2 + \varepsilon_3^2\right)$$

$$+ \frac{1}{2}\varepsilon_1^2 d^2 + v_3 b_5 \left(h_{g_{\mu q}} g_q + d\,(g_q)\right) \tag{5.4.25}$$

由于 $0 < h_m < h_{g_{\mu q}} < 1$, $n < |b_5| < \rho$, 存在 q_1 使得 $b_5 h_{g_{\mu q}} \geqslant q_1$, 因此可得

$$v_3 b_5 h_{g_{\mu q}} g_q \geqslant v_3 b_5 g_q$$

$$v_3 b_5 d\,(g_q) \geqslant \frac{1}{2} v_3^2 + \frac{1}{2} b_5^2 D_q^2$$

将式 (5.4.25) 改写为

$$\dot{V}_3 \leqslant \sum_{i=1}^{2} \left(-k_i v_i^2 - s_i v_i^{\gamma+1}\right) + \frac{1}{2h_2^2} v_2^2 \left(\|\Phi_2\|^2 - \hat{\theta}\right) P_2^{\mathrm{T}} P_2 + \frac{1}{2} \left(h_2^2 + \varepsilon_2^2\right)$$

$$+ l_1 v_1 \operatorname{sign}(\xi_1) + l_2 v_2 \operatorname{sign}(\xi_2) + \frac{1}{2h_3^2} v_3^2 \left(\|\Phi_3\|^2 - q_1 \hat{\theta}\right) P_3^{\mathrm{T}} P_3$$

$$+ \frac{1}{2} \left(h_3^2 + \varepsilon_3^2\right) + \frac{1}{2} \varepsilon_1^2 d^2 + (1 - q_1 k_3) v_3^2 - q_1 s_1 v_3^{\gamma+1} + \frac{1}{2} b_5^2 D_q^2 \tag{5.4.26}$$

第 4 步　对 z_4 求导，可得 $\dot{z}_4 = c_1 x_4 + b_4 x_5 - \dot{x}_{4d}$，定义跟踪误差 $v_4 = z_4 - \xi_4$，同时选取 $V_4 = V_3 + \frac{1}{2} v_4^2$，进而求导可得

$$\dot{V}_4 = \dot{V}_3 + v_4 \dot{v}_4 = \dot{V}_3 + v_4 \left(b_4 z_5 + b_4 (x_{3,c} - \alpha_3) + b_4 \alpha_3 + c_1 x_4 - \dot{x}_{4d} - \dot{\xi}_4\right) \tag{5.4.27}$$

选取虚拟控制器 α_3 为

$$\alpha_3 = \frac{1}{b_4} \left(-k_4 z_4 - c_1 x_4 + \dot{x}_{4d} - s_4 v_4^{\gamma}\right) \tag{5.4.28}$$

式中，k_4 和 s_4 均大于 0。

定义补偿误差 $\dot{\xi}_4$ 为

$$\dot{\xi}_4 = -k_4 \xi_4 - b_4 \xi_5 + b_4 (x_{3,c} - \alpha_3) - l_4 \operatorname{sign}(\xi_4) \tag{5.4.29}$$

式中，$l_4 > 0$。

将 α_3 和 $\dot{\xi}_4$ 的表达式代入式 (5.4.27)，可得

$$\dot{V}_4 \leqslant \sum_{i=1}^{2} \left(-k_i v_i^2 - s_i v_i^{\gamma+1}\right) + b_4 v_4 v_5 + l_1 v_1 \operatorname{sign}(\xi_1) + l_2 v_2 \operatorname{sign}(\xi_2)$$

$$+ v_4 l_4 \operatorname{sign}(\xi_4) + \frac{1}{2h_2^2} v_2^2 \left(\|\Phi_2\|^2 - \hat{\theta}\right) P_2^{\mathrm{T}} P_2$$

$$+ \frac{1}{2h_3^2} v_3^2 \left(\|\Phi_3\|^2 - q_1 \hat{\theta}\right) P_3^{\mathrm{T}} P_3 + \frac{1}{2} (h_2^2 + \varepsilon_2^2)$$

$$+ \frac{1}{2} \left(h_3^2 + \varepsilon_3^2\right) + \frac{1}{2} \varepsilon_1^2 d^2 + (1 - q_1 k_3) v_3^2$$

$$- q_1 s_1 v_3^{\gamma+1} + \frac{1}{2} b_5^2 D_q^2 - k_4 v_4^2 - s_4 v_4^{\gamma+1} \tag{5.4.30}$$

第 5 步 对 z_5 求导，可得 $\dot{z}_5 = b_1 x_5 + d_2 x_4 + b_3 x_2 x_3 + b_4 \dfrac{x_3^2}{x_4} + b_5 u_d - \dot{x}_{3,c}$。

定义跟踪误差 $v_5 = z_5$，同时选取 $V_5 = V_4 + \dfrac{1}{2} v_5^2$，进而求导可得

$$\dot{V}_5 = \dot{V}_4 + v_5 \dot{v}_5 = \dot{V}_4 + v_5 \left(b_5 u_d + f_5 (Z_5) - \dot{x}_{3,c} \right) \tag{5.4.31}$$

式中，$f_5 (Z_5) = b_1 x_5 + d_2 x_4 + b_3 x_2 x_3 + b_4 \dfrac{x_3^2}{x_4} + b_4 v_4$。

令 $\bar{f}_5 (Z_5) = f_5 (Z_5) + b_4 v_4 - \dot{x}_{3,c}$，$Z_5 = Z_2$。对于 $\bar{f}_5$，由万能逼近定理可知，存在任意小正常数和模糊逻辑系统 $\Phi_5^{\mathrm{T}} P_5$，使得 $\bar{f}_5 = \Phi_5^{\mathrm{T}} P_5 + \delta_5$，$\delta_5$ 为逼近误差且满足 $|\delta_5| \leqslant \varepsilon_5$，设常数 $h_5 > 0$，则有

$$v_5 \bar{f}_5 \leqslant \frac{1}{2 h_5^2} v_5^2 \| \Phi_5 \|^2 P_5^{\mathrm{T}} P_5 + \frac{1}{2} h_5^2 + \frac{1}{2} v_5^2 + \frac{1}{2} \varepsilon_5^2 \tag{5.4.32}$$

构建控制器 g_q 为

$$g_q = -k_5 z_5 - \frac{1}{2 h_5^2} v_5 \hat{\theta} P_5^{\mathrm{T}} P_5 - s_5 v_5^\gamma \tag{5.4.33}$$

式中，k_5 和 s_5 均大于 0，则有 $u_d = h_{g_{\mu d}} g_d + d(g_d)$，且 $\dot{\xi}_5 = 0$。

由于 $0 < h_m < h_{g_{\mu d}} < 1$，$n < |b_5| < \rho$，存在 q_2 使得 $b_5 h_{g_{\mu d}} \geqslant q_2$，因此可得

$$v_5 b_5 h_{g_{\mu d}} g_d \geqslant v_5 b_5 g_d$$

$$v_5 b_5 d(g_d) \geqslant \frac{1}{2} v_5^2 + \frac{1}{2} b_5^2 D_d^2$$

则式 (5.4.31) 可写为

$$\dot{V}_5 \leqslant \sum_{i=1}^{2} \left(-k_i v_i^2 - s_i v_i^{\gamma+1} \right) + l_1 v_1 \operatorname{sign}(\xi_1) + l_2 v_2 \operatorname{sign}(\xi_2) + (1 - q k_5) v_5^2$$

$$+ l_4 v_4 \operatorname{sign}(\xi_4) + \frac{1}{2 h_2^2} v_2^2 \left(\| \Phi_2 \|^2 - \hat{\theta} \right) P_2^{\mathrm{T}} P_2 + \frac{1}{2} \left(h_2^2 + \varepsilon_2^2 \right)$$

$$+ \frac{1}{2 h_3^2} v_3^2 \left(\| \Phi_3 \|^2 - q_1 \hat{\theta} \right) P_3^{\mathrm{T}} P_3 + \frac{1}{2} \left(h_3^2 + \varepsilon_3^2 \right) - q s_5 v_5^{\gamma+1}$$

$$+ \frac{1}{2} \left(h_5^2 + \varepsilon_5^2 \right) + \frac{1}{2} \varepsilon_1^2 d^2 - k_4 v_4^2 - s_4 v_4^{\gamma+1} + (1 - q k_3) v_3^2 - q s_3 v_3^{\gamma+1}$$

$$+ \frac{1}{2 h_5^2} v_5^2 \left(\| \Phi_5 \|^2 - q_2 \hat{\theta} \right) P_5^{\mathrm{T}} P_5 + \frac{1}{2} b_5^2 \left(D_q^2 + D_d^2 \right) \tag{5.4.34}$$

设 $\theta = \max\left(\dfrac{1}{q}\|\varPhi_2\|^2, \dfrac{1}{q}\|\varPhi_3\|^2, \dfrac{1}{q}\|\varPhi_5\|^2\right)$，$q = \min\left(1, q_1, q_2\right)$。定义 $\tilde{\theta} = \theta - \hat{\theta}$，$\hat{\theta}$ 是自适应量 θ 的估计。

选取 Lyapunov 函数 $V = V_5 + \dfrac{q}{2r_1}\tilde{\theta}^2$，求导可得

$$
\begin{aligned}
\dot{V} \leqslant & \sum_{i=1}^{2}\left(-k_i v_i^2 - s_i v_i^{\gamma+1}\right) + l_1 v_1 \operatorname{sign}\left(\xi_1\right) + l_2 v_2 \operatorname{sign}\left(\xi_2\right) + l_4 v_4 \operatorname{sign}\left(\xi_4\right) \\
& + \frac{1}{2}\varepsilon_1^2 d^2 + \frac{1}{2}\left(h_2^2 + \varepsilon_2^2\right) + \frac{1}{2}\left(h_3^2 + \varepsilon_3^2\right) + \frac{1}{2}\left(h_5^2 + \varepsilon_5^2\right) \\
& + \frac{q}{r_1}\tilde{\theta}\left(\frac{r_1}{2h_2^2}v_2^2 P_2^{\mathrm{T}} P_2 + \frac{r_1}{2h_3^2}v_3^2 P_3^{\mathrm{T}} P_3 + \frac{r_1}{2h_5^2}v_5^2 P_5^{\mathrm{T}} P_5 - \dot{\hat{\theta}}\right) \\
& + \left(1 - qk_3\right)v_3^2 - qs_3 v_3^{\gamma+1} + \left(1 - qk_5\right)v_5^2 - qs_5 v_5^{\gamma+1} \\
& + \frac{1}{2}b_5^2\left(D_q^2 + D_d^2\right) - k_4 v_4^2 - s_4 v_4^{\gamma+1}
\end{aligned}
\tag{5.4.35}
$$

选取自适应律为

$$
\dot{\hat{\theta}} = \frac{r_1}{2h_2^2}v_2^2 P_2^{\mathrm{T}} P_2 + \frac{r_1}{2h_3^2}v_3^2 P_3^{\mathrm{T}} P_3 + \frac{r_1}{2h_5^2}v_5^2 P_5^{\mathrm{T}} P_5 - m_1\hat{\theta}
\tag{5.4.36}
$$

式中，r_1 和 m_1 均大于 0。

将式 (5.4.36) 代入式 (5.4.35)，可得

$$
\begin{aligned}
\dot{V} \leqslant & \sum_{i=1}^{2}\left(-k v_i^2 - s_i v_i^{\gamma+1}\right) + l_1 v_1 \operatorname{sign}\left(\xi_1\right) + l_2 v_2 \operatorname{sign}\left(\xi_2\right) + l_4 v_4 \operatorname{sign}\left(\xi_4\right) \\
& + \frac{1}{2}\varepsilon_1^2 d^2 + \frac{1}{2}\left(h_2^2 + \varepsilon_2^2\right) + \frac{1}{2}\left(h_3^2 + \varepsilon_3^2\right) + \frac{1}{2}\left(h_5^2 + \varepsilon_5^2\right) \\
& + \left(1 - qk_3\right)v_3^2 - qs_3 v_3^{\gamma+1} + \left(1 - qk_5\right)v_5^2 - qs_5 v_5^{\gamma+1} \\
& + \frac{1}{2}b_5^2\left(D_q^2 + D_d^2\right) + \frac{qm_1\tilde{\theta}\hat{\theta}}{r_1} - k_4 v_4^2 - s_4 v_4^{\gamma+1}
\end{aligned}
\tag{5.4.37}
$$

5.4.3　稳定性与收敛性分析

由杨氏不等式可知 $\theta\tilde{\theta} \leqslant \dfrac{1}{4}\tilde{\theta}^2 + \theta^2$，可得

$$
\frac{qm_1\tilde{\theta}\hat{\theta}}{r_1} \leqslant \frac{-3qm_1}{4r_1}\tilde{\theta}^2 + \frac{qm_1}{r_1}\theta^2
\tag{5.4.38}
$$

进而可得

$$l_e v_e \operatorname{sign}(\xi_e) \leqslant \frac{l_e}{2} v_e^2 + \frac{l_e}{2} (\operatorname{sign}(\xi_e))^2 \leqslant \frac{l_e}{2} v_e^2 + \frac{l_e}{2} \tag{5.4.39}$$

式中，$e = 1, 2, 4$。

结合式 (5.4.38) 与式 (5.4.39)，可得

$$
\begin{aligned}
\dot{V} \leqslant & -\sum_{i=1}^{2} \left(k_i v_i^2 + s_i v_i^{\gamma+1} \right) + \frac{l_1}{2} v_1^2 + \frac{l_2}{2} v_2^2 + \frac{l_4}{2} v_4^2 + \frac{1}{2} l_1 + \frac{1}{2} l_2 + \frac{1}{2} l_4 \\
& + \frac{1}{2} \varepsilon_1^2 d^2 + \frac{1}{2} \left(h_2^2 + \varepsilon_2^2 \right) + \frac{1}{2} \left(h_3^2 + \varepsilon_3^2 \right) + \frac{1}{2} \left(h_5^2 + \varepsilon_5^2 \right) + \frac{q m_1 \tilde{\theta} \hat{\theta}}{r_1} \\
& - \left(\frac{q m_1 \tilde{\theta}^2}{2 r_1} \right)^{\frac{\gamma+1}{2}} + \left(\frac{q m_1 \tilde{\theta}^2}{2 r_1} \right)^{\frac{\gamma+1}{2}} + (1 - q k_3) v_3^2 - q s_3 v_3^{\gamma+1} \\
& - k_4 v_4^2 - s_4 v_4^{\gamma+1} + (1 - q k_5) v_5^2 - q s_5 v_5^{\gamma+1} + \frac{1}{2} b_5^2 \left(D_q^2 + D_d^2 \right) \\
\leqslant & -\sum_{i=1}^{2} \left(k_i v_i^2 + s_i v_i^{\gamma+1} \right) - \left(\frac{q m_1 \tilde{\theta}^2}{2 r_1} \right)^{\frac{\gamma+1}{2}} + \frac{l_1}{2} v_1^2 + \frac{l_2}{2} v_2^2 \\
& + \frac{l_4}{2} v_4^2 + \frac{1}{2} l_1 + \frac{1}{2} l_2 + \frac{1}{2} l_4 + \frac{1}{2} \varepsilon_1^2 d^2 + \frac{1}{2} \left(h_2^2 + \varepsilon_2^2 \right) + \frac{1}{2} \left(h_3^2 + \varepsilon_3^2 \right) \\
& + \frac{1}{2} \left(h_5^2 + \varepsilon_5^2 \right) - \frac{q m_1 \tilde{\theta}^2}{4 r_1} + \left(\frac{q m_1 \tilde{\theta}^2}{2 r_1} \right)^{\frac{\gamma+1}{2}} - \frac{q m_1 \tilde{\theta}^2}{2 r_1} + \frac{q m_1 \theta^2}{r_1} \\
& + (1 - q k_3) v_3^2 - q s_3 v_3^{\gamma+1} - k_4 v_4^2 - s_4 v_4^{\gamma+1} + \frac{1}{2} b_5^2 \left(D_q^2 + D_d^2 \right) \\
& + (1 - q k_5) v_5^2 - q s_5 v_5^{\gamma+1}
\end{aligned}
\tag{5.4.40}
$$

若 $\dfrac{q m_1 \tilde{\theta}^2}{2 r_1} > 1$，则有

$$\left(\frac{q m_1 \tilde{\theta}^2}{2 r_1} \right)^{\frac{\gamma+1}{2}} - \frac{q m_1 \tilde{\theta}^2}{2 r_1} + \frac{q m_1 \theta^2}{r_1} < \frac{q m_1 \theta^2}{r_1} \tag{5.4.41}$$

若 $\dfrac{q m_1 \tilde{\theta}^2}{2 r_1} \leqslant 1$，则有

$$\left(\frac{q m_1 \tilde{\theta}^2}{2 r_1} \right)^{\frac{\gamma+1}{2}} - \frac{q m_1}{2 r_1} \tilde{\theta}^2 < 1 - \frac{q m_1}{2 r_1} \tilde{\theta}^2 < 1 \tag{5.4.42}$$

结合式 (5.4.41) 和式 (5.4.42)，可得

$$\left(\frac{qm_1\tilde{\theta}^2}{2r_1}\right)^{\frac{\gamma+1}{2}} - \frac{qm_1\tilde{\theta}^2}{2r_1} + \frac{qm_1\theta^2}{r_1} < \frac{qm_1\theta^2}{r_1} + 1 \tag{5.4.43}$$

因此 $\dot{V}$ 可写为

$$\dot{V} \leqslant -\sum_{i=1}^{2}\left(k_i v_i^2 + s_i v_i^{\gamma+1}\right) - \frac{qm_1}{4r_1}\tilde{\theta}^2 - \left(\frac{qm_1}{2r_1}\tilde{\theta}^2\right)^{\frac{\gamma+1}{2}} + \frac{l_1}{2}v_1^2$$

$$+ \frac{l_2}{2}v_2^2 + \frac{l_4}{2}v_4^2 + \frac{1}{2}l_1 + \frac{1}{2}l_2 + \frac{1}{2}l_4 + \frac{1}{2}\left(h_2^2 + \varepsilon_2^2\right) + \frac{1}{2}\left(h_3^2 + \varepsilon_3^2\right)$$

$$+ \frac{1}{2}\left(h_5^2 + \varepsilon_5^2\right) + \frac{1}{2}\varepsilon_1^2 d^2 + \frac{qm_1}{r_1}\theta^2 + (1-qk_3)v_3^2 - qs_3 v_3^{\gamma+1} - s_4 v_4^{\gamma+1}$$

$$+ \frac{1}{2}b_5^2\left(D_q^2 + D_d^2\right) + (1-qk_5)v_5^2 - qs_5 v_5^{\gamma+1} - k_4 v_4^2 + 1$$

$$\leqslant -aV - bV^{\frac{\gamma+1}{2}} + c \tag{5.4.44}$$

式中，$a = \min\{2k_1-l_1, (2k_2-l_2)/J, 2k_3, 2k_4-l_4, 2k_5, \frac{1}{2}qm_1, 2(qk_3-1), 2(qk_5-1)\}$；$b = \min\left\{s_1 2^{\frac{\gamma+1}{2}}, s_2\left(\frac{2}{J}\right)^{\frac{\gamma+1}{2}}, s_3 q 2^{\frac{\gamma+1}{2}}, s_4 2^{\frac{\gamma+1}{2}}, s_5 q 2^{\frac{\gamma+1}{2}}, (qm_1)^{\frac{\gamma+1}{2}}\right\}$；$c = \frac{1}{2}\varepsilon_1^2 d^2 + \frac{1}{2}(h_2^2+\varepsilon_2^2) + \frac{1}{2}(h_3^2+\varepsilon_3^2) + \frac{1}{2}(h_5^2+\varepsilon_5^2) + \frac{1}{2}b_5^2(D_q^2+D_d^2) + \frac{1}{2}l_1 + \frac{1}{2}l_2 + \frac{1}{2}l_4 + \frac{qm_1\theta^2}{r_1} + 1$。

选取误差补偿 Lyapunov 函数 $\bar{V} = \frac{1}{2}\left(\xi_1^2 + \xi_4^2\right) + \frac{J}{2}\xi_2^2$，求导可得

$$\dot{\bar{V}} = \xi_1\dot{\xi}_1 + J\xi_2\dot{\xi}_2 + \xi_4\dot{\xi}_4$$

$$= -k_1\xi_1^2 + \xi_1(x_{1,c} - \alpha_1) - \xi_1 l_1 \operatorname{sign}(\xi_1) + \xi_2\xi_1 - k_4\xi_4^2 + b_4\xi_4(x_{3,c} - \alpha_3)$$

$$+ \xi_2\left[-k_2\xi_2 - \xi_1 + (x_{2,c} - \alpha_2) - l_2\operatorname{sign}(\xi_2)\right] - \xi_4 l_4\operatorname{sign}(\xi_4)$$

$$= -k_1\xi_1^2 - k_2\xi_2^2 - k_4\xi_4^2 - \xi_1 l_1\operatorname{sign}(\xi_1) - \xi_2 l_2\operatorname{sign}(\xi_2) - \xi_4 l_4\operatorname{sign}(\xi_4)$$

$$+ \xi_1(x_{1,c} - \alpha_1) + \xi_2(x_{2,c} - \alpha_2) + b_4\xi_4(x_{3,c} - \alpha_3) \tag{5.4.45}$$

因为 $|x_{1,c} - \alpha_1|$、$|x_{2,c} - \alpha_2|$ 和 $|x_{3,c} - \alpha_3|$ 都小于等于 ϖ_1，则有

$$\dot{V} \leqslant -k_1\xi_1^2 - k_2\xi_2^2 - k_4\xi_4^2 - l_1|\xi_1| - l_2|\xi_2| - l_4|\xi_4|$$

$$+ |\xi_1||x_{1,c} - \alpha_1| + |\xi_2||x_{2,c} - \alpha_2| + b_4|\xi_4||x_{3,c} - \alpha_3|$$

$$\leqslant -k_0\bar{V} - \left(l_0 - \sqrt{6}\varpi_1 b_4\right)\bar{V}^{\frac{1}{2}} \tag{5.4.46}$$

式中，$k_0 = 2\min\left\{k_1, \dfrac{k_2}{J}, k_4\right\}$；$l_0 = \sqrt{2}\min\left\{l_1, \dfrac{l_2}{\sqrt{J}}, l_4\right\}$；选取恰当的 l_e $(e = 1, 2, 4)$ 和 ϖ_1 可使不等式 $l_0 - \sqrt{6}\varpi_1 b_4 > 0$，则可证明 ξ_e 在有限时间内有界。又由于 $z_e = v_e + \xi_e$，则在有限时间内，z_e 能够被约束到原点的一个充分小的邻域内，系统稳定。

5.4.4 仿真验证及结果分析

通过 MATLAB 软件对异步电动机系统进行仿真，验证所提控制方法的有效性。在零初始条件下，异步电动机及负载参数[11] 如表 5.4.1 所示。

表 5.4.1 异步电动机及负载参数

参数名称	数值	参数名称	数值
转动惯量 J	$0.0586\mathrm{kg \cdot m^2}$	转子电感 L_r	$0.0699\mathrm{H}$
互感 L_m	$0.068\mathrm{H}$	定子电感 L_s	$0.0699\mathrm{H}$
负载转矩 T_L	$0.2\mathrm{N \cdot m}$	极对数 n_p	1
异步转子等效电阻 R_r	0.15Ω	异步定子等效电阻 R_s	0.1Ω

设输入饱和常数为

$$u_q = \begin{cases} 310\mathrm{V}, & w_1 \geqslant 310\mathrm{V} \\ w_1, & -300\mathrm{V} < w_1 < 310\mathrm{V} \\ -310\mathrm{V}, & w_1 \leqslant -300\mathrm{V} \end{cases}, \quad u_d = \begin{cases} 310\mathrm{V}, & w_2 \geqslant 310\mathrm{V} \\ w_2, & -300\mathrm{V} < w_2 < 310\mathrm{V} \\ -310\mathrm{V}, & w_2 \leqslant -300\mathrm{V} \end{cases}$$

选择期望信号 $x_{1d} = \sin(t)$ (rad)，$x_{4d} = 1\mathrm{Wb}$。

模糊隶属函数选择如下：

$$\mu_{F_i^1} = \exp\left[\frac{-(x+5)^2}{2}\right], \quad \mu_{F_i^2} = \exp\left[\frac{-(x+4)^2}{2}\right]$$

$$\mu_{F_i^3} = \exp\left[\frac{-(x+3)^2}{2}\right], \quad \mu_{F_i^4} = \exp\left[\frac{-(x+2)^2}{2}\right]$$

$$\mu_{F_i^5} = \exp\left[\frac{-(x+1)^2}{2}\right], \quad \mu_{F_i^6} = \exp\left[\frac{-(x-0)^2}{2}\right]$$

$$\mu_{F_i^7} = \exp\left[\frac{-(x-1)^2}{2}\right], \quad \mu_{F_i^8} = \exp\left[\frac{-(x-2)^2}{2}\right]$$

$$\mu_{F_i^9} = \exp\left[\frac{-(x-3)^2}{2}\right], \quad \mu_{F_i^{10}} = \exp\left[\frac{-(x-4)^2}{2}\right]$$

$$\mu_{F_i^{11}} = \exp\left[\frac{-(x-5)^2}{2}\right], \quad i = 1, 2, 3, 4, 5$$

设负载转矩为 $T_L = \begin{cases} 0.2\text{N·m}, & 0\text{s} \leqslant t \leqslant 5\text{s} \\ 0.6\text{N·m}, & t > 5\text{s} \end{cases}$。控制器参数选择如下：$k_1 = k_2 = k_3 = k_4 = k_5 = 37$，$s_1 = s_2 = s_3 = s_4 = s_5 = 10$，$l_1 = l_2 = l_4 = 0.5$，$r_1 = 0.07$，$h_2 = h_3 = h_5 = 100$，$m_1 = 0.08$。

仿真结果如图 5.4.1 ∼ 图 5.4.6 所示。图 5.4.1 为控制器控制后转子角位置和转子角位置设定值跟踪信号。从图中可以看出，系统能够很好地跟踪给定的参考信号。当系统运行到 5s 时给予负载转矩扰动，从仿真结果可以得出，本章所提的控制方法能较好地抑制负载转矩扰动的影响。图 5.4.2 为转子角位置和转子角位置设定值间的跟踪误差。从图中可以看出该误差在有限时间内收敛于原点的一个小邻域内。同样，从图 5.4.3 和图 5.4.4 中可以看出，系统输出可以很好地跟踪给定的参考信号，跟踪误差可以收敛到原点的一个充分小的邻域。图 5.4.5 和图 5.4.6 分别为控制信号 w_q、电动机电压 u_q 以及控制信号 w_d、电动机电压 u_d 的曲线。从电压图中可以看出电压被成功地限制在期望的区域内。从图 5.4.1 ∼ 图 5.4.6 可以清楚地看到，在有限时间控制器的作用下，闭环系统的跟踪性能是理想的。因此，本节提出的控制器不仅可以解决传统的指令滤波反步控制中存在的主要问题，而且可以达到更好的控制效果。

本节基于反步法的基本原理，提出了一种考虑输入饱和的有限时间模糊自适应位置跟踪控制法。该方法考虑了输入饱和问题，所采用的指令滤波器不仅可以解决虚拟控制器求导引起的计算爆炸问题，而且可以保证指令滤波器的输出更快地逼近虚拟控制器的导数；引入误差补偿机制，有效地减小了有限时间内产生的滤波误差。与基于指令滤波的模糊自适应方法相比，本节提出的基于有限时间的控制策略不仅具有该对比方法的优点，而且保证了有限时间收敛。

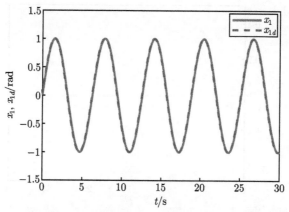

图 5.4.1 转子角位置 x_1 与期望信号 x_{1d} 曲线

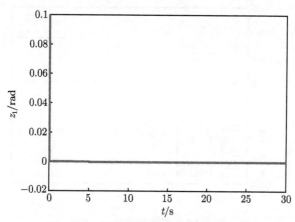

图 5.4.2 转子角位置跟踪误差 z_1 曲线

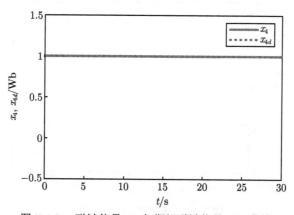

图 5.4.3 磁链信号 x_4 与期望磁链信号 x_{4d} 曲线

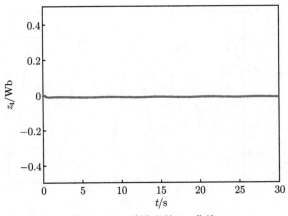

图 5.4.4　磁链误差 z_4 曲线

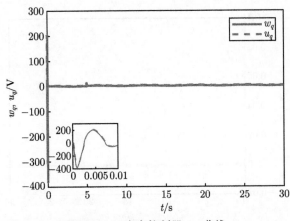

图 5.4.5　真实控制器 u_q 曲线

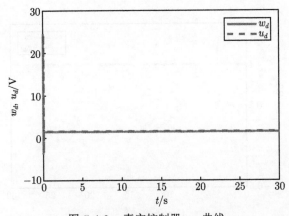

图 5.4.6　真实控制器 u_d 曲线

5.5 基于观测器的永磁同步电动机有限时间模糊 自适应指令滤波控制

永磁同步电动机在实际运行过程中会不可避免地产生大量的铁损，这不仅会影响永磁同步电动机的控制性能，还会使永磁同步电动机过热，从而产生永磁同步电动机永久退磁的现象。此外，观测器技术在永磁同步电动机控制方面获得了快速发展，降维观测器凭借结构相对简单以及容易工程实现的优点得到了广泛应用[12,13]。

本节针对考虑铁损的永磁同步电动机提出了基于降维观测器的有限时间指令滤波控制 (finite-time command filtered control, FTCFC) 方法。首先以反步法为基础，利用模糊逻辑系统来处理未知的非线性项，将指令滤波控制 (command filtered control, CFC) 技术与有限时间控制技术相结合，可提高系统的收敛速度和跟踪精度，解决计算复杂性问题。然后设计降维观测器来估计永磁同步电动机中的转子角度和角速度。最后通过 MATLAB 软件进行对比仿真验证。

5.5.1 系统模型及控制问题描述

考虑铁损的永磁同步电动机动态模型[14] 如下：

$$
\begin{cases}
\dfrac{\mathrm{d}\Theta}{\mathrm{d}t} = \omega \\[2mm]
\dfrac{\mathrm{d}\omega}{\mathrm{d}t} = \dfrac{n_p \lambda_{PM}}{J} i_{oq} + \dfrac{n_p (L_{md} - L_{mq}) i_{oq} i_{od}}{J} - \dfrac{T_L}{J} \\[2mm]
\dfrac{\mathrm{d}i_{oq}}{\mathrm{d}t} = \dfrac{R_c}{L_{mq}} i_q - \dfrac{R_c}{L_{mq}} i_{oq} - \dfrac{n_p L_d}{L_{mq}} \omega i_{od} - \dfrac{n_p \lambda_{PM}}{L_{mq}} \omega \\[2mm]
\dfrac{\mathrm{d}i_q}{\mathrm{d}t} = -\dfrac{R_1}{L_{lq}} i_q + \dfrac{R_c}{L_{lq}} i_{oq} + \dfrac{1}{L_{lq}} u_q \\[2mm]
\dfrac{\mathrm{d}i_{od}}{\mathrm{d}t} = \dfrac{R_c}{L_{md}} i_d - \dfrac{R_c}{L_{md}} i_{od} + \dfrac{n_p L_q}{L_{md}} \omega i_{oq} \\[2mm]
\dfrac{\mathrm{d}i_d}{\mathrm{d}t} = -\dfrac{R_1}{L_{ld}} i_d + \dfrac{R_c}{L_{ld}} i_{od} + \dfrac{1}{L_{ld}} u_d
\end{cases}
\tag{5.5.1}
$$

式中，ω 和 Θ 分别为转子角速度和转子角位置；n_p 为极对数；J 为转动惯量；T_L 为负载转矩；R_1 和 R_c 分别为定子电阻及铁损电阻；i_d 和 i_q 为定子电流；i_{od} 和 i_{oq} 为励磁电流；L_d 和 L_q 为定子电感；L_{ld} 和 L_{lq} 为定子漏感；L_{md} 和 L_{mq} 为励磁电感；u_d 和 u_q 为定子电压；λ_{PM} 为永磁体励磁磁通。

控制任务　为考虑铁损的永磁同步电动机系统设计一种基于降维观测器的有限时间模糊自适应控制器，使得：

(1) 系统的收敛速度提高，并对给定期望信号有较好的跟踪效果；

(2) 设计的降维观测器具有较好的转子角位置及角速度的估计功能。

5.5.2　降维观测器设计

对于降维观测器的设计，首先要简化式 (5.5.1)，进行新变量定义如下：

$$
\begin{cases}
x_1 = \Theta, \quad x_2 = \omega, \quad x_3 = i_{oq}, \quad x_4 = i_q, \quad x_5 = i_{od}, \quad x_6 = i_d \\[2mm]
a_1 = n_p \lambda_{PM}, \quad a_2 = n_p (L_{md} - L_{mq}) \\[2mm]
b_1 = \dfrac{R_c}{L_{mq}}, \quad b_2 = -\dfrac{n_p L_d}{L_{mq}}, \quad b_3 = \dfrac{-n_p \lambda_{PM}}{L_{mq}}, \quad b_4 = -\dfrac{R_1}{L_{lq}} \\[2mm]
b_5 = \dfrac{R_c}{L_{lq}}, \quad c_1 = \dfrac{R_c}{L_{md}}, \quad c_2 = -\dfrac{n_p L_q}{L_{md}}, \quad c_3 = -\dfrac{R_1}{L_{ld}} \\[2mm]
c_4 = \dfrac{R_c}{L_{ld}}, \quad d_1 = \dfrac{1}{L_{lq}}, \quad d_2 = \dfrac{1}{L_{ld}}
\end{cases} \tag{5.5.2}
$$

因此动态模型可简化为

$$
\begin{cases}
\dot{x}_1 = x_2 \\[2mm]
\dot{x}_2 = \dfrac{a_1}{J} x_3 + \dfrac{a_2 x_3 x_5}{J} - \dfrac{T_L}{J} \\[2mm]
\dot{x}_3 = b_1 x_4 - b_1 x_3 + b_2 x_2 x_5 + b_3 x_2 \\[2mm]
\dot{x}_4 = b_4 x_4 + b_5 x_3 + d_1 u_q \\[2mm]
\dot{x}_5 = c_1 x_6 - c_1 x_5 - c_2 x_2 x_3 \\[2mm]
\dot{x}_6 = c_3 x_6 + c_4 x_5 + d_2 u_d
\end{cases} \tag{5.5.3}
$$

由式(5.5.3)可得

$$
\begin{cases}
\dot{x}_1 = x_2 \\[2mm]
\dot{x}_2 = f_2(Z_2) + x_3 \\[2mm]
y = x_1
\end{cases} \tag{5.5.4}
$$

式中，未知的非线性函数 $f_2(Z_2) = \dfrac{a_1}{J} x_3 + \dfrac{a_2 x_3 x_5}{J} - \dfrac{T_L}{J} - x_3$，$Z_2 = [\hat{x}_1, \hat{x}_2, x_3, x_4, x_5, x_6, x_{1d}, \dot{x}_{1d}]$。

利用模糊逻辑系统处理未知的非线性函数 f_2，对于任意的 $\varepsilon_2 > 0$，总存在一个模糊逻辑系统 $\theta_2^{\mathrm{T}}\varphi_2$ 使得 $f_2 = \theta_2^{\mathrm{T}}\varphi_2 + \delta_2$ 成立，δ_2 为逼近误差且满足 $\delta_2 \leqslant |\varepsilon_2|$。因此式 (5.5.4) 可改写为

$$\begin{cases} \dot{x}_1 = x_2 \\ \dot{x}_2 = \theta_2^{\mathrm{T}}\varphi_2 + \delta_2 + x_3 \\ y = x_1 \end{cases} \tag{5.5.5}$$

则降维观测器可表示为

$$\begin{cases} \dot{\hat{x}}_1 = \hat{x}_2 + g_1(y - \hat{x}_1) \\ \dot{\hat{x}}_2 = \hat{\theta}_2^{\mathrm{T}}\varphi_2 + g_2(y - \hat{y}) + x_3 \\ \hat{y} = \hat{x}_1 \end{cases} \tag{5.5.6}$$

式中，$\hat{\theta}_2 = \theta_2 - \tilde{\theta}_2$ 是 θ_2 的观测值。

对观测器进行简化，则式 (5.5.6) 可表示为

$$\begin{cases} \dot{\hat{x}} = A\hat{x} + Gy + Bx_3 + \hat{\omega} \\ \hat{y} = C^{\mathrm{T}}\hat{x} \end{cases} \tag{5.5.7}$$

式中，$A = \begin{bmatrix} -g_1 & 1 \\ -g_2 & 0 \end{bmatrix}$；$\hat{x} = [\hat{x}_1, \hat{x}_2]^{\mathrm{T}}$；$B = [0,1]^{\mathrm{T}}$；$\hat{\omega} = [0, \hat{\mathit{\Gamma}}_2^{\mathrm{T}}\varphi_2]^{\mathrm{T}}$；$C = [1,0]^{\mathrm{T}}$。

选择控制器增益 $G = [g_1, g_2]^{\mathrm{T}}$ 来确保 A 是一个严格 Hurwitz 矩阵。因此对于 $Q^{\mathrm{T}} = Q > 0$，总存在 $P^{\mathrm{T}} = P > 0$，且有

$$A^{\mathrm{T}}P + PA = -Q \tag{5.5.8}$$

定义降维观测器误差 $e = [e_1, e_2]^{\mathrm{T}}$ 为

$$\begin{cases} e_1 = x_1 - \hat{x}_1 \\ e_2 = x_2 - \hat{x}_2 \end{cases} \tag{5.5.9}$$

则观测器误差的动态方程可写为

$$\dot{e} = Ae + \varepsilon + \tilde{\omega} \tag{5.5.10}$$

式中，$\varepsilon = [0, \delta_2]^{\mathrm{T}}$；$\tilde{\omega} = [0, \tilde{\theta}_2^{\mathrm{T}} \varphi_2]^{\mathrm{T}}$。

选取 Lyapunov 函数 $V_0 = e^{\mathrm{T}} P e$，求导可得

$$\begin{aligned}
\dot{V}_0 &= \dot{e} P e + e^{\mathrm{T}} P \dot{e} \\
&= -e^{\mathrm{T}} Q e + 2 e^{\mathrm{T}} P (\varepsilon + \tilde{\omega})
\end{aligned} \tag{5.5.11}$$

由杨氏不等式可得

$$\begin{aligned}
2 e^{\mathrm{T}} P \varepsilon &\leqslant \|e\|^2 + \|P\|^2 \varepsilon_2^2 \\
2 e^{\mathrm{T}} P \tilde{\omega} &\leqslant \|e\|^2 + \|P\|^2 \tilde{\theta}_2^{\mathrm{T}} \tilde{\theta}_2
\end{aligned} \tag{5.5.12}$$

将式(5.5.12)代入式(5.5.11)，可得

$$\dot{V}_0 \leqslant -\lambda_{\min}(Q) e^{\mathrm{T}} e + 2 \|e\|^2 + \|P\|^2 \varepsilon_2^2 + \|P\|^2 \tilde{\theta}_2^{\mathrm{T}} \tilde{\theta}_2 \tag{5.5.13}$$

式中，$\lambda_{\min}(Q)$ 为 Q 的最小特征值。

5.5.3　基于观测器的有限时间指令滤波反步递推控制设计

针对考虑铁损的永磁同步电动机，本节将设计基于降维观测器的有限时间指令滤波控制器。定义永磁同步电动机系统的误差变量和补偿后的误差分别为

$$\begin{cases}
z_1 = x_1 - x_{1d} \\
z_2 = \hat{x}_2 - x_{1,c} \\
z_3 = x_3 - x_{2,c} \\
z_4 = x_4 - x_{3,c} \\
z_5 = x_5 \\
z_6 = x_6 - x_{5,c}
\end{cases}, \quad
\begin{cases}
v_1 = z_1 - \xi_1 \\
v_2 = z_2 - \xi_2 \\
v_3 = z_3 - \xi_3 \\
v_4 = z_4 - \xi_4 \\
v_5 = z_5 - \xi_5 \\
v_6 = z_6 - \xi_6
\end{cases} \tag{5.5.14}$$

式中，x_{1d} 是期望信号；$x_{i,c}(i = 1, 2, 3, 5)$ 是指令滤波器的输出信号。

第 1 步　选取 Lyapunov 函数 $V_1 = V_0 + \dfrac{1}{2} v_1^2$，对 V_1 求导可得

$$\dot{V}_1 = \dot{V}_0 + \dot{v}_1 [z_2 + (x_{1,c} - \alpha_1) + \alpha_1 + e_2 - \dot{x}_{1d} - \dot{\xi}_1] \tag{5.5.15}$$

由杨氏不等式可得

$$v_1 e_2 \leqslant \frac{1}{2} \|e\|^2 + \frac{1}{2} v_1^2 \tag{5.5.16}$$

构建虚拟控制器 α_1 为

$$\alpha_1 = -k_1 z_1 - \frac{1}{2} v_1 + \dot{x}_{1d} - s_1 v_1^{\gamma} \tag{5.5.17}$$

式中，设计参数 $k_1 > 0$；控制增益 $s_1 > 0$；常数 $0 < \gamma < 1$。

选取补偿信号为

$$\dot{\xi}_1 = -k_1 \xi_1 + \xi_2 + (x_{1,c} - \alpha_1) - l_1 \text{sign}(\xi_1) \tag{5.5.18}$$

结合式 (5.5.16)、式 (5.5.17) 和式 (5.5.18)，可得

$$\dot{V}_1 \leqslant \dot{V}_0 - k_1 v_1^2 + v_1 v_2 - s_1 v_1^{\gamma+1} + l_1 v_1 \text{sign}(\xi_1) + \frac{1}{2} \|e\|^2 \tag{5.5.19}$$

第 2 步 选取 Lyapunov 函数 $V_2 = V_1 + \frac{1}{2} v_2^2 + \frac{1}{2r_1} \tilde{\theta}_2^{\text{T}} \theta_2$，对 V_2 求导可得

$$\begin{aligned}
\dot{V}_2 \leqslant {} & \dot{V}_0 - k_1 v_1^2 + v_2 [v_1 + z_3 + (x_{2,c} - \alpha_2) + \alpha_2 - \dot{x}_{1,c} \\
& + \hat{\theta}_2^{\text{T}} \varphi_2 - \tilde{\theta}_2^{\text{T}} \varphi_2 + g_2 e_1 - \dot{\xi}_2] + \frac{1}{2} \|e\|^2 \\
& + \frac{\tilde{\theta}_2^{\text{T}}}{r_1} \left(r_1 v_2 \varphi_2 - \dot{\hat{\theta}}_2 \right) - s_1 v_1^{\gamma+1} + l_1 v_1 \text{sign}(\xi_1)
\end{aligned} \tag{5.5.20}$$

式中，$\hat{\theta}_2$ 是 θ_2 的估计值，$\hat{\theta}_2$ 将在后面给出具体定义。

由杨氏不等式可得

$$-v_2 \tilde{\theta}_2^{\text{T}} \varphi_2 \leqslant \frac{1}{2} v_2^2 + \frac{1}{2} \tilde{\theta}_2^{\text{T}} \tilde{\theta}_2 \tag{5.5.21}$$

构建虚拟控制器 α_2 为

$$\alpha_2 = -k_2 z_2 - v_1 - \frac{1}{2} v_2 + \dot{x}_{1,c} - \hat{\theta}_2^{\text{T}} \varphi_2 - g_2 e_1 - s_2 v_2^{\gamma} \tag{5.5.22}$$

式中，设计参数 $k_2 > 0$；控制增益 $s_2 > 0$。

选取补偿信号为

$$\dot{\xi}_2 = -k_2 \xi_2 + \xi_3 + (x_{2,c} - \alpha_2) - l_2 \text{sign}(\xi_2) \tag{5.5.23}$$

设计自适应律为

$$\dot{\hat{\theta}}_2 = r_1 v_2 \varphi_2 - m_1 \hat{\theta}_2 \tag{5.5.24}$$

将式 (5.5.21)、式 (5.5.22) 和式 (5.5.23) 代入式 (5.5.20)，可得

$$
\dot{V}_2 \leqslant \dot{V}_0 - k_1 v_1^2 - k_2 v_2^2 + v_2 v_3 - s_1 v_1^{\gamma+1} - s_2 v_2^{\gamma+1} + l_1 v_1 \mathrm{sign}\,(\xi_1)
$$

$$
+ l_2 v_2 \mathrm{sign}\,(\xi_2) + \frac{m_1}{r_1} \tilde{\theta}_2^{\mathrm{T}} \hat{\theta}_2 + \frac{1}{2} \tilde{\theta}_2^{\mathrm{T}} \tilde{\theta}_2 + \frac{1}{2} \|e\|^2 \tag{5.5.25}
$$

第 3 步　选取 Lyapunov 函数 $V_3 = V_2 + \dfrac{1}{2} v_3^2$，对 V_3 求导可得

$$
\dot{V}_3 \leqslant \dot{V}_0 - k_1 v_1^2 - k_2 v_2^2 + v_3 \left[f_3(Z_3) + b_1 z_4 + b_1 (x_{3,c} - \alpha_3) + b_1 \alpha_3 - \dot{x}_{2,c} - \dot{\xi}_3 \right]
$$

$$
- \sum_{i=1}^{2} s_i v_i^{\gamma+1} + \sum_{i=1}^{2} l_i v_i \mathrm{sign}\,(\xi_i) + \frac{m_1}{r_1} \tilde{\theta}_2^{\mathrm{T}} \hat{\theta}_2 + \frac{1}{2} \tilde{\theta}_2^{\mathrm{T}} \tilde{\theta}_2 + \frac{1}{2} \|e\|^2 \tag{5.5.26}
$$

式中，$f_3 = v_2 - b_1 x_3 + b_2 x_2 x_5 + b_3 x_2$。

给定 $\varepsilon_3 > 0$，存在模糊逻辑系统 $W_3^{\mathrm{T}} S_3$，使得 $f_3 = W_3^{\mathrm{T}} S_3 + \delta_3$ 成立，逼近误差满足 $|\delta_3| \leqslant \varepsilon_3$。

由杨氏不等式可得

$$
v_3 f_3 \leqslant \frac{1}{2 h_3^2} v_3^2 \|W_3\|^2 S_3^{\mathrm{T}} S_3 + \frac{1}{2} h_3^2 + \frac{1}{2} v_3^2 + \frac{1}{2} \varepsilon_3^2 \tag{5.5.27}
$$

构建虚拟控制器 α_3 为

$$
\alpha_3 = \frac{1}{b_1} \left(-k_3 z_3 - \frac{1}{2} v_3 + \dot{x}_{2,c} - \frac{1}{2 h_3^2} v_3 \hat{\chi} S_3^{\mathrm{T}} S_3 - s_3 v_3^{\gamma} \right) \tag{5.5.28}
$$

式中，设计参数 $k_3 > 0$；控制增益 $s_3 > 0$；$\hat{\chi}$ 是 χ 的估计值，χ 将在后面给出具体定义。

选取补偿信号为

$$
\dot{\xi}_3 = -k_3 \xi_3 + b_1 \xi_4 + b_1 (x_{3,c} - \alpha_3) - l_3 \mathrm{sign}(\xi_3) \tag{5.5.29}
$$

将式 (5.5.27)、式 (5.5.28) 和式 (5.5.29) 代入式 (5.5.26)，可得

$$
\dot{V}_3 \leqslant \dot{V}_0 - \sum_{i=1}^{3} k_i v_i^2 + b_1 v_3 v_4 - \sum_{i=1}^{3} s_i v_i^{\gamma+1} + \sum_{i=1}^{3} l_i v_i \mathrm{sign}\,(\xi_i)
$$

$$
+ \frac{1}{2 h_3^2} \left(\|W_3\|^2 - \hat{\chi} \right) S_3^{\mathrm{T}} S_3 + \frac{1}{2} h_3^2 + \frac{1}{2} \varepsilon_3^2 + \frac{m_1}{r_1} \tilde{\theta}_2^{\mathrm{T}} \hat{\theta}_2 + \frac{1}{2} \tilde{\theta}_2^{\mathrm{T}} \tilde{\theta}_2 + \frac{1}{2} \|e\|^2 \tag{5.5.30}
$$

第 4 步　选取 Lyapunov 函数 $V_4 = V_3 + \dfrac{1}{2} v_4^2$，对 V_4 求导可得

$$
\dot{V}_4 \leqslant \dot{V}_0 + v_4 \left(f_4 + d_1 u_q - \dot{x}_{3,c} - \dot{\xi}_4 \right) + \frac{1}{2h_3^2} \left(\|W_3\|^2 - \hat{\chi} \right) S_3^{\mathrm{T}} S_3 + \frac{1}{2} h_3^2 + \frac{1}{2} \varepsilon_3^2
$$

$$
+ \frac{m_1}{r_1} \tilde{\theta}_2^{\mathrm{T}} \hat{\theta}_2 + \frac{1}{2} \tilde{\theta}_2^{\mathrm{T}} \tilde{\theta}_2 + \frac{1}{2} \|e\|^2 - \sum_{i=1}^{3} k_i v_i^2 - \sum_{i=1}^{3} s_i v_i^{\gamma+1} + \sum_{i=1}^{3} l_i v_i \mathrm{sign}\,(\xi_i)
$$

$$
(5.5.31)
$$

式中，$f_4 = b_1 v_3 + b_4 x_4 + b_5 x_3$。

同理，给定 $\varepsilon_4 > 0$，存在模糊逻辑系统 $W_4^{\mathrm{T}} S_4$，使得 $f_4 = W_4^{\mathrm{T}} S_4 + \delta_4$ 成立，逼近误差满足 $|\delta_4| \leqslant \varepsilon_4$。

由杨氏不等式可得

$$
v_4 f_4 \leqslant \frac{1}{2h_4^2} v_4^2 \|W_4\|^2 S_4^{\mathrm{T}} S_4 + \frac{1}{2} h_4^2 + \frac{1}{2} v_4^2 + \frac{1}{2} \varepsilon_4^2 \qquad (5.5.32)
$$

选择真实控制器 u_q 如下：

$$
u_q = \frac{1}{d_1} \left(-k_4 z_4 - \frac{1}{2} v_4 + \dot{x}_{3,c} - \frac{1}{2h_4^2} v_4 \hat{\chi} S_4^{\mathrm{T}} S_4 - s_4 v_4^{\gamma} \right) \qquad (5.5.33)
$$

式中，设计参数 $k_4 > 0$；控制增益 $s_4 > 0$。

选取补偿信号为

$$
\dot{\xi}_4 = -k_4 \xi_4 - l_4 \mathrm{sign}(\xi_4) \qquad (5.5.34)
$$

将式 (5.5.32)、式 (5.5.33) 和式 (5.5.34) 代入式 (5.5.31)，可得

$$
\dot{V}_4 \leqslant \dot{V}_0 - \sum_{i=1}^{4} k_i v_i^2 + b_1 v_3 v_4 - \sum_{i=1}^{4} s_i v_i^{\gamma+1} + \sum_{i=1}^{4} l_i v_i \mathrm{sign}\,(\xi_i)
$$

$$
+ \sum_{i=3}^{4} \frac{1}{2h_i^2} \left(\|W_i\|^2 - \hat{\chi} \right) S_i^{\mathrm{T}} S_i + \frac{1}{2} \sum_{i=3}^{4} \left(h_i^2 + \varepsilon_i^2 \right)
$$

$$
+ \frac{m_1}{r_1} \tilde{\theta}_2^{\mathrm{T}} \hat{\theta}_2 + \frac{1}{2} \tilde{\theta}_2^{\mathrm{T}} \tilde{\theta}_2 + \frac{1}{2} \|e\|^2 \qquad (5.5.35)
$$

第 5 步　选取 Lyapunov 函数 $V_5 = V_4 + \dfrac{1}{2} v_5^2$，对 V_5 求导可得

$$
\dot{V}_5 \leqslant \dot{V}_0 + v_5 \left[f_5 + c_1 z_6 + c_1 (x_{5,c} - \alpha_5) + c_1 \alpha_5 - \dot{\xi}_5 \right]
$$

$$+ \sum_{i=3}^{4} \frac{1}{2h_i^2} \left(\|W_i\|^2 - \hat{\chi} \right) S_i^{\mathrm{T}} S_i + \frac{1}{2} \sum_{i=3}^{4} \left(h_i^2 + \varepsilon_i^2 \right)$$

$$+ \frac{m_1}{r_1} \tilde{\theta}_2^{\mathrm{T}} \hat{\theta}_2 + \frac{1}{2} \tilde{\theta}_2^{\mathrm{T}} \tilde{\theta}_2 + \frac{1}{2} \|e\|^2 - \sum_{i=1}^{4} k_i v_i^2$$

$$- \sum_{i=1}^{4} s_i v_i^{\gamma+1} + \sum_{i=1}^{4} l_i v_i \mathrm{sign} \left(\xi_i \right) \tag{5.5.36}$$

式中，$f_5 = -c_1 x_5 + c_2 x_2 x_3$。

同理，给定 $\varepsilon_5 > 0$，存在模糊逻辑系统 $W_5^{\mathrm{T}} S_5$，使得 $f_5 = W_5^{\mathrm{T}} S_5 + \delta_5$ 成立，逼近误差满足 $|\delta_5| \leqslant \varepsilon_5$。

由杨氏不等式可得

$$v_5 f_5 \leqslant \frac{1}{2h_5^2} v_5^2 \|W_5\|^2 S_5^{\mathrm{T}} S_5 + \frac{1}{2} h_5^2 + \frac{1}{2} v_5^2 + \frac{1}{2} \varepsilon_5^2 \tag{5.5.37}$$

选择虚拟控制器 α_5 为

$$\alpha_5 = \frac{1}{c_1} \left(-k_5 z_5 - \frac{1}{2} v_5 - \frac{1}{2h_5^2} v_5 \hat{\chi} S_5^{\mathrm{T}} S_5 - s_5 v_5^{\gamma} \right) \tag{5.5.38}$$

式中，设计参数 $k_5 > 0$；控制增益 $s_5 > 0$。

选取补偿信号为

$$\dot{\xi}_5 = -k_5 \xi_5 + b_1 \xi_6 + c_1 (x_{5,c} - \alpha_5) - l_5 \mathrm{sign}(\xi_5) \tag{5.5.39}$$

将式 (5.5.37)、式 (5.5.38) 和式 (5.5.39) 代入式 (5.5.36)，可得

$$\dot{V}_5 \leqslant \dot{V}_0 - \sum_{i=1}^{5} k_i v_i^2 + c_1 v_5 v_6 - \sum_{i=1}^{5} s_i v_i^{\gamma+1} + \sum_{i=1}^{5} l_i v_i \mathrm{sign} \left(\xi_i \right)$$

$$+ \sum_{i=3}^{5} \frac{1}{2h_i^2} \left(\|W_i\|^2 - \hat{\chi} \right) S_i^{\mathrm{T}} S_i + \frac{1}{2} \sum_{i=3}^{5} \left(h_i^2 + \varepsilon_i^2 \right)$$

$$+ \frac{m_1}{r_1} \tilde{\theta}_2^{\mathrm{T}} \hat{\theta}_2 + \frac{1}{2} \tilde{\theta}_2^{\mathrm{T}} \tilde{\theta}_2 + \frac{1}{2} \|e\|^2 \tag{5.5.40}$$

第 6 步　选取 Lyapunov 函数 $V_6 = V_5 + \frac{1}{2} v_6^2$，对 V_6 求导可得

$$\dot{V}_6 \leqslant \dot{V}_0 + v_6 \left(f_6 + d_2 u_d - \dot{x}_{4,c} - \dot{\xi}_6 \right) + \sum_{i=3}^{5} \frac{1}{2h_i^2} \left(\|W_i\|^2 - \hat{\chi} \right) S_i^{\mathrm{T}} S_i$$

$$+\frac{1}{2}\sum_{i=3}^{5}\left(h_i^2+\varepsilon_i^2\right)+\frac{m_1}{r_1}\tilde{\theta}_2^{\mathrm{T}}\hat{\theta}_2+\frac{1}{2}\tilde{\theta}_2^{\mathrm{T}}\tilde{\theta}_2+\frac{1}{2}\|e\|^2-\sum_{i=1}^{5}k_iv_i^2$$

$$-\sum_{i=1}^{5}s_iv_i^{\gamma+1}+\sum_{i=1}^{5}l_iv_i\mathrm{sign}\left(\xi_i\right) \tag{5.5.41}$$

式中，$f_6=c_1x_5+c_3x_6+c_4x_5$。

同理，给定 $\varepsilon_6>0$，存在模糊逻辑系统 $W_6^{\mathrm{T}}S_6$，使得 $f_6=W_6^{\mathrm{T}}S_6+\delta_6$ 成立，逼近误差满足 $|\delta_6|\leqslant\varepsilon_6$。

由杨氏不等式可得

$$v_6f_6\leqslant\frac{1}{2h_6^2}v_6^2\|W_6\|^2S_6^{\mathrm{T}}S_6+\frac{1}{2}h_6^2+\frac{1}{2}v_6^2+\frac{1}{2}\varepsilon_6^2 \tag{5.5.42}$$

选择真实控制器 u_d 如下：

$$u_d=\frac{1}{d_2}\left(-k_6z_6-\frac{1}{2}v_6-\frac{1}{2h_6^2}v_6\hat{\chi}S_6^{\mathrm{T}}S_6-s_6v_6^{\gamma}+\dot{x}_{4,c}\right) \tag{5.5.43}$$

式中，设计参数 $k_6>0$；控制增益 $s_6>0$。

选取补偿信号为

$$\dot{\xi}_6=-k_6\xi_6-l_6\mathrm{sign}(\xi_6) \tag{5.5.44}$$

将式 (5.5.42)、式 (5.5.43) 和式 (5.5.44) 代入式 (5.5.41)，可得

$$\dot{V}_6\leqslant\dot{V}_0-\sum_{i=1}^{6}k_iv_i^2-\sum_{i=1}^{6}s_iv_i^{\gamma+1}+\sum_{i=1}^{6}l_iv_i\mathrm{sign}\left(\xi_i\right)$$

$$+\sum_{i=3}^{6}\frac{1}{2h_i^2}\left(\|W_i\|^2-\hat{\chi}\right)S_i^{\mathrm{T}}S_i+\frac{1}{2}\sum_{i=3}^{6}\left(h_i^2+\varepsilon_i^2\right)$$

$$+\frac{m_1}{r_1}\tilde{\theta}_2^{\mathrm{T}}\hat{\theta}_2+\frac{1}{2}\tilde{\theta}_2^{\mathrm{T}}\tilde{\theta}_2+\frac{1}{2}\|e\|^2 \tag{5.5.45}$$

定义 $\chi=\max\left\{\|W_3\|^2,\|W_4\|^2,\|W_5\|^2,\|W_6\|^2\right\}$，$\hat{\chi}=\chi-\tilde{\chi}$ 为 χ 的估计值。

由杨氏不等式可得

$$l_iv_i\mathrm{sign}\left(\xi_i\right)\leqslant\frac{l_i}{2}v_i^2+\frac{l_i}{2} \tag{5.5.46}$$

选取 Lyapunov 函数 $V = V_6 + \dfrac{1}{2r_2}\tilde{\chi}^{\mathrm{T}}\tilde{\chi}$, $r_2 > 0$, 对 V 求导并将式 (5.5.43) 代入, 可得

$$
\dot{V} \leqslant \dot{V}_0 - \sum_{i=1}^{6} k_i v_i^2 - \sum_{i=1}^{6} s_i v_i^{\gamma+1} + \sum_{i=1}^{6}\left(\frac{l_i}{2}v_i^2 + \frac{l_i}{2}\right) + \frac{1}{2}\sum_{i=3}^{6}\left(h_i^2 + \varepsilon_i^2\right)
$$
$$
+ \frac{m_1}{r_1}\tilde{\theta}_2^{\mathrm{T}}\hat{\theta}_2 + \frac{1}{2}\tilde{\theta}_2^{\mathrm{T}}\tilde{\theta}_2 + \frac{1}{2}\|e\|^2 + \frac{1}{r_2}\tilde{\chi}\left(\sum_{i=3}^{6}\frac{1}{2h_i^2}r_2 v_i^2 S_i^{\mathrm{T}} S_i - \dot{\hat{\chi}}\right) \qquad (5.5.47)
$$

取自适应律为

$$
\dot{\hat{\chi}} = \sum_{i=3}^{6}\frac{1}{2h_i^2}r_2 v_i^2 S_i^{\mathrm{T}} S_i - m_2\hat{\chi} \qquad (5.5.48)
$$

式中, 常数 $m_2 > 0$。

将式 (5.5.48) 代入式 (5.5.47), 可得

$$
\dot{V} \leqslant \dot{V}_0 - \sum_{i=1}^{6} k_i v_i^2 - \sum_{i=1}^{6} s_i v_i^{\gamma+1} + \sum_{i=1}^{6}\left(\frac{l_i}{2}v_i^2 + \frac{l_i}{2}\right)
$$
$$
+ \frac{1}{2}\sum_{i=3}^{6}\left(h_i^2 + \varepsilon_i^2\right) + \frac{m_1}{r_1}\tilde{\theta}_2^{\mathrm{T}}\hat{\theta}_2 + \frac{1}{2}\tilde{\theta}_2^{\mathrm{T}}\tilde{\theta}_2 + \frac{1}{2}\|e\|^2 + \frac{m_2}{r_2}\tilde{\chi}^{\mathrm{T}}\hat{\chi} \qquad (5.5.49)
$$

式中, l_3、l_4、l_5、l_6 均大于 0。

5.5.4 稳定性与收敛性分析

根据文献 [15], 可得如下不等式:

$$
\left(e^{\mathrm{T}}e\right)^{\frac{\gamma+1}{2}} - e^{\mathrm{T}}e \leqslant 1
$$
$$
\left(\frac{1}{2r}\tilde{\theta}_2^{\mathrm{T}}\tilde{\theta}_2\right)^{\frac{\gamma+1}{2}} - \frac{1}{2r}\tilde{\theta}_2^{\mathrm{T}}\tilde{\theta} \leqslant 1 \qquad (5.5.50)
$$
$$
\left(\frac{1}{2r_2}\tilde{\chi}^2\right)^{\frac{\gamma+1}{2}} - \frac{1}{2r_2}\tilde{\chi}^2 \leqslant 1
$$

将式 (5.5.50) 代入式 (5.5.49), 可得

$$
\dot{V} \leqslant -\frac{2\lambda_{\min}(Q) - 5}{4}e^{\mathrm{T}}e - \frac{2\lambda_{\min}(Q) - 5}{4}\left(e^{\mathrm{T}}e\right)^{\frac{\gamma+1}{2}}
$$

$$- \left(\frac{m_1}{2} - \|P\|^2 r_1 - \frac{r_1}{2} \right) \left(\frac{1}{2r_1} \tilde{\theta}_2^{\mathrm{T}} \tilde{\theta}_2 \right) + \frac{1}{2} \sum_{i=3}^{6} \left(h_i^2 + \varepsilon_i^2 \right)$$

$$- \left(\frac{m_1}{2} - \|P\|^2 r_1 - \frac{r_1}{2} \right) \left(\frac{1}{2r_1} \tilde{\theta}_2^{\mathrm{T}} \tilde{\theta}_2 \right)^{\frac{\gamma+1}{2}} - \frac{m_2}{2} \left(\frac{1}{2r_2} \tilde{\chi}^2 \right)^{\frac{\gamma+1}{2}}$$

$$- \sum_{i=1}^{6} \left[\left(k_i - \frac{1}{2} l_i \right) v_i^2 \right] - \frac{m_2}{2} \left(\frac{1}{2r_2} \tilde{\chi}^2 \right) - \sum_{i=1}^{6} s_i v_i^{\gamma+1}$$

$$+ \sum_{i=1}^{6} \frac{l_i}{2} + \frac{m_1}{2r_1} \theta_2^2 + \frac{1}{2} \|e\|^2 + \frac{m_2}{2r_2} \chi^2 + \|P\|^2 \varepsilon_2^2 + 3$$

$$\leqslant -aV - bV^{\frac{\gamma+1}{2}} + c \tag{5.5.51}$$

式中，$\dfrac{2\lambda_{\min}(Q) - 5}{4} > 0$；$\dfrac{m_1}{2} - \|P\|^2 r_1 - \dfrac{r_1}{2} > 0$；且有

$$a = \min \left\{ \frac{\frac{1}{2}\lambda_{\min}(Q) - \frac{5}{4}}{\lambda_{\max}(P)}, \ 2\left(k_1 - \frac{1}{2} l_1 \right), \ 2\left(k_2 - \frac{1}{2} l_2 \right), \ 2\left(k_3 - \frac{1}{2} l_3 \right), \ 2\left(k_4 - \frac{1}{2} l_4 \right), \right.$$

$$\left. 2\left(k_5 - \frac{1}{2} l_5 \right), \ 2\left(k_6 - \frac{1}{2} l_6 \right), \ \frac{m_1}{2} - \|P\|^2 r_1 - \frac{r_1}{2}, \ \frac{m_2}{2} \right\}$$

$$b = \left\{ s_1 2^{\frac{\gamma+1}{2}}, s_2 2^{\frac{\gamma+1}{2}}, s_3 2^{\frac{\gamma+1}{2}}, s_4 2^{\frac{\gamma+1}{2}}, s_5 2^{\frac{\gamma+1}{2}}, s_6 2^{\frac{\gamma+1}{2}}, \frac{m_1}{2} - \|P\|^2 r_1 - \frac{r_1}{2}, \frac{m_2}{2} \right\}$$

$$c = \frac{1}{2} \sum_{i=3}^{6} \left(h_i^2 + \varepsilon_i^2 \right) + \sum_{i=1}^{6} \frac{l_i}{2} + \frac{m_1}{2r_1} \theta_2^2 + \frac{1}{2} \|e\|^2 + \frac{m_2}{2r_2} \chi^2 + \|P\|^2 \varepsilon_2^2 + 3$$

通过选取足够大的 $k_i\,(i=1,2,3,4,5,6)$、m_1、m_2 和足够小的 $l_i(i=1,2,3,4,5,6)$，从而保证 $a > 0$。由式 (5.5.51) 可知，$v_i\,(i=1,2,3,4,5,6)$ 在有限时间内收敛到原点的一个充分小的邻域内。又因为 $z_i = v_i + \xi_i$，补偿误差 ξ_i 也需要被证明可以在有限时间内收敛到一个小区域内。

选取 Lyapunov 函数 $\bar{V} = \dfrac{1}{2}(\xi_1^2 + \xi_2^2 + \xi_3^2 + \xi_4^2 + \xi_5^2 + \xi_6^2)$，对 $\bar{V}$ 求导可得

$$\dot{\bar{V}} = \xi_1 \dot{\xi}_1 + \xi_2 \dot{\xi}_2 + \xi_3 \dot{\xi}_3 + \xi_4 \dot{\xi}_4 + \xi_5 \dot{\xi}_5 + \xi_6 \dot{\xi}_6$$

$$= - \sum_{i=1}^{6} \left(k_i \xi_i^2 + l_i |\xi_i| \right) + \xi_1 \xi_2 + \xi_2 \xi_3 + b_1 \xi_3 \xi_4 + b_1 \xi_5 \xi_6 \tag{5.5.52}$$

$$+ (x_{1,c} - \alpha_1)\xi_1 + (x_{2,c} - \alpha_2)\xi_2 + b_1(x_{3,c} - \alpha_3)\xi_3 + c_1(x_{5,c} - \alpha_5)\xi_5$$

由 $|x_{i,c} - \alpha_i| \leqslant \varpi_i$ 及杨氏不等式，可得

$$\xi_1\xi_2 \leqslant \frac{1}{2}\xi_1^2 + \frac{1}{2}\xi_2^2 , \quad \xi_2\xi_3 \leqslant \frac{1}{2}\xi_2^2 + \frac{1}{2}\xi_3^2 , \quad b_1\xi_3\xi_4 \leqslant \frac{b_1}{2}\xi_3^2 + \frac{b_1}{2}\xi_4^2$$

$$b_1\xi_5\xi_6 \leqslant \frac{b_1}{2}\xi_5^2 + \frac{b_1}{2}\xi_6^2, \quad \varpi_1\xi_1 \leqslant \frac{1}{2}\varpi_1^2 + \frac{1}{2}\xi_1^2, \quad \varpi_2\xi_2 \leqslant \frac{1}{2}\varpi_2^2 + \frac{1}{2}\xi_2^2$$

$$b_1\varpi_3\xi_3 \leqslant \frac{b_1}{2}\varpi_3^2 + \frac{b_1}{2}\xi_3^2, \quad c_1\varpi_5\xi_5 \leqslant \frac{c_1}{2}\varpi_5^2 + \frac{c_1}{2}\xi_5^2$$

将上述不等式代入式 (5.5.52)，可得

$$\dot{V} = -\left(k_1 - 1\right)\xi_1^2 - \left(k_2 - \frac{3}{2}\right)\xi_2^2 - \left(k_3 - \frac{1}{2} - b_1\right)\xi_3^2$$

$$- \left(k_4 - \frac{b_1}{2}\right)\xi_4^2 - \left(k_5 - \frac{b_1}{2} - \frac{c_1}{2}\right)\xi_5^2 - \left(k_6 - \frac{b_1}{2}\right)\xi_6^2$$

$$- \sum_{i=1}^{6} l_i\,|\xi_i| + \frac{1}{2}\varpi_1^2 + \frac{1}{2}\varpi_2^2 + \frac{b_1}{2}\varpi_3^2 + \frac{c_1}{2}\varpi_5^2$$

$$\leqslant -a_0\bar{V} - b_0\bar{V}^{\frac{1}{2}} + c_0$$

式中，

$$a_0 = \left\{ 2(k_1 - 1),\ 2\left(k_2 - \frac{3}{2}\right),\ 2\left(k_3 - \frac{1}{2} - b_1\right),\ 2\left(k_4 - \frac{b_1}{2}\right),\right.$$

$$\left. 2\left(k_5 - \frac{b_1}{2} - \frac{c_1}{2}\right),\ 2\left(k_6 - \frac{b_1}{2}\right) \right\}$$

$$b_0 = \min\left\{ \sqrt{2}l_1,\ \sqrt{2}l_2,\ \sqrt{2}l_3,\ \sqrt{2}l_4,\ \sqrt{2}l_5,\ \sqrt{2}l_6 \right\}$$

$$c_0 = \frac{1}{2}\varpi_1^2 + \frac{1}{2}\varpi_2^2 + \frac{b_1}{2}\varpi_3^2 + \frac{c_1}{2}\varpi_5^2$$

所以，v_i 和 ξ_i 都在有限时间内收敛，即 z_i 也在有限时间内收敛。

5.5.5　仿真验证及结果分析

通过 MATLAB 软件对本节基于观测器的有限时间指令滤波控制方法进行仿真，同时与基于观测器的指令滤波控制方法的仿真结果进行对比，以验证本节所提方法的有效性。为了进行对比，两种方法的仿真实验使用了相同的参数。表 5.5.1 给出了考虑铁损的永磁同步电动机的相关参数。

表 5.5.1 考虑铁损的永磁同步电动机参数

参数	数值	参数	数值
J	$0.002\mathrm{kg\cdot m^2}$	L_{ld}	$0.00177\mathrm{H}$
λ_{PM}	$0.0844\mathrm{Wb}$	L_{lq}	$0.00177\mathrm{H}$
R_c	200Ω	L_{md}	$0.007\mathrm{H}$
R_1	2.21Ω	L_{mq}	$0.008\mathrm{H}$
L_d	$0.00977\mathrm{H}$	n_p	3
L_q	$0.00977\mathrm{H}$		

仿真选取期望的跟踪信号为 $x_{1d} = \sin(t) + \sin(0.5t)$ (rad)。

通过模糊逻辑系统处理未知非线性项，模糊集选取 $\mu_{F_i^j} = \exp\left[\dfrac{-(\hat{x}_i+l)^2}{2}\right]$ $(i=1,2)$, $\mu_{F_i^j} = \exp\left[\dfrac{-(x_i+l)^2}{2}\right]$ $(i=3,4,5,6)$, 整数 $j \in [1,11]$, 整数 $l \in [-5,5]$。

选择控制器参数为

$$k_1 = 100, \quad k_2 = 210, \quad k_3 = 100, \quad k_4 = 200, \quad k_5 = k_6 = 65$$

$$r_1 = r_2 = 5, \quad m_1 = m_2 = 50$$

$$l_2 = l_3 = l_4 = l_5 = l_6 = 12.5, \quad \xi = 0.7, \quad \omega_n = 3800$$

$$s_1 = s_2 = s_3 = s_4 = s_5 = s_6 = 0.1, \quad \gamma = 0.2$$

选择观测器增益 $G = [g_1, g_2]^{\mathrm{T}} = [1000, 10000]^{\mathrm{T}}$, 矩阵 A 是一个严格的 Hurwitz 矩阵。正定矩阵 $Q = \mathrm{diag}\{100, 100\}$, 可得 $\lambda_{\min}(Q) - \dfrac{5}{2} > 0$ 以及

$$P = \begin{bmatrix} 499.95 & -50 \\ -50 & 0.55 \end{bmatrix}.$$

图 5.5.1 ~ 图 5.5.6 是有限时间指令滤波控制 (FTCFC) 方法的仿真结果。图 5.5.1 为转子角位置 x_1 和期望信号 x_{1d} 曲线；图 5.5.2 为指令滤波控制 (CFC) 方法与有限时间指令滤波控制方法跟踪误差的对比；图 5.5.3 和图 5.5.4 分别为永磁同步电动机转子角位置 x_1 及其观测值 $\hat{x}_1$ 曲线以及永磁同步电动机转子角速度 x_2 及其观测值 $\hat{x}_2$ 曲线；图 5.5.5 和图 5.5.6 分别为 q 轴电压 u_q 曲线和 d 轴电压 u_d 曲线。

由上述对比实验仿真结果可知，相较于指令滤波控制方法，本节所提出的有限时间指令滤波控制方法能够提高系统的收敛速度，实现更好的跟踪效果；同时从图 5.5.1 中可以看出，有限时间指令滤波控制方法跟踪误差较小，收敛

速度快。通过图 5.5.3 和图 5.5.4 可以看出本节设计的降维观测器可以实现对永磁同步电动机转子角位置及角速度的估计，验证了所提出的控制方法的有效性。

　　针对考虑铁损的永磁同步电动机，本节提出了基于观测器的有限时间指令滤波控制方法，以反步法为基础，采用模糊逻辑系统来逼近系统中的未知非线性项；将有限时间控制技术与指令滤波控制技术相结合，在解决计算复杂性问题的同时提高了系统的收敛速度及控制性能；设计了降维观测器来估计永磁同步电动机的转子角位置和角速度，降低了系统对硬件的需求并提高了系统机械鲁棒性。仿真结果表明设计的降维观测器可以实现预期效果，同时所提出的控制方法相较指令滤波控制方法能够获得更好的跟踪性能。

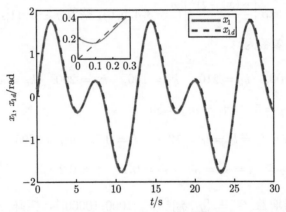

图 5.5.1　转子角位置 x_1 曲线和期望信号 x_{1d} 曲线

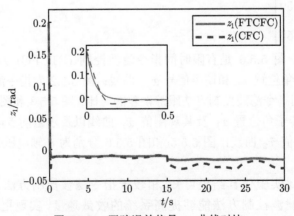

图 5.5.2　跟踪误差信号 z_1 曲线对比

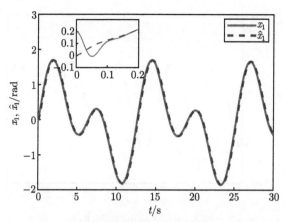

图 5.5.3   转子角位置 x_1 和观测值 $\hat{x}_1$ 曲线

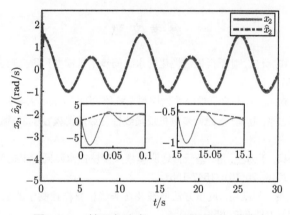

图 5.5.4   转子角速度 x_2 和观测值 $\hat{x}_2$ 曲线

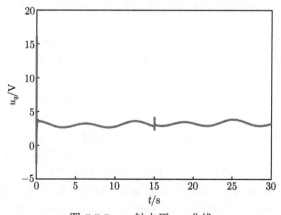

图 5.5.5 q 轴电压 u_q 曲线

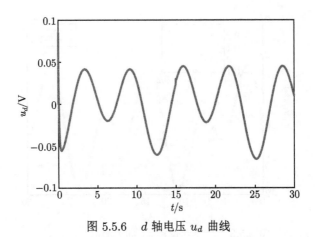

图 5.5.6　d 轴电压 u_d 曲线

参 考 文 献

[1] 林辉, 王永宾, 计宏. 基于反馈线性化的永磁同步电机模型预测控制[J]. 测控技术, 2011, 30(3): 53-57.

[2] 宋晓晶. 永磁同步电动机反馈线性化控制系统研究[D]. 天津: 天津大学, 2009.

[3] 杨金波, 赵志刚, 赵晶. 永磁同步电机反馈线性化终端滑模控制[J]. 微电机, 2017, 50(3): 54-58.

[4] 于金鹏, 陈兵, 于海生, 等. 基于自适应模糊反步法的永磁同步电机位置跟踪控制[J]. 控制与决策, 2010, 25(10): 1547-1551.

[5] 杨俊华, 吴捷, 胡跃明. 反步方法原理及在非线性鲁棒控制中的应用[J]. 控制与决策, 2002, (B11): 641-647, 653.

[6] Wang J J, Zhao G Z, Qi D L. Speeding tracking control of permanent magnet synchronous motor with backstepping[J]. Proceedings of the CSEE, 2004, 24(8): 95-98.

[7] Dong W J, Farrell J A, Polycarpou M M, et al. Command filtered adaptive backstepping[J]. IEEE Transactions on Control Systems Technology, 2012, 20(3): 566-580.

[8] Yu J P, Shi P, Dong W J, et al. Command filtering-based fuzzy control for nonlinear systems with saturation input[J]. IEEE Transactions on Cybernetics, 2017, 47(9): 2472-2479.

[9] Chen M, Tao G, Jiang B. Dynamic surface control using neural networks for a class of uncertain nonlinear systems with input saturation[J]. IEEE Transactions on Neural Networks and Learning Systems, 2015, 26(9): 2086-2097.

[10] Zhao X D, Yang H J, Xia W G, et al. Adaptive fuzzy hierarchical sliding-mode control for a class of MIMO nonlinear time-delay systems with input saturation[J]. IEEE Transactions on Fuzzy Systems, 2017, 25(5): 1062-1077.

[11] Yu J P, Chen B, Yu H S. Position tracking control of induction motors via adaptive fuzzy backstepping[J]. Energy Conversion and Management, 2010, 51(11): 2345-2352.

[12] 兰永红, 王辉, 罗胜华, 等. 基于干扰观测器的永磁同步电动机滑模控制[J]. 微特电机, 2019, 47(1): 70-73, 81.

[13] 牛浩, 马玉梅, 于金鹏, 等. 基于观测器的异步电动机命令滤波反步技术[J]. 青岛大学学报 (工程技术版), 2016, 31(3): 11-17.

[14] 于金鹏, 于海生, 林崇. 考虑铁损的异步电动机模糊自适应命令滤波反步控制[J]. 控制与决策, 2016, 31(12): 2189-2194.

[15] Zhang T P, Ge S S. Adaptive dynamic surface control of nonlinear systems with unknown dead zone in pure feedback form[J]. Automatica, 2008, 44(7): 1895-1903.